Lorenz von Ehren · Oliver Kipp

GEHÖLZE FÜR DEN HAUSGARTEN

Die schönsten Arten und Sorten

OLIVER KIPP

ist Redakteur der Zeitschrift »Eden – das
Magazin für Gartengestaltung« und beschäftigt sich seit seiner Kindheit intensiv in der
Gartenpraxis mit Gehölzen. Er widmet sich
besonders dem kreativen Umgang mit Bäumen
und Sträuchern und ermutigt Gartenbesitzer
dazu, eigene Vorstellungen zu realisieren und
ein Gefühl für harmonische Pflanzenkombinationen zu entwickeln. Dieses Buch entstand in
Zusammenarbeit mit der traditionsreichen
Baumschule Lorenz von Ehren.

Seit mehr als 135 Jahren ist der Name *Lorenz
von Ehren* der Inbegriff für Solitärpflanzen,
Qualität und kompetente Fachberatung in
ganz Europa.

Als königlicher Hoflieferant exportierte
die Baumschule bereits im vorletzten Jahrhundert ausgesuchte Solitärpflanzen an den Hof
von St. Petersburg. Fundierte Pflanzenkennt-
nisse, gärtnerisches Fachwissen und beste Qualität sind seit fünf Generationen Grundlage der
Firmenphilosophie.

Lorenz von Ehren · Oliver Kipp

GEHÖLZE FÜR DEN HAUSGARTEN

Die schönsten Arten und Sorten

INHALT

DIESES BUCH STELLT IHNEN DIE BANDBREITE DER GARTENGEHÖLZE VOR, DIE IN DEUTSCHLAND NACH ERFAHRUNG DES AUTORS GEDEIHEN. NEBEN BEWÄHRTEN ARTEN ZEIGEN WIR AUCH UNBEKANNTERE. BEI DEN GENANNTEN SORTEN IST ES IMMER MÖGLICH, ÄHNLICHE ZU FINDEN — SO BLEIBT JEDEM GARTENFREUND SPIELRAUM.

SIE HABEN INTERESSE AN IN DIESEM BUCH BESCHRIEBENEN GEHÖLZE? DANN WENDEN SIE SICH DIREKT AN DIE EXPERTEN DER TRADITIONS-BAUMSCHULE LORENZ VON EHREN IN HAMBURG. SENDEN SIE EINFACH EINE E-MAIL AN GEHOELZE@LVE.DE

ALLES GESCHICHTE

Wenn wir heute Gehölze für den Hausgarten kaufen wollen, müssen wir nur in das nächste Gartencenter gehen – und sind schon im Paradies. Das war nicht immer so. Früher waren die meisten Pflanzen selten und teuer. Geändert haben dies traditionsreiche Baumschulen wie das Hamburger Unternehmen Lorenz von Ehren.

Woher kommen eigentlich die meisten der Gehölze, die wir für die Gestaltung unserer Gärten so sehr schätzen? Ein Großteil der Arten wie Hartriegel, Ahorne, Rhododendron und andere stammt aus China, Japan oder Nordamerika. Dort wurden sie entdeckt und nach Europa gebracht von Männern, die man wohl als echte Abenteurer bezeichnen darf. Wer ahnt heute schon, dass David Douglas *(1799–1834)* in den Nadelwäldern Nordkaliforniens die Blut-Johannisbeere *(Ribes sanguineum)* fand; dass Robert Fortune *(1812–1888)* den winterblühenden Jasmin *(Jasminum nudiflorum)* aus Westchina mitbrachte oder dass William Lobb *(1809–1864)* den Mammutbaum *(Sequoiadendron giganteum)* bereits 1853 nach Europa einführte.

Diese Männer waren ebenso kenntnisreiche Wissenschaftler wie hartgesottene Abenteurer. Auf ihren Expeditionen in die Sierra Nevada oder auf das »Dach der Welt« mussten sie nicht nur monatelange Entbehrungen auf sich nehmen, sondern auch oft genug dem Tod ins Auge schauen. Auseinandersetzungen mit Ureinwohnern und Überfälle gehörten ebenso dazu wie Unwetter, unwegsame Strecken und Hunger. Außerdem drohten zum Beispiel im »Reich der Mitte« drakonische Strafen, wenn besondere Pflanzenschätze das Land unerlaubt verlassen sollten. Trotzdem haben die Pflanzensammler es geschafft, uns bis heute eine große Kollektion attraktiver Bäume und Sträucher zu bescheren. Mit Ausnahme der in den letzten 100 Jahren unüberschaubar gewordenen Anzahl der neuen Züchtungen sind nur wenige Naturformen dazugekommen. Die

Entdecker waren eben gründlich. Grundlegend geändert hat sich aber die Verfügbarkeit der Pflanzen. Konnten sich im 19. und frühen 20. Jahrhundert nur wenige Menschen die prätentiösen Neueinführungen leisten, müssen wir heute nur in die nächste Baumschule oder in das Gartencenter fahren und können die besten Pflanzen aussuchen. Dass das so einfach ist, ist das Verdienst der großen Baumschulen. Über lange Zeit erfolgreiche Betriebe wie das Hamburger Traditionshaus Lorenz von Ehren versorgen glückliche Gartenbesitzer in ganz Europa mit herrlichen Exemplaren.

Mit der Firmengründung 1865 hatte sich Johannes von Ehren *(1832–1906)* bereits einen Namen als vertrauenswürdiger Partner der deutschen Landschaftsgarten-Besitzer gemacht und belieferte wenige Jahre später bereits die feine Garten-Gesellschaft der europäischen Metropolen. In den Auftragsbüchern jener Zeit finden sich Lieferungen an das russische Zarenhaus oder für die Potsdamer Schlösser. In der zweiten Generation hatte Lorenz von Ehren *(1867–1948)* bereits die Ehre, Hoflieferant in England, Dänemark, Russland und Preußen zu sein. Damals waren bereits repräsentative Gehölze gefragt. Und da derjenige, der Geld hatte, mit der Anschaffung teurer Solitäre auch Zeit sparen konnte, boomte das Geschäft. Im Jahr 1914 wurden zum Beispiel drei große Birken für zusammen 1.050 Reichsmark an den Jenischpark geliefert. Wenn man bedenkt, dass eine gewöhnliche Quitte damals drei Mark kostete, wird schnell klar, wie kostenintensiv die zum

Teil jahrzehntelange Anzucht solcher Exemplare war und ist. Schönheit hat eben ihren Preis. Das wissen – da die Baumschule Lorenz von Ehren Solitärgehölze wieder in ganz Europa ausliefert – auch die bedeutenden Gartenarchitekten unserer Zeit: Der Belgier Jacques Wirtz kauft hier ebenso wie seinerzeit Pietro Porcinai *(1910–1986)* und Roland Weber *(1909–1997)*.

Damit das auch in Zukunft so bleibt, sind wieder Pflanzensammler unterwegs. Nicht im Auftrag adliger Mäzene und auch nicht, um neue Arten zu entdecken: Das Unternehmen Lorenz von Ehren entsendet seine zahlreichen Pflanzen-Experten in andere Baumschulen Europas, um dort exklusive alte Exemplare zu erwerben. Denn der Bedarf an ausgewachsenen Pflanzen ist heute größer denn je. Vor dem Reichstag in Berlin und der Münchener Staatskanzlei stehen Bäume, die das Traditionsunternehmen lieferte. Denn wo repräsentiert wird, müssen damals wie heute stattliche Baumgestalten von Macht und Standhaftigkeit künden.

Die Erfahrung im Verpflanzen alter Exemplare geht bis auf den gartenbegeisterten und überaus kundigen Fürsten Pückler-Muskau *(1785–1871)* zurück. Er hatte für den bei Cottbus gelegenen Landsitz Branitz in der Umgebung alte Bäume gesucht und gefunden und mit großem Aufwand verpflanzt. Damit dies in Zukunft einfacher gehe – etliche Hausfassaden wurden beim Transport beschädigt und das Anwachsen der gerodeten Bäume war leider nicht immer erfolgreich – empfahl er eine echte Großbaumschule.

Dort sollten mehrere Jahrzehnte alte Gehölze sich in freiem Stand optimal entwickeln können und vor dem Verpflanzen umstochen werden. Dazu wurde dem Kronendurchmesser entsprechend ein Graben ausgehoben und mit nahrhafter, lockerer Komposterde oder ähnlichem Material verfüllt. Hier bilden sich dann bei ausreichender Bewässerung viele feine Wurzeln, die dem Baum nach dem aufwändigen Ausgraben das spätere Anwachsen erheblich erleichterte. Nach dem Umzug wurde der Baum durch spezielle Schattierungsmaßnahmen und Mooswicklungen vor übermäßigem Feuchtigkeitsverlust geschützt. Am erfolgreich praktizierten Verfahren hat sich bis heute kaum etwas geändert; allein die Ausführung ist dank spezieller Maschinen, die Muskelkraft ersetzen, einfacher geworden. Auch das Unternehmen Lorenz von Ehren ist hier mit dem Know-how allerorten gefragt.

Baumschulen sind wichtig; nicht allein weil sie wie das Haus von Ehren unsere Umwelt schöner machen und bei Großprojekten dafür sorgen, dass schon kurz nach der Fertigstellung ein stimmiges Bild entsteht. Sie ermöglichen dank des gerade in Deutschland ausgesprochen breiten Sortiments jedem Gartenbesitzer eine große Auswahl. Das ist wichtig in Zeiten, da Individualität groß geschrieben wird. Die Verwirklichung des ganz persönlichen Geschmacks ist für viele Menschen ein entscheidender Schritt auf dem Weg zu mehr Lebensqualität. Es ist das Verdienst der großen Baumschulen – und einiger ambitionierter kleiner Betriebe –, dass wir uns heute jenseits herrschender Moden und Trends für unseren eigenen Stil entscheiden können.

Die Möglichkeiten sind unbegrenzt: Wir können uns für die Anlage eines formalen Barockgartens mit Buchs-Parterres und Formschnitt-Eiben entschließen oder einen Naturgarten mit heimischen Gehölzen anlegen. Wir können ohne weiteres einen edlen Garten mit silberlaubigen Gehölzen planen oder uns für den Retro-Stil der Fünfziger entschließen, in dem pittoreske Essig-Bäume und stramme Blaufichten wieder ihren festen Platz haben. Wer mitten in Deutschland einen tropisch üppigen Garten wünscht oder am Fuß der Alpen einen japanischen Garten sein Eigen nennen möchte, findet die Pflanzen dafür tatsächlich in der nächsten Baumschule.

Angeregt durch Besuche von Gartenfestivals wie der traditionsreichen Chelsea Flower Show in London, dem innovativen und künstlerisch ambitionierten Chaumont-sur-Loire oder von Mustergartenanlagen wie im niederländischen Appeltern befassen sich immer mehr Menschen mit Alternativen zu einem konventionellen Hausgarten. Der Horizont erweitert sich

beständig – auch durch die Lektüre von Büchern oder Magazinen, die immer neue Inspirationen bereithalten. Noch vor wenigen Jahrzehnten hatten sich Gartenbesitzer kaum mit Themengärten beschäftigt, die in der Gestaltung einer Idee konsequent folgen. Inzwischen sind nicht nur Farbgärten wieder gefragt, sondern auch all jene Gartentypen, die uns manchmal eher intellektuell als optisch ansprechen. Ein naturnah gestalteter Garten besitzt zum Beispiel eine ganz andere Attraktivität als eine Anlage mit herrlichen gemischten Rabatten aus Stauden und Gehölzen. Während der erste durch die Imitation eines natürlichen Lebensraumes fasziniert, schätzen wir am zweiten die Harmonie aus Farben und Formen – und wissen, dass diese durch und durch künstlicher

Natur ist. Trotzdem können wir uns in beiden Gartenformen wohl fühlen und in ihnen interessante Erfahrungen über die Zusammenhänge natürlichen Wachstums sammeln.

Heute sind Hausgärten etwas ganz anderes als vor 150 Jahren: Sie müssen nicht mehr der Selbstversorgung mit etwas Gemüse oder ein paar frischen Blumen dienen, sondern sind einzig und allein zu unserem Vergnügen da. Ein Grund dafür ist die Tatsache, dass man den Garten immer weniger als schlichte Dekoration begreift, sondern seinen Wert als Lebensraum erfasst. Gehölze sind als »Grundausstattung« des Gartens nicht nur unverzichtbar, sie prägen sein Gesicht und die herrschende Atmosphäre entscheidend. Auch der Wechsel der Jahreszeiten lässt sich an Bäumen und Sträuchern jederzeit beobachten. Anders als die meisten Stauden, die im Winter oberirdisch absterben, sind sie ganzjährig attraktiv – und vor allem sichtbar. Auch wenn kein Laub zu sehen ist.

Im Rahmen dieses Buches ist die Darstellung eines so komplexen Themas wie des Bedeutungswandels der Gärten nicht am rechten Ort. Eines aber ist klar: Der private Garten ist für uns heute ein reines Luxusgut. Das geht so weit, dass es sich seit fast einem halben Jahrhundert noch immer viele Menschen leisten können, den Garten mit Rasenfläche und ein paar Gehölzen zu einem sozialen wie ökologischen Niemandsland zu erklären. Aber viele jüngere Menschen erkennen, dass ein Garten mehr Freude bringt, als er Arbeit macht. Der Umgang mit Pflanzen, das Experimentieren und Sammeln eigener Erfahrungen tragen ebenso wie der Wunsch nach einer intakten Umwelt – am besten gleich vor der eigenen Terrassentür – zu einem echten Imagewandel des Gartens bei. Er ist auf dem besten Wege, auch für uns Mitteleuropäer ein Wohnzimmer im Grünen zu werden. Nicht nur im Sommer können wir dem Garten seine Reize abgewinnen. Glücklicherweise können wir es uns mit den schönsten Gehölzen einrichten, wie wir wollen. Und darin sind wir inzwischen viel weiter als die Pflanzensammler und -entdecker.

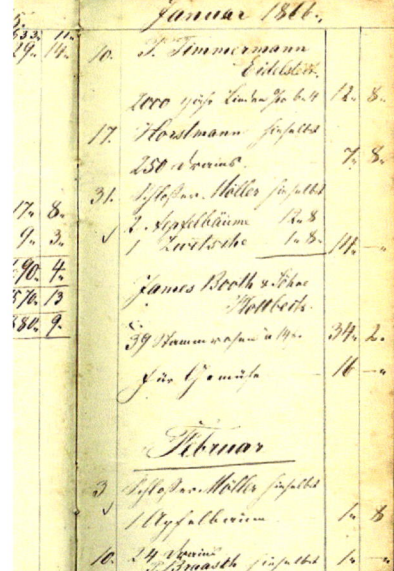

№

I

BÄUME SCHAFFEN RÄUME — NICHT NUR IN DER NATUR, WO MAN
UNTER DEN BAUMDOMEN GROSSER BUCHEN WANDELN KANN,
SONDERN AUCH IM EIGENEN GARTENREICH.
DABEI GIBT ES SELBST FÜR KLEINE ANLAGEN PASSENDE
ARTEN UND SORTEN, DIE FÜR ATMOSPHÄRE SORGEN.

BÄUME FÜR JEDEN

Ein Garten ohne Bäume ist wie ein Zimmer ohne Möbel. Bäume bilden Räume, setzen Akzente und schaffen Atmosphäre. Deshalb dürfen sie in keinem Garten fehlen – zumal es für jedes Grundstück bestens geeignete Sorten gibt.

Bäume, das heißt große Gehölze, die einen oder mehrere kräftige Stämme entwickeln, stehen bei der Gartenplanung ganz oben auf der Prioritätenliste. Sie sind nicht nur die höchsten Pflanzen in einem Garten, sondern auch jene, die ihre Umgebung am stärksten prägen. Ihre Funktionen sind vielfältig: Sie können Sichtschutz sein oder Blickfang (im Idealfall ist ein schöner Baum natürlich beides zugleich); sie sollten in Form und Farbe

Die Atmosphäre, die Bäume in einen Garten bringen, ist von unschätzbarem Wert für uns. Gerade in älteren Gärten gibt es Exemplare, die zu erhalten sich auch nach einer Umgestaltung auf jeden Fall lohnt.

unbedingt mit der Architektur korrespondieren; und schließlich schaffen sie eine besondere Atmosphäre. Wenn es gilt, einen Garten neu anzulegen, ist es am besten, vom Großen zum Kleinen zu planen. Pflanzen Sie zuerst alle Bäume, dann die Sträucher und schließlich Stauden und Zwiebelpflanzen. Auf diese Weise verzettelt man sich nicht und muss nicht später Platz für schöne Bäume schaffen, wenn andere Pflanzen

GARTEN

Die enge Beziehung zwischen Haus und Garten wird architektonisch auch durch Bäume hergestellt. Als die höchsten Pflanzen des Gartens müssen sie mit dem Haus harmonieren, um ein einheitliches Bild zu fördern.

längst angewachsen sind. Ein Baum gehört in jeden Garten. So
ein Hausbaum kann zum Beispiel an der Terrasse Schatten
spenden oder Kindern ein Anschauungsobjekt für den Wandel
der Jahreszeiten sein. Kinder haben oft eine intensive Beziehung zu Bäumen, auch wenn diese noch nicht stark genug sind,
um dem Nachwuchs als Kletterbaum zu dienen. Das Wachstum
fasziniert kleine Menschen so sehr, dass sie irgendwann beginnen, selber Apfelkerne, Walnüsse, Eicheln und Kastanien einzu-
pflanzen, und es kaum erwarten können, bis daraus ein richtig
großer Baum wird. Auf diese Weise sind schon viele Großge-
hölze in Familiengärten gekommen. In der Tat haben wir zu
Bäumen eine zutiefst emotionale Beziehung: Sie wirken auf uns
freundlich oder düster, erinnern an unsere Kindheit oder an
den Urlaub, und manche Menschen ritzen in die Rinde von
Bäumen sogar ihre ersten Liebesbekenntnisse.

Bei der Auswahl eines Hausbaumes gibt es einiges zu
beachten: Wichtig ist, ein Gehölz zu finden, das in Größe und
Wuchsform den gegebenen Platzverhältnissen entspricht. Eine
Ross-Kastanie *(Aesculus hippocastanum)* oder eine Stiel-Eiche
(Quercus robur) sind sicher ungeeignet für einen Reihenhausgarten. Es gibt viele kleinkronige Bäume, die hier besser hinein-
passen. Eine gute Beratung durch den Gartenplaner oder in
einer Baumschule ist für Neueinsteiger unerlässlich. Heute ist
es möglich, fast jeden Baum auch als Hochstamm mit verschiedenen Stammumfängen zu bekommen. Ein Hochstamm
ist bereits einige Jahre alt und die Krone, also der Punkt am
Stamm, an dem die untersten Äste entspringen, befindet sich in
einer Höhe von mindestens 180 Zentimetern. Solche gut
gewachsenen Hochstämme sind je nach Sorte bereits für 50 bis
als auch mehrere Tausend Euro zu haben und vermitteln sofort
ein echtes Baumgefühl, da Habitus und Wuchshöhe bereits
ziemlich klar erkennbar sind.

Sollte das Budget für die Neuanlage nicht zu üppig sein,
kann man mit Sträuchern und Stauden ruhig noch ein Jahr
warten und erst einen oder mehrere Bäume pflanzen. Der Rest

*Als Sichtschutz zum Nachbargrundstück und als Kulisse für
die Bepflanzung wirken größere Bäume doppelt. Hier eine
Amerikanische Eiche (Quercus rubra 'Aurea').*

Der heimische Feld-Ahorn (Acer campestre) ist ein schöner und sehr robuster kleiner bis mittelgroßer Baum. Er verträgt trockenere Plätze gut.

Der Judasbaum (Cercis siliquastrum) ist ein kostbarer kleiner Baum, der sich ideal für kleine Gärten eignet. Er bevorzugt vollsonnige Standorte.

Der Trompetenbaum (Catalpa bignonioides) ist ein exotisch wirkender großer Baum mit großem Laub und attraktiven weißen Blüten im Sommer.

der Fläche kann im ersten Jahr mit einem Gründünger wie Bienenfreund *(Phacelia)* oder Lupinen besät werden. Das sieht nicht nur schön aus, es sorgt auch für eine gute Bodenvorbereitung, die später gesetzte Gartenpflanzen mit gesundem Wachstum belohnen werden. Inmitten dieser Blumenwiese schon kurz nach dem Hausbau unter dem ersten selbst gepflanzten Hochstamm ein Tässchen Kaffee zu trinken, ist ein unvergessliches Erlebnis.

Hochstämme sind in kleinen Gärten vor allem deshalb interessant, weil in den letzten Jahren verstärkt solche Arten auf Stamm gezogen werden, die sonst nur als Großstrauch zu haben waren. Sie bieten den Eindruck eines Baumes bei geringerer Breite und Höhe, was für eine ausgewogene Optik in einem Hausgarten entscheidend ist. Einige Gehölze, zum Beispiel die Felsenbirnen *(Amelanchier)*, gewinnen dadurch an Präsenz und stellen hervorragende kleinkronige Gartenbäume dar. Felsenbirnen werden wegen ihrer Häufigkeit im öffentlichen Grün – wo sie meistens nicht gerade zu ihrem Vorteil behandelt werden – oft unterschätzt. Frei wachsend bilden sie ausladende mehrstämmige, große Sträucher, die mit einer reichen weißen Blüte im zeitigen Frühjahr und einer orangerot schillernden Herbstfärbung begeistern. Als Hochstamm erhalten sie die Beachtung, die sie als wertvolle Gehölze auch verdienen.

Einige wichtige Gartenbäume, die für kleinere Gärten geeignet sind, werden im Kapitel über Blütengehölze beschrieben. Hier sind besonders die Zierkirschen und Zieräpfel interessant, aber auch die verschiedenen *Sorbus*-Arten. In diesem Kapitel sollen Bäume beschrieben werden, die in der Regel nicht wie viele Blütengehölze als relativ kleine Pflanzen gekauft werden, sondern schon als Hochstämme im Handel sind. Ein Wort zuvor zur Stammhöhe:

Die Wuchsform eines Baumes prägt eine Anlage maßgeblich: hier
eine Trauerform der Rot-Buche (Fagus sylvatica). Ihr unverwechselbarer
Habitus wird durch die hängenden Äste und Zweige bestimmt.

Die aus dem Himalaya stammende Birke Betula utilis hat bereits im Alter von wenigen Jahren die typische weiße Rinde. Der mittelgroße Baum sieht in einer kleinen Gruppe am schönsten aus.

Die Blumen-Esche (Fraxinus ornus) ist ein schöner kleiner Baum, von dem es einige ausgezeichnete Formen mit kugelförmigem Kronenaufbau gibt. Die cremeweißen kleinen Blüten duften sehr süß.

Achten Sie beim Kauf darauf, ob das Gehölz veredelt ist. Darunter versteht man die Vermehrung durch Edelreiser oder Triebknospen, die in verschiedenen Verfahren auf eine wüchsige und robuste Unterlage gebracht werden. Das heißt, dass das Längenwachstum der Unterlage in der Regel abgeschlossen ist. Ein Ahorn zum Beispiel, der auf einen Stamm von 120 Zentimetern Höhe veredelt ist, ist nicht dazu angetan, unter seiner Krone einmal eine Gartenparty zu feiern – es sei denn, man würde dies im Liegen tun.

Günstiger als Hochstämme, die ab einem Stammumfang von acht bis zehn Zentimetern interessant sind, sind so genannte Heister. Dies sind junge und meistens eintriebige Pflanzen, die man noch selber erziehen muss: Der Stamm muss zum Beispiel durch Entfernen aller Seitentriebe erst gebildet werden,

später wird man durch Entspitzen oder leichten Rückschnitt die Ausbildung einer schönen Baumkrone fördern. Wer etwas gärtnerisches Geschick und ein gutes Auge hat, ist mit einem solchen Heister in der Regel gut bedient – wenn er etwas länger warten kann.

Eine Sonderstellung unter den Hochstämmen nehmen die Kugelformen ein. Besonders die Kugel-Robinie *(Robinia pseudoacacia* 'Umbraculifera'*)* und der Kugel-Spitz-Ahorn *(Acer platanoides* 'Globosum'*)* sind in den letzten zehn Jahren fast inflationär eingesetzt worden, was ihren Ruf bei manchen Gartenfreunden stark leiden ließ. Penelope Hobhouse, die große englische Garten-Designerin, setzte ein Zeichen, als sie in ihrem neuen Privatgarten gleich mehrere Kugel-Robinien pflanzte und die Gehölze damit auch in den Augen der

Die Türkische Hasel (Corylus colurna) hat einen kegelförmigen Aufbau, der schon bei jungen Pflanzen zu erkennen ist. Sie ist sehr stadtklimafest und benötigt kaum korrigierende Schnittmaßnahmen.

Einige Magnolien geben als Hochstamm gezogen Gartenbäume von großer Schönheit ab. Unter den geeigneten Formen ist Magnolia x loebneri 'Merrill' eine der besten. Sie trägt im Frühjahr reinweiße Blüten.

anspruchsvollen Gartenbesitzer rehabilitierte. In der Tat sind diese Bäume wegen des gefiederten zarten Laubes und der dichten kugelförmigen Krone ideal für kleine Gärten oder formale Anlagen. Zudem sind sie ziemlich anspruchslos, was den Boden betrifft, und wachsen sogar gut auf trockeneren Sandböden. Damit die Krone dicht bleibt, sollte der Baum wie eine Kopf-Weide alle paar Jahre zurückgeschnitten werden. Er treibt schnell wieder dicht und gesund aus. Beim Kugel-Spitz-Ahorn sollte man von dieser Methode absehen und nur gelegentlich Zweige herausschneiden, die aus der Kugelform herauswachsen. Noch unbekannt, aber sehr schön, ist eine schwach wachsende Form der Blumen-Esche *(Fraxinus ornus* 'Meczek'*)*. Die Blumen-Esche ist ein mittelgroßer Baum, dessen Krone ohnehin rundlich ist. Das gefiederte Laub ist größer als das der Kugel-

Robinie, im Gegensatz zu dieser blüht die Blumen-Esche aber im späten Frühling mit dichten Rispen weißer und herrlich duftender Blüten. Die Sorte 'Meczek' wächst wesentlich langsamer und ist als unempfindlicher und vollkommen frostharter Baum sogar für kleine Vorgärten geeignet. Aber auch die reine Art *Fraxinus ornus* hat ausreichend Platz in einem kleinen Garten.

Bäume mit gefiedertem Laub wirken immer sehr elegant; wenn sie darüber hinaus noch schöne Blüten und attraktive Fruchtstände haben, ist das ein echter Glücksfall. All diese Vorzüge vereint der Blasenbaum *(Koelreuteria paniculata)*, der ebenfalls für mittelgroße Gärten geeignet ist. Er erreicht im Alter die Ausmaße eines großen Apfelbaumes und bedeckt sich im Sommer mit gelblichen Blütenrispen. An ihnen reifen später blasenartig aufgetriebene Früchte, die im Gegenlicht rötlich

erscheinen. Sie haben dem wärmeliebenden Baum auch den Namen »Lampionbaum« eingetragen. *Koelreuteria* mag sandige Böden und kann – ist sie erst einmal angewachsen – auch sommerliche Trockenperioden unbeschadet überstehen. Die schönen Fruchtstände werden in heißen Sommern in besonders großer Zahl gebildet. So unkompliziert ist auch die Robinie oder Falsche Akazie *(Robinia pseudoacacia)*, deren Kugelform wir bereits kennen gelernt haben. Sie ist ein starkwüchsiger Baum, dessen weiße duftende Blüten von Bienen sehr gerne besucht werden. Das Laub ist ebenfalls gefiedert und erscheint erst spät im Frühling an den Zweigen. Besonders schön ist die gelblaubige Form 'Frisia', die etwas langsamer wächst. Robinien neigen an exponierten Standorten zu Windbruch, deshalb sollten sie dort nicht gepflanzt werden. Da junge Pflanzen sehr lange Jahrestriebe ausbilden, die schnell abbrechen können, sollte man diese im Hochsommer einkürzen, um einen stabileren Wuchs zu fördern. Robinien bilden Ausläufer, die bei älteren Pflanzen regelmäßig entfernt werden müssen, wenn man nicht einen ganzen Robinienwald auf dem Grundstück haben möchte.

Wer wenig Platz hat und zum Beispiel an der Terrasse einen ähnlich eleganten Baum haben möchte, der zudem leichten Schatten bietet, findet diesen in der Gleditschie *(Gleditsia triacanthos)*. Dieses wegen der bis zu 30 Zentimeter langen Schotenfrüchte auch Lederhülsenbaum genannte Gehölz bildet eine sehr lockere und lichtdurchlässige Krone. Das Laub erinnert in seiner Zartheit an Mimosen, und im Winter sieht der Baum wegen der lange haftenden Früchte und der bis zu zehn Zentimeter langen Dornen sehr bizarr aus. Letztere verbieten natürlich die Verwendung in einem Garten mit Kindern, die sich bei Kletterversuchen an ihnen verletzen könnten. Die Gleditschie gehört zur Familie der Hülsenfruchtgewächse (Legumi-

nosae, Caesalpiniaceae), die auch einen weiteren wertvollen kleinen Hausbaum stellt: den Judasbaum *(Cercis siliquastrum)*. Der wenig schmeichelhafte Name, der daran erinnern soll, dass sich Judas der Legende nach an seinen Ästen erhängt haben soll, verrät nichts über die Schönheit dieses wärmeliebenden Gehölzes. Das herzförmige grüne Laub wirkt wie eine Entschuldigung für den furchtbaren Namen, und wenn im Frühjahr vor dem Laubaustrieb die rosa Schmetterlingsblüten in dichten Büscheln nicht nur an den Zweigen, sondern auch am Stamm und an dicken Ästen erscheinen, wirkt das wie ein kleines Wunder. Als Hochstamm ist der Judasbaum an exponierter Stelle ein herrlicher Blickfang. Er passt wegen des lockeren und gleichmäßigen Wuchses auch sehr gut in strenge architektonische Konzepte. Sie bringen seine dezente Schönheit viel besser zur Geltung als eine allzu üppige und bunte Nachbarschaft.

In Gegenden mit harten Wintern können die Pflanzen manchmal empfindlich leiden, hier wäre der Kanadische Judasbaum *(Cercis canadensis)* mit größeren Blättern und breiterem und stärkerem Wuchs besser geeignet. Seine Blüten sind zwar etwas kleiner, aber die Farbe ist ähnlich; aus Amerika gibt es hervorragende neue Sorten, unter denen 'Appalachian Red' wegen der frischen perlmuttrosa Blüten am bemerkenswertesten ist. Weiß blühende Formen sind nicht sehr auffällig, aber von erlesener Schönheit. Alle *Cercis*-Arten und -Sorten treiben sehr spät im Frühjahr aus.

Für kleinere Gärten eignen sich auch einige Ahorne, zum Beispiel der Zimt-Ahorn *(Acer griseum)* und die Japanischen Fächer-Ahorne, die an anderer Stelle in diesem Buch beschrieben werden. Der im Herbst zuverlässig rot färbende Rot-Ahorn *(Acer rubrum)* aus Nordamerika ist ebenfalls nicht riesig dimensioniert, wächst aber in der Jugend schnell. Er sollte viel häufiger gepflanzt werden, auch weil er sehr robust ist. 'Scanlon' ist eine Sorte, deren Krone schmaler bleibt; sie empfiehlt sich für beengtere Platzverhältnisse. Ein schöner und robuster Baum ist auch der heimische Feld-Ahorn *(Acer campestre)*. Wo

Der Kolchische Ahorn (Acer cappadocicum) ist ein kleiner und eher langsam wachsender Baum mit attraktivem Laub. Bei der Sorte 'Aureum' leuchtet der junge Austrieb in gelben und orange Farbnuancen.

Schlangenhaut-Ahorne umfassen eine Reihe asiatischer und amerikanischer Arten. Die meisten sind große Sträucher oder mehrstämmige kleine Bäume. Sie können aber auch als Hochstamm gezogen werden.

Die meisten nicht einheimischen Ahorne mögen lockeren Boden ohne Staunässe. Dann sind sie robuster gegenüber der gefürchteten Verticillium-Welke. Hier der buntblättrige Acer conspicuum 'Silver Cardinal'.

Platz für einen Baum von mindestens 12 Metern Höhe und fast ebensolcher Breite ist (innerhalb von drei Jahrzehnten ungefähr werden diese Ausmaße erreicht), ist Spitz-Ahorn *(Acer platanoides)* ein langlebiger Hausbaum. Sehr gefragt sind die tiefschwarzrotlaubigen Sorten wie zum Beispiel 'Faassen's Black' oder 'Crimson King'. Ahorne gedeihen am besten in tiefgründigen Böden, die ausreichend Nährstoffe bereithalten. Es gibt vom Spitz-Ahorn, der für viele Menschen Inbegriff des Ahorns ist, auch eine Form, die eine schmale Krone hat ('Columnare'). Groß wird auch der Berg-Ahorn *(Acer pseudoplatanus)*, der oft als Straßenbaum gepflanzt wird. Im Garten finden einige hübsche Zierformen von schwächerem Wuchs einen Platz, unter denen 'Brillantissimum' mit einem hellrosa Austrieb am auffälligsten ist. Zum Sommer nimmt das Laub dann das stumpfe Dunkelgrün der Art an. Es gibt von Spitz-Ahorn und Berg-Ahorn einige buntlaubige Sorten, die leider die Angewohnheit besitzen, in die Ausgangsform zurückzuschlagen. Triebe mit ausschließlich grünen Blättern müssen deshalb vollständig entfernt werden, da diese schnell die Oberhand gewinnen können und den Gesamteindruck des Baumes später empfindlich stören.

Ein Ahorn, der schnell wächst und sehr groß wird, ist der Silber-Ahorn *(Acer saccharinum)*. Der Habitus des großkronigen Baumes ist elegant und wird durch die silbernen Blattunterseiten, die sich beim geringsten Windhauch zeigen, betont. Einige Sorten haben besonders tief geschlitzte Blätter, zum Beispiel die bewährte 'Wieri Laciniatum'.

Neben den großen Ahornen gehören Ross-Kastanien zu den
beliebtesten und bekanntesten Parkbäumen. Sie sind nur für
große Gärten geeignet. Leider macht den meisten Arten der
Gattung *Aesculus* die aus Osteuropa eingewanderte Ross-
Kastanien-Miniermotte zu schaffen. Die Larven dieses Insektes
sorgen durch ihre Fraßtätigkeit innerhalb des Blattgewebes für
eine starke Schädigung der Funktionsfähigkeit des Laubes. Die
Folge ist bei starkem Befall ein vorzeitiger Laubfall im Hochsommer. Zwar überstehen gesunde Bäume das einige Jahre
ganz gut, aber im Garten ist der Anblick nicht gerade erbau-
lich. Dennoch: Die Zeiten könnten sich ändern, deswegen sollen einige Formen hier genannt werden. Von der Ross-Kastanie
(Aesculus hippocastanum) gibt es eine sehr schöne gefüllt blühende Form 'Baumannii', die keine Früchte entwickelt. Das ist
überall dort von Vorteil, wo der Baum über gepflasterten Flächen wächst. Denn die Schalen der Kastanien hinterlassen bei
Beschädigung sehr hartnäckige dunkle Flecken auf den Steinen.

Die Rotblühende Ross-Kastanie *(Aesculus x carnea)* ist
aus einer Kreuzung dieser Art mit der schwach wachsenden
Pavie *(Aesculus pavia)* entstanden. Die großen Blütenrispen
sind fleischrosa bis rötlich und bieten einen prächtigen
Anblick. Diese Kreuzungen, wie zum Beispiel 'Briotii', werden
nicht so groß wie die Art.

Die Miniermotte befällt die Echte Kastanie *(Castanea
sativa)*, auch Ess-Kastanie genannt, nicht. Zwar werden schöne
Maronen, wie man die Früchte dieses herrlichen Baumes nennt,
nur in warmen Gegenden in nennenswerter Qualität gebildet,
aber wegen des länglichen dunkelgrün glänzenden Laubes, das
attraktiv gezähnt ist, ist der Baum eine Zierde. Er wird sehr alt;
allerdings dauert es recht lange, bis erst einmal eine Höhe von
zehn Metern erreicht ist (über ein Jahrzehnt), so dass der Baum
häufiger auch in nicht so großen Gärten zu sehen sein sollte.
Die stacheligen Fruchthüllen sehen wie Seeigel aus. Wer ernten
will, sollte am besten eine der selektierten Fruchtsorten erwerben: 'Lyon' ist die bekannteste unter ihnen.

Bäume mit so großem Laub sehen auch aus der Entfernung gut aus und sind strukturbildend in einem Garten. Aus diesem Grund sind wohl einige echte Exoten zu großer Beliebtheit unter den Gartenbäumen aufgestiegen. Der aus Nordamerika stammende Trompetenbaum *(Catalpa bignonioides)* steht hier an erster Stelle. Die großen hellgrünen Blätter erscheinen erst spät im Mai und sind über 20 Zentimeter lang und breit. Sie sind sehr weich, weshalb Trompetenbäume immer einen windgeschützten Standort brauchen, damit sie nicht zerfleddert aussehen. Der Baum wächst eher langsam; wo man aber dennoch seine Ausdehnung fürchtet, ist die kompakte und nicht blühende Kugelform 'Nana' eine gute Alternative. Die Blüten sind sehr auffallend und stehen in kegelförmigen lockeren Rispen an

Kugelformen von einigen Baumarten haben sich wegen ihres regelmäßigen Wuchsbildes besonders in formalen Gartenkonzepten bewährt. Sie ersparen aufwändige Formschnitt-Maßnahmen. Aber auch für kleine Reihenhaus-Gärten sind sie eine echte Alternative zu großen Formen.

den Triebenden. Im Hochsommer öffnen sich dann Dutzende fingerhutartiger weißer Blüten mit gelber Zeichnung im Schlund. Über 20 Zentimeter lange, wie dünne Bohnen aussehende Früchte hängen dann bis zum Spätwinter am Baum. Die Art *Catalpa speciosa* wird größer und ihre Blüten sind rötlich gezeichnet. In vielen deutschen Parks sind alte Exemplare dieses Baumes zu bewundern. Die exotisch wirkende Üppigkeit von *Catalpa* zeigt schon, dass dieses Gehölz einen guten Boden braucht, der niemals austrocknen sollte. Andernfalls ist sommerlicher Mehltaubefall unausweichlich.

Aus China und Japan stammen einige Gartenbäume, die noch immer als Kostbarkeiten betrachtet werden, obwohl sie längst in deutschen Gärten etabliert sind. Der Katsura oder Japanische Kuchenbaum *(Cercidiphyllum japonicum)* gehört dazu. Er ist einer der wenigen Bäume, die von Natur aus in der Jugend einen eher säulenförmigen Wuchs haben. Das Laub erinnert an das des Judasbaums, ist aber kleiner und sichtbar

Unter den Kennern wertvoller Bäume genießt der Taschentuchbaum (Davidia involucrata) ein hohes Ansehen. Er verdient es auch, denn erst ab einem Alter von ungefähr zehn Jahren blüht er regelmäßig.

Schmal aufrecht wächst der Japanische Kuchenbaum (Cercidiphyllum japonicum) in der Jugend. Erst nach vielen Jahren werden die Äste ausladender. Das Laub duftet aromatisch, die Blüten sind unbedeutend.

Der Ginkgo ist ein Relikt aus alten Zeiten der Erdgeschichte. Vielleicht gehört er deshalb zu den berühmtesten Gartenbäumen. Er faszinierte schon Goethe. Im Garten braucht er viel Platz zur freien Entfaltung.

geadert. Der Name rührt von der Eigenschaft der Blätter, beim Zerreiben nach Karamell zu riechen. In natura ist der Eindruck meistens nicht sehr stark, doch ist der Baum wegen des schönen rosa-braunen Austriebs und der leuchtend gelben Herbstfärbung empfehlenswert genug. Ein ebenfalls mittelgroßer Baum ist der Tauben- oder Taschentuchbaum *(Davidia involucrata)* aus China. Er wird vor allem wegen der beiden großen, wie weiße Taschentücher an den unscheinbaren Blütenständen hängenden Hochblätter kultiviert. Während der Blütezeit im Mai ist der ein wenig an eine schmalkronige Linde erinnernde Baum sehr auffällig. Wer sich für ihn entscheidet, muss wissen, dass solche Pracht erst ab einem Alter von zehn, manchmal auch mehr Jahren zu sehen ist. Junge Pflanzen blühen nämlich noch nicht. Die meisten der im Handel erhältlichen Pflanzen

gehören der Form *var. vilmoriniana* an, die bis auf die unterseits auch bei älteren Pflanzen ganz unbehaarten Blätter keinen Unterschied zeigt. Der Austrieb der Taschentuchbäume kann manchmal durch späte Fröste geschädigt werden. Die Pflanzen erholen sich aber ziemlich schnell und wachsen dennoch sehr gut in so einem Jahr. An den Boden stellen sie keine Ansprüche, solange er nur ausreichend feucht und nährstoffreich ist. Im Herbst begeistert der Baum durch holzige Früchte, die in der Größe Walnüssen vergleichbar sind und an langen Stielen elegant an den Zweigen hängen.

Gegenüber diesen auffallend schönen Exoten muss sich manch heimischer Baum, zumal in seinen verschiedenen Zierformen, nicht verstecken. Die Rot-Buche *(Fagus sylvatica)* zum Beispiel ist einer der variantenreichsten großen Garten- und

Parkbäume. Alte Exemplare können sehr groß werden, weshalb sie nur in größeren Gärten gepflanzt werden können. Eine Ausnahme bilden allenfalls die Säulenformen dieses Baumes: 'Dawyck', eine in Schottland selektierte Form, bleibt mindestens zwei Jahrzehnte schmal säulenförmig, bis sie beginnt, den Kronenbereich zu verbreitern. Für Farbe sorgen 'Dawyck Gold' mit hellgelbem Austrieb und im Sommer grünen Blättern und die dunkelrote Sorte 'Dawyck Purple'. Alle Rot-Buchen-Sorten sind für schwierige Bodenverhältnisse bestens geeignet; es gibt kaum einen empfehlenswerteren Baum für kalkhaltige Böden. Außerdem sind Rot-Buchen sehr gute Heckenpflanzen, die selbst im Winter noch Sichtschutz bieten, da das abgestorbene Laub bis zum Frühjahr an den Zweigen haftet. Als Blut-Buchen sind unter dem Namen 'Atropunicea' einige einander ähnliche Sorten mit dunkelrotem bis schwarzrotem Laub besonders beliebt. Diese Bäume sehen im Verbund mit anderen Bäumen reizvoll aus und werden in Landschaftsparks gerne verwendet,

Einige Sorten der Zier-Äpfel sind kleine und locker wachsende Gartenbäume. Sie passen zu vielen Gartenstilen und sind natürlich besonders während der Blüte schön. Schorfresistente Sorten empfehlen sich.

um augenfällige Akzente zu setzen. Die Intensität der Laubfarbe kann manchmal recht unterschiedlich sein, da diese Gehölze meistens aus Samen gezogen werden. Einige Formen sind eher braunrot, was für einen einzeln stehenden Baum nicht sonderlich attraktiv ist. Wirklich zuverlässig purpurlaubig sind Namenssorten wie 'Riversii' oder 'Purpurea Latifolia'. Etwas für Liebhaber ist die elegante Sorte 'Rohanii' mit dunkelrotem, eingeschnittenem Blatt.

Außergewöhnlich sind die Trauerformen der Rot-Buche. Bei ihnen wachsen die Zweige nicht nach oben, sondern nach unten, wobei gelegentlich waagerechtes Wachstum möglich ist. Auf diese Weise entstehen sehr individuelle Gehölze, die im Alter von weitem wie Gebirge oder auch Urwelttiere aussehen können. 'Pendula' ist grünblättrig und wird groß, die rotblätt-

*Einer der herrlichsten rotlaubigen Gartenbäume ist die Blut-Buche.
Besonders dunkles und schön gefärbtes Laub hat die Sorte 'Rohanii'.
Sie wächst nicht ganz so schnell wie andere Formen.*

rige 'Purpurea Pendula' hat einen eher schwachen Wuchs und wird meistens auf Stamm veredelt. Sie ist eher eine schöne Dekorationspflanze als ein ausgesprochener Gartenbaum, da sie selten mehr als drei Meter Höhe erreicht.

Neben Buchen sind es vor allem Eichen, die in Deutschland als Forstbäume allgegenwärtig sind. Für den Garten stellen sie eine leider noch viel zu wenig bekannte Gattung attraktiver Ziergehölze dar. Im Gegensatz zur heimischen Stiel-Eiche (*Quercus robur*) und der ähnlichen Trauben-Eiche (*Quercus petraea*) sind viele andere Arten nicht für Mehltau anfällig, auch bleiben viele kleiner. Einer der schönsten Gartenbäume, die wegen des Laubes mehr gepflanzt werden sollten, ist die Sumpf-Eiche (*Quercus palustris*). Der Baum wächst mit locker waagerecht stehenden Zweig-Etagen zunächst schmal aufrecht, wird im Alter aber breit kegelförmig. Die tief gelappten Blätter färben sich im Herbst lackrot. Der Baum ist wesentlich zierlicher und eleganter im Habitus als die verbreitete Rot-Eiche oder Amerikanische Eiche (*Quercus rubra*). Einziger Anspruch dieses empfehlenswerten Gehölzes: ein eher saures oder neutrales Bodenmilieu. Auf Kalkböden vergilbt das Laub leider unschön und die Pflanzen lassen im Wachstum nach.

Die Scharlach-Eiche (*Quercus coccinea*) ist vergleichbar, ihre Herbstfärbung soll – zumal bei der Auslese 'Splendens' – noch spektakulärer sein. Um nicht enttäuscht zu werden, wenn das Farbenspiel nicht ganz so intensiv ist, muss man wissen, dass klimatische Faktoren entscheidend für einen bunten Herbst sind. Gleichmäßige Temperaturen bewirken eine schwache Herbstfärbung, während extremere Tag- und Nachtunterschiede förderlich zu sein scheinen. Eine wegen der dicken Winterknospen sehr charakteristische Eiche ist die Persische Eiche (*Quercus macranthera*). Ihre Blätter sind 15 bis 20 Zentimeter lang und von einem schönen Moosgrün. Der Baum wird zwar groß, wächst aber eher langsam, so dass er in mittelgroßen Gärten Platz finden könnte. Als Vertreter einer urzeitlichen Pflanzengattung hat es vielen Gartenfreunden der Ginkgo

(*Ginkgo biloba*) angetan. Er ist glücklicherweise sehr anspruchslos und gedeiht eigentlich an allen erdenklichen, sonnigen Standorten. Das fächerförmige, in der Mitte tief eingeschnittene Laub färbt sich im Herbst gelb, und meistens entblättert sich ein Ginkgo nach dem ersten stärkeren Nachtfrost vollständig innerhalb weniger Stunden. In der Jugend – und diese Phase kann ungefähr drei Jahrzehnte andauern – ist der Ginkgo eher sparrig und wächst schmal aufrecht, weshalb er in kleine Gärten hervorragend passt. Erst später werden die Bäume allmählich breiter. Es gibt männliche und weibliche Pflanzen, aber die fleischigen und sehr streng riechenden Früchte werden nur an alten Pflanzen ausgebildet. Ginkgo hat eben Zeit; kein Wunder, existieren diese Bäume doch seit mehr als 150 Millionen Jahren auf der Erde. Eine Zwergform mit leicht gewellten Blättern ist 'Marieken'. Sie wird auf Stamm veredelt und ermöglicht sogar eine Kultur in großen Pflanzgefäßen auf Balkon und Terrasse. Ginkgo ist ausgesprochen frosthart.

Weitere empfehlenswerte Gartenbäume verschiedener Größen und Wuchsformen werden auch in den Kapiteln über Blütengehölze und Gehölze mit Herbstfärbungen oder attraktiver Rinde beschrieben, wenn sie besondere Vorzüge besitzen, die eine Pflanzung zu diesem Zweck lohnenswert erscheinen lassen.

☀ ◑ ○ ⬆ bis 10 m ✺ ◇

ACER CAMPESTRE 'ELSRIJK'

Aceraceae
Kegelförmiger Feld-Ahorn

Herkunft: Mitteleuropa
Belaubung: Laubabwerfend · dunkelgrün, meist fünflappig · Herbstfärbung gelb
Wuchsform: Zunächst regelmäßig kompakt kegelförmig, im Alter breit eiförmig, klein bis mittelgroßer Baum · 8–10 m Höhe, 4–6 m Breite
Rinde | Zweige: Graubraun, rissig
Blüte: Unscheinbar, vor dem Blattaustrieb
Standortansprüche: Sehr anpassungsfähig, nahezu alle Standorte, meidet vollschattige Lagen sowie nasse, stark saure oder tonige Böden
Schnitt: Sehr gut schnittverträglich
Besonderheiten: Stamm manchmal mit Korkleisten
Geeignet für kleine Gärten: Ja

☀ ◑ ○ ⬆ bis 8 m ✺ ◇

AMELANCHIER LAMARCKII 'BALLERINA'

Rosaceae
Kupfer-Felsenbirne

Herkunft: Nordamerika
Belaubung: Laubabwerfend · elliptisch, Austrieb seidigsilbrig behaart, später rötlich, dann dunkelgrün
Wuchsform: Breitwüchsig bis trichterförmig, großer Strauch bis Kleinbaum · 5–8 m Höhe, 3–5 m Breite
Rinde | Zweige: Graubraun
Blüte: Längere weiße Blütentrauben · Ende April
Standortansprüche: Sonne bis lichter Schatten · nicht zu arme, frisch bis feuchte Böden, mäßig Trockenheit vertragend
Schnitt: Formschnitt möglich
Besonderheiten: Spektakuläre Herbstfärbung in gelb bis flammend orangerot · bläulichschwarze essbare Früchte.
Geeignet für kleine Gärten: Ja

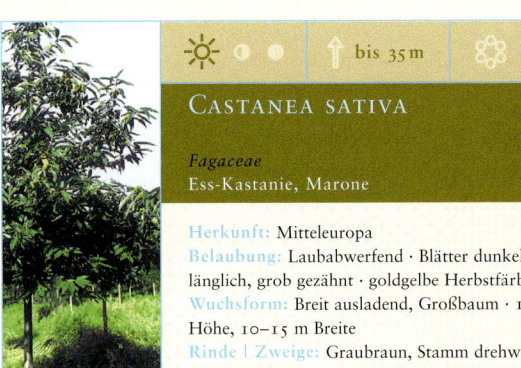

☀ ◑ ○ ⬆ bis 35 m ✺ ◇

CASTANEA SATIVA

Fagaceae
Ess-Kastanie, Marone

Herkunft: Mitteleuropa
Belaubung: Laubabwerfend · Blätter dunkelgrün, länglich, grob gezähnt · goldgelbe Herbstfärbung
Wuchsform: Breit ausladend, Großbaum · 10–35 m Höhe, 10–15 m Breite
Rinde | Zweige: Graubraun, Stamm drehwüchsig
Blüte: Einhäusig, cremeweiße männliche Blütenkätzchen mit strengem Geruch · Juni bis Juli
Standortansprüche: Sonnig bis lichtschattig · wärmeliebend und sehr gut hitzeverträglich, frische bis trockene Böden, durchlässige, saure oder neutrale Substrate, insbesondere auf schweren Böden · in der Jugend frostempfindlich
Schnitt: Freiwachsend
Besonderheiten: Stachelige Fruchtkapseln mit braunen, essbaren Maronen
Geeignet für kleine Gärten: Nein

☀ ◑ ○ ⬆ bis 12 m ✺ ◇

CERCIDIPHYLLUM JAPONICUM

Cercidiphyllaceae
Japanischer Kuchenbaum

Herkunft: Japan
Belaubung: Laubabwerfend · zunächst zart bronzefarben, später mattgrün · rund bis herzförmig, Blattstiel rot · Herbstfärbung gelborange
Wuchsform: Zunächst trichterförmig, im Alter breit kegelförmig, oft mehrstämmig klein bis mittelgroß · 5–12 m Höhe, 4–6 m Breite
Rinde | Zweige: Graubraun, längsrissig
Blüte: Unscheinbar, zweihäusig, vor dem Laubaustrieb
Standortansprüche: Sonnig bis halbschattig · bevorzugt kühle, luft- und bodenfeuchte Standorte, frische, tiefgründige ud nährstoffreiche Böden
Schnitt: Freiwachsend
Besonderheiten: Interessanter Wuchs und dekorative Blätter
Geeignet für kleine Gärten: Ja

☀ ◑ ○ ⬆ bis 30 m ✺ ◇

FAGUS SYLVATICA 'ATROPUNICEA'

Fagaceae
Blut-Buche

Herkunft: Mitteleuropa
Belaubung: Laubabwerfend · Austrieb kupferrot, später matt-bronzerot, breit-elliptisch bis oval
Wuchsform: Großer, mächtiger Baum · 25–30 m Höhe, 15–20 m Breite, allerdings langsam wachsend
Rinde | Zweige: Silbergrau, glatt
Blüte: Unscheinbar, erst nach 15–20 Jahren
Standortansprüche: Sonnige bis schattige Standorte · anspruchslos an Boden, bevorzugt aber frische bis feuchte, nahrhafte und leicht lehmige Böden, hitzeempfindlich, gegen Trockenheit und Staunässe empfindlich
Schnitt: Sehr gut schnittverträglich
Besonderheiten: Schöner Solitärbaum in großen Gärten
Geeignet für kleine Gärten: Nein

☀ ◑ ○ ⬆ bis 10 m ✺ ◇

FRAXINUS ORNUS

Oleaceae
Blumen-Esche

Herkunft: Südeuropa, Westasien
Belaubung: Laubabwerfend · sattgrün, unpaarig gefiedert · Herbstfärbung violett bis orangebraun
Wuchsform: Kleiner meist rundkroniger Baum · 8–10 m Höhe, 4–8 m Breite, eher langsamwüchsig
Rinde | Zweige: Grauschwarz
Blüte: Dichte, bis 15 cm große, endständige Rispen mit cremeweißen Blüten, stark duftend · Mai bis Juni
Standortansprüche: Sonnig bis lichter Schatten · sehr anpassungsfähig, nahezu alle Standorte, äußerst hitze- und trockenheitsverträglich
Schnitt: Freiwachsend
Besonderheiten: Dekorativer kleiner Blütenbaum
Geeignet für kleine Gärten: Ja

GINKGO BILOBA

Ginkgoaceae
Ginkgo-Baum

Herkunft: China
Belaubung: Laubabwerfend · mattgrün, fächerförmig, lang gestielt · Herbstfärbung goldgelb
Wuchsform: Unregelmäßig aufgebaut, zunächst straff aufrecht, später breit ausladend · 15–25 m Höhe, 10–15 m Breite, anfangs schwachwüchsig
Rinde | Zweige: Graubraun, rissig
Blüte: Unscheinbar, vor dem Blattaustrieb, zweihäusig
Standortansprüche: Sonne bis lichter Schatten · sehr anpassungsfähig, nahezu alle Standorte und Böden mit Ausnahme von sehr schweren Böden
Schnitt: Freiwachsend
Besonderheiten: 'Reliktbaum', im Tertiär in ganz Europa heimisch
Geeignet für kleine Gärten: Ja

GLEDITSIA TRIACANTHOS

Caesalpinaceae
Gleditschie, Lederhülsenbaum

Herkunft: Östliches Nordamerika
Belaubung: Laubabwerfend · frischgrün, einfach bis doppelt-gefiedert · Herbstfärbung goldgelb
Wuchsform: Unregelmäßig aufgebauter, lockerkroniger Baum · 15–25 m Höhe, 8–10 m Breite
Rinde | Zweige: Graubraun, mit einfachen oder verzweigten Dornen, sehr dekorativ
Blüte: Unscheinbar, hellgrün, in Trauben, duftend · Juni bis Juli
Standortansprüche: Sonnig · anspruchslos, gut hitzeverträglich, mäßig frosthart, bevorzugt frische bis feuchte, nährstoffärmere durchlässige Böden
Schnitt: Freiwachsend, langsam wachsend!
Besonderheiten: Hellen Schatten spendendauffälliger · Fruchtschmuck
Geeignet für kleine Gärten: Ja

LIRIODENDRON TULIPIFERA

Magnoliaceae
Tulpenbaum

Herkunft: Östliches Nordamerika
Belaubung: Laubabwerfend · frischgrün, ungewöhnliche dreilappige Blattform · Herbstfärbung gelb
Wuchsform: Hoher mächtiger Baum, zunächst pyramidale, später hoch aufgewölbte Krone · 25–35 m Höhe, 15–20 m Breite
Rinde | Zweige: Dunkelgrau
Blüte: Form und Größe der Tulpenblüte ähnlich, gelbgrün · Mai bis Juni
Standortansprüche: Sonne · wärmebedürftig, bevorzugt nährstoffreiche, frische bis feuchte gut drainierte Böden, sauer bis leicht alkalisch
Schnitt: Freiwachsend
Besonderheiten: Blüten erst nach 15 Jahren
Geeignet für kleine Gärten: Nein

QUERCUS PALUSTRIS

Fagaceae
Sumpf-Eiche

Herkunft: Östliches Nordamerika
Belaubung: Laubabwerfend · glänzend-frischgrün, tief eingeschnitten, schmal gelappt · Herbstfärbung gelborange bis bronzerot
Wuchsform: Kegelförmig, mittelgroß · 15–20 m Höhe, 8–15 m Breite · Äste waagerecht stehend
Rinde | Zweige: Graubraun, lange glattbleibend
Blüte: Unscheinbar
Standortansprüche: Sonne bis lichter Schatten · gedeiht auf normalen, mäßig trockenen Standorten wie auch auf feuchten bis nassen Böden
Schnitt: Freiwachsend
Besonderheiten: Prachtvoller Solitärbaum, schöne Herbstfärbung
Geeignet für kleine Gärten: Ja

ROBINIA PSEUDOACACIA 'FRISIA'
Leguminosae/ Papilionaceae
Gold-Robinie

Herkunft: Gärtnerische Kultur
Belaubung: Laubabwerfend, gefiedert mit elliptischen Blättchen · Austrieb orangegelb, später goldgelb bis gelbgrün · Herbstfärbung goldgelb
Wuchsform: Eiförmig bis hochgewölbt, klein · 6–15 m Höhe, 6–8 m Breite
Rinde | Zweige: Graubraun, netzfurchig · Dornen
Blüte: Weiß, in langen hängenden Trauben, duftend · Mai bis Juni
Standortansprüche: Sonne, schattenmeidend, hitzeverträglich · anspruchslos an den Boden, optimal auf frischen bis mäßig trockenen, lockeren Lehmböden
Schnitt: Freiwachsend
Besonderheiten: Dekorativer Solitärbaum mit rötlichen Zweigdornen
Geeignet für kleine Gärten: Nein

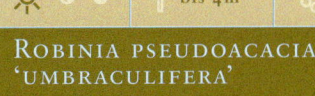

ROBINIA PSEUDOACACIA 'UMBRACULIFERA'
Leguminosae/ Papilionaceae
Kugel-Robinie

Herkunft: Gärtnerische Kultur
Belaubung: Laubabwerfend · bläulichgrün, gefiedert mit elliptischen Blättchen · Herbstfärbung gelb
Wuchsform: Aufrecht oder weit ausladend, mittelgroß · bis 4 m Höhe, 2 m Breite
Rinde | Zweige: Graubraun, tief netzfurchig, dornig (Nebenblattdornen)
Blüte: Weiß, in langen hängenden Trauben, duftend · Mai bis Juni
Standortansprüche: Sonne, Schatten meidend, hitzeverträglich · anspruchslos an den Boden, auf frischen bis mäßig trockenen, lockeren Lehmböden
Schnitt: Freiwachsend, alles paar Jahre auf Kopf zurückschneiden
Besonderheiten: Dekorativer Solitärbaum
Geeignet für kleine Gärten: Ja

n^o

Der Ferne Osten hat Europäer schon immer fasziniert. Als botanische Schatzkammer sorgen China und Japan seit über zwei Jahrhunderten für neue Garten-Sensationen. Reizvolle Gärten im Asia-Stil entstehen in erster Linie durch eine typische und exklusive Pflanzenauswahl.

FÜR ASIATISCHES

Jedes Gehölz hat seine eigene Geschichte. Hätten Sie gewusst, dass viele heute beliebte Gartenpflanzen einst echte Raritäten aus fernen Ländern waren? Neben Nordamerika stammen die meisten unserer Bäume und Sträucher aus Asien. Von dort haben Entdecker echte Schätze mitgebracht.

Ein ganzes Kapitel über asiatische Gehölze? »Ich will doch keinen japanischen Garten anlegen«, werden Sie vielleicht sagen. Trotzdem sollten Sie weiterlesen: Eine große Zahl der schönsten Gartengehölze stammt aus China und Japan. Grund genug, sich einigen davon einmal näher zu widmen. In der Gartengestaltung sind manche von ihnen zu festen Bestandteilen der meisten Gärten geworden – ganz unabhängig von einem bestimmten Gartenstil. Man denke nur an die herrlichen Japanischen Fächer-Ahorne, die in unzähligen Sorten zur Verfügung stehen. Oder an Magnolien und Hortensien, die später noch im Kapitel über Blütengehölze beschrieben werden.

Mit der Gartengestaltung ist das ohnehin so eine Sache: Es gibt eine Vielzahl von Stilen im asiatischen Raum. Chinesische und japanische Gartenkunst unterscheiden sich stark voneinander. Das zeichnet sich auch im Umgang mit Pflanzen ab. Bei den Kamelien zum Beispiel bevorzugten Chinesen gefüllte Blüten – je dichter und perfekter in der Form, desto besser. Einfache Blüten, in denen man die Staubgefäße sieht – die Fortpflanzungsorgane der Pflanze –, galten als vulgär und waren verpönt. In Japan schätzte man solche Blüten aber besonders. Die so genannten Higo-Kamelien mit ihren offenen Blüten und zahlreichen Staubgefäßen zeugen davon. Geschmack hat die Geschichte der Botanik geprägt.

Zudem kann man nicht von einem national festgelegten Gartenstil sprechen. In China und Japan haben Traditionen und einzelne Herrscher verschiedene Spuren hinterlassen. Und Architekten und Gartendesigner unserer Zeit leisten in Japan zum Beispiel völlig Neues. Heute gehen wir im Allgemeinen freier mit den Gartenstilen anderer Kulturen und Epochen um. In der Konsequenz ist das ganz richtig: Was nützte uns die

Die Japanischen Fächer-Ahorne (Acer palmatum) sind eine der sortenreichsten und vielgestaltigsten Gehölzgruppen. Dass aus einer einzigen Art in die Tausende gehende Varianten entstehen können, ist nicht das Ergebnis moderner Züchtung, sondern der Lohn jahrhundertelanger Selektion. Garnelenrosa panaschiert ist die Sorte 'Asahi zuru'.

Kopie eines chinesischen Gartens im Stil der Ming-Dynastie mit überdachten Wegen, pittoresken Brücken, weiten, offenen Kolonnaden, Pavillons und einer natürlich wirkenden, aber komplett künstlich angelegten Landschaft? Er wäre nichts als ein Museum unter freiem Himmel, aber ohne die historische Vergangenheit einer echten Anlage in China. Wir könnten ihn, da wir in einer ganz anderen Kultur aufgewachsen sind, nie in all seinen Facetten erfassen und seine Symbolsprache verstehen. Wer seinen Garten plant – ganz egal, ob es sich um einen Reihenhausgarten oder ein Sechs-Hektar-Grundstück handelt – sollte immer versuchen, originell statt original zu sein. Die britischen Nachbarn haben es uns schon vor langer Zeit vorgemacht: In ihrer Vorliebe für das Exotische schufen sie mit den aus China und Japan importierten Pflanzen ein anglo-chinesi-

FLAIR

sches Original. Mit Zitaten chinesischer Landschaftsgestaltung und -architektur und viel Fantasie bereiteten sie den Weg für eine neue Mode. Ein wichtiges Erbe haben sie uns bewahrt: Gehölze so individuell zu behandeln, dass ihre volle Schönheit zum Ausdruck kommt.

Wie wichtig das ist, beweist vor allem der Chinesische Blumen-Hartriegel *(Cornus kousa* var. *chinensis)*. Als der britische Pflanzensammler Ernest Wilson 1907 seine Pflanzen nach Europa brachte, gab es Fotografien von ausgewachsenen Exemplaren, die zeigten, dass sich ein kleiner und unscheinbarer Strauch, der der einheimischen Kornelkirsche ähnelte, innerhalb von zwei Jahrzehnten zu einem Prachtstück mit etagenförmig ausgebreiteten Ästen entwickelt. So war klar: Die Schere muss hier offenbar nicht zum Einsatz kommen.

Das sollte auch den Gartenbesitzern klar sein, die sich diesen Aristokraten unter den Großsträuchern in den Garten holen. Der Blumen-Hartriegel bedeckt sich nach

Der Chinesische Blumen-Hartriegel (Cornus kousa var. chinensis) ist eines der schönsten Gartengehölze überhaupt. Die Pflanzen benötigen mindestens zehn Jahre, um ihre volle Schönheit zu erreichen.

einigen Jahren im Mai und Juni mit einer Fülle von kugeligen Blütenständen, die von weißen und spitz zulaufenden Hochblättern umgeben sind. Nach warmen Sommern werden daraus im Herbst Früchte, die an Walderdbeeren erinnern und auch essbar sind. Im Vergleich zur Art *Cornus kousa* wird die

*Aus der Nähe betrachtet offenbart sich die zarte Gestalt der Hartriegel-
Blüten. Sie sind nämlich winzig klein und stehen in kugelförmigen Köpfchen direkt über den auffallenden weißen Hochblättern.*

Varietät aus China häufiger gepflanzt. Besonders schön von
den Formen der Art ist die Sorte 'Satomi', deren Hochblätter
hellrosa sind. 'China Girl' blüht weiß und sehr reich. Viele
neuere Sorten müssen noch auf ihre Widerstandsfähigkeit
geprüft werden, für Liebhaber gibt es hier noch vieles zu entdecken. Blumen-Hartriegel mögen keine kalkhaltigen Böden
und sollten einen Platz bekommen, an dem sie sich frei entwickeln können. Da junge Pflanzen noch nicht blühen, werden
häufig große Solitäre angeboten, die bereits zwei bis drei Meter
hoch sind. Solche Pflanzen sind zwar recht kostspielig, aber das
wiegt der Zeitgewinn auf: Man spart sich fast zehn Jahre War-
tezeit auf die schöne Blüte. Übrigens wird ein gesunder Hartriegel mit den Jahren immer schöner und wird von Jahr zu Jahr
reicher blühen. Bei älteren Sträuchern sieht es so aus, als seien
die Zweige im Frühsommer mit Schnee bedeckt, so dicht stehen die Blüten. Alle haben eine sehr schöne Herbstfärbung.

Noch stärker etagenförmig baut sich der Pagoden-Hartriegel
(*Cornus controversa*) auf. Er stammt aus Japan und China und
wird ein recht ausladender Baum, der in den ersten Jahren
stark wachsen kann. Seine cremeweißen Blütenstände sind
längst nicht so prächtig wie die der Blumen-Hartriegel. Seine
weißbuntlaubige Form 'Variegata' ist schwächer im Wuchs und
ihre Zweige entwickeln sich fast vollständig waagerecht. Solche
Pflanzen wirken wie eine Skulptur und sollten entsprechend in
Szene gesetzt werden. Da das bunte Laub in der vollen Sonne
unter Umständen verbrennen kann, empfiehlt sich ein Standort,
der in den heißesten Stunden etwas Schatten bietet. Eine Unterpflanzung mit dezenten Stauden ist wichtig, damit das Bild
nicht unruhig wird. Sie können im Frühjahr schön blühen, sollten aber im Sommer beruhigendes Grün liefern. Kaukasus-Ver-
gissmeinnicht (*Brunnera macrophylla*) wäre ideal, man könnte
seine ebenfalls panaschierte Form 'Variegata' in kleinen Grup-

*Unter den zahlreichen Hybriden der prächtigen Strauch-Päonien sind es
vor allem die der Paeonia-rockii-Gruppe, die Sammler begeistern. Sie
haben auffallend kontrastierende dunkle Basalflecken am Blütengrund.*

pen dazwischen setzen – das wirkte wie ein Spiegel zum Laub
des Hartriegels. Die Form 'Hadspen Cream' des Vergissmein-
nichts sollte nicht verwendet werden, da der Cremeton ihres
Laubes schmutzig im Vergleich zum strahlenden Weiß des *Cornus* wirkt. Dem Pagoden-Hartriegel ist sein Verwandter *Cornus
alternifolia* aus Nordamerika ähnlich, der aber niedriger bleibt
und langsamer wächst. Die Form 'Argentea' hat silberfarben
gerandete und gefleckte kleine Blätter. Sie wird kaum drei
Meter hoch und passt deshalb auch in kleinste Gärten.

Interessanterweise werden die aus Nordamerika stammenden Blumen-Hartriegel *(Cornus florida)* auch sehr oft für
asiatisch angehauchte Gestaltungsideen verwendet. Sie ähneln
der chinesischen Art, doch sind ihre Hochblätter breiter und
der Wuchs im Alter ist nicht so ausgeprägt etagenförmig. Sie
blühen aber schon als junge Pflanzen ziemlich reich. Auffallend

ist, dass die Blütenknospen im Winter deutlich sichtbar sind,
da die umgebenden Hüllblätter silbrigweiß in der Sonne glänzen. Die Bodenansprüche sind wie bei *Cornus kousa*: Frucht-
bar, nicht zu kalkhaltig und locker sollte der Boden sein.
Schwere, zu winterlicher Staunässe neigende Lehmböden sind
ungeeignet für diese herrlichen Pflanzen, da sie die Anfälligkeit
für Pilzerkrankungen erhöhen. *Cornus florida* ist nicht so oft
zu finden, da *Cornus kousa* ohne Zweifel eine schönere weiß
blühende Art ist. Die intensiven Rosa- und Rosarot-Töne aber
hat nur der amerikanische Blumen-Hartriegel zu bieten. Unter
dem Namen 'Rubra' erhält man unterschiedliche, aber meistens
sehr schöne Farben. 'Cherokee Chief' hat immer kräftig rosa-
farbene Hochblätter (Brakteen), während die noch seltene
Sorte 'Cherokee Brave' das dunkelste Rosarot aller Hartriegel
zeigt. Im Austrieb sind beide Cherokees bronzefarben. Zwei

Strauch-Päonien (Paeonia-suffruticosa-Hybriden) können im Lauf der Jahre gut und gerne zwei Meter Höhe und Breite erreichen. Sie sind sehr winterhart, brauchen aber etwas Zeit, um sich einzugewöhnen.

großartige weiß blühende Sorten sind 'Cloud Nine' und 'White Cloud'. Große Blüten wie bei den Blumen-Hartriegeln bescheren einigen Gehölzen eine große Fangemeinde. Zu ihnen zählen auch die aus China stammenden Strauch-Päonien. Sie sind als Gehölze gemäßigter Breiten so ungewöhnlich, dass viele Menschen sie für Stauden halten – was die in den Gärten verbreiteten Sorten der *Paeonia lactiflora*, der Pfingstrose, auch sind. Seit 1.500 Jahren kultiviert man Strauch-Päonien *(Paeonia suffruticosa)* im Reich der Mitte. Sie sind in der traditionellen chinesischen Malerei Symbol des Frühlings. Der Kaiser Ming Huang ließ in seinem Sommerpalast gleich 10.000 der als »Moutan« bezeichneten Pflanzen setzen. Noch heute sind die im kaiserlichen Palast der »Verbotenen Stadt« und in anderen Königspalästen blühenden »Moutan« alljährlich zu bewundern und ziehen Scharen von Besuchern an.

Davon, was sie als Gartengehölze bieten, hatte bis zur Ankunft der ersten Strauch-Päonien in Europa mancher Botaniker höchstens geträumt: von einem Gehölz mit Blüten groß wie Kuchenteller, leuchtend in den Farben kostbarer Seide, filigran geformt wie von Künstlerhand. Zwar waren großblütige Kamelien-Sorten *(Camellia reticulata)* bekannt, galten aber als empfindlich und selbst in klimatisch begünstigten Gegenden als nicht winterhart. Den Strauchpäonien aber blies in ihrer chinesischen Heimat meistens eine steife Brise entgegen. An offenen Hängen mit oft felsigem Untergrund waren sie den Elementen ungeschützt ausgesetzt.

Noch heute fasziniert die Verbindung einer exotisch anmutenden Blütenpracht mit den unverkennbaren Zeichen von Härte und Widerstandskraft, wenngleich die Naturformen von *Paeonia suffruticosa* – aus ihnen entstanden die meisten Sorten – ungefüllte Blüten trugen. Die noble Pracht der Züchtungen bedarf in der Blütezeit eines gewissen Schutzes vor »reißerischen« Winden und heftigen Regenfällen, will man sich ungetrübt daran erfreuen. Ein gutes Dutzend Wildarten der Gattung *Paeonia*, die im Unterschied zu den viel geliebten Stauden-Pfingstrosen im Herbst nicht komplett oberirdisch absterben, sondern wie andere Sträucher lediglich ihre Blätter abwerfen, gibt es in Zentralchina. Und schon diese sind ein herrlicher Gartenschmuck. Fein geschlitzt, in der Farbe oft rötlich überhaucht, sind sie mehr als nur Staffage für die Blühsaison. Diese kann im Übrigen von Ende April bis Mitte Juni reichen – je nach Sorteneigenschaften.

Für die Pflanzung ist es besonders wichtig zu wissen, ob die Pflanze durch Veredelung oder Stecklinge vermehrt wurde. Letztere Methode ist meistens bei den aus China importierten Pflanzen üblich. Sie werden wie andere Gehölze mit dem Ballen nahezu bündig zur Erdoberfläche gepflanzt. Wenn die Pflanze auf Wurzeln der Stauden-Pfingstrose *Paeonia lactiflora* veredelt wurde, sollte sie unbedingt tief (Veredelungsstelle etwa zehn Zentimeter unter der Erde) gepflanzt werden. Wie bei Edelrosen muss die Strauch-Päonie die Möglichkeit haben, eigene Wurzeln zu bilden. Ansonsten wird die Unterlage immer wieder durchtreiben und die Pflanze nicht optimal ernähren. Es ist wichtig, für lockeren und gut durchlässigen Boden zu sorgen. Staunässe ist der einzig ernst zu nehmende Feind der aufregenden Gehölze. Sie begünstigt den Befall mit *Botrytis*-Pilzen, die eine Pflanze zum Erliegen bringen können. Welke Austriebe sind ein Zeichen dafür: Sofort sollte dann der befallene Trieb mindestens zwei Blattansätze unter der geschädigten Stelle zurückgeschnitten werden. Leichte Sandböden müssen mit organischem Material wie Kompost aufgebessert werden, denn

Gärten, in denen asiatische Gestaltungselemente und Pflanzen den Vorrang haben, befriedigen unsere Sehnsucht nach exotischen Welten. Dass sie Orte der Stille sind, die Kraft spenden können, ist ein weiterer Aspekt. Unterschiedliche Laub- und Blütenfarben harmonieren hier.

eine so luxuriöse Pflanze braucht wahrhaft festen Boden unter den Füßen. Auch die Versorgung mit einem langsam wirkenden organischen Dünger, wie Hornspänen oder Knochenmehl, ist ratsam, um einen guten Start zu gewährleisten. Ideal ist ein humusreicher Gartenboden mit einem guten Lehmanteil.

Einmal angewachsen, sind Strauch-Päonien robuste Gartenpflanzen, die uralt werden und Generationen erfreuen können. Innerhalb von fünf bis zehn Jahren können sie eine Höhe und Breite von 1,50 Metern erreichen. Bis zu zwei Meter Endhöhe sind bei alten Exemplaren möglich. Im Garten verbreiten die Pflanzen eine Faszination, die ihresgleichen sucht. Sie harmonieren in Rabatten mit Stauden ebenso wie im Verbund mit Gehölzen. Besondere Plätze sollten auch den schönsten Formen der Japanischen Fächer-Ahorne reserviert werden. Sie sind so vielgestaltig, dass sich für jeden Garten eine dieser exzellenten Exemplare finden lässt. Bis auf wenige Ausnahmen sind die

Ein langsam wachsender kleiner Strauch ist Acer japonicum 'Aconitifolium'. Das Laub dieses Ahorns erinnert an das des Eisenhuts. Die Blattformen asiatischer Ahorne sind echte Kunstwerke der Natur. Deshalb sollte man sie im Garten auch aus der Nähe betrachten können.

meisten bekannten Sorten Spielarten der Art *Acer palmatum*. Sie ist meistens ein mehrstämmiger großer Strauch oder kleiner Baum mit gelappten grünen Blättern und kann im Laufe einiger Jahrzehnte bis zu acht Meter hoch werden. Die Krone ist ausgewogen rundlich, was sich erst im Alter zeigt. Glücklicherweise fühlen sich die Fächer-Ahorne auf fast allen nährstoffreichen Böden wohl und die starkwüchsigeren Formen wachsen auch auf Kalkböden. Zu ihnen gehört 'Osakazuki', ein Fächer-Ahorn von kräftiger Statur, mit fünf- bis siebenlappigen grünen Blättern, die orangerote Herbstfärbung zeigen.

Am bekanntesten ist 'Atropurpureum' mit blutroten Blättern und starkem Wuchs, was bei einem Fächer-Ahorn in den Jugendjahren durchaus 30 Zentimeter im Jahrestrieb bedeuten kann. Unter dem Namen 'Atropurpureum' sind viele aus Samen gezogene Pflanzen im Handel, deren Laubfärbung recht unterschiedlich sein kann. Am besten ist es also, die Pflanze vor dem Kauf in Augenschein zu nehmen. Sicher sein kann man bei benamten Auslesen, zum Beispiel bei 'Bloodgood', dessen Laub eher purpurfarben als dunkelrot ist und sehr ungewöhnlich wirkt, wenn es mit Grau kombiniert wird –

Laub, so zart wie das filigraner Farne, haben die Fächer-Ahorne der Dissectum-Gruppe. Es ist so stark geschlitzt, dass es aus der Ferne haarartig wirkt. Diese Zartheit erfordert eine aufmerksame Platzierung. Im Halbschatten und in Wassernähe wirken diese Gehölze am schönsten.

entweder mit Pflanzen oder Architektur. Wenige Pflanzen wirken zum Beispiel mit modernem Sichtbeton so spektakulär wie diese Sorte. Überhaupt sind die wegen ihrer geringen Größe geschätzten Gehölze außerordentlich flexibel und passen mit ihrem ornamentalen Laub und dem harmonischen Wuchsbild in viele Gartenkonzepte. Manche der aufrecht wachsenden Formen begeistern auch durch buntes (panaschiertes) Laub. 'Asahi zuru' hat zartrosa und weiß gescheckt grünes Laub und rötliche Zweige, die im Winter hübsch aussehen. Um eine Höhe von zwei Metern zu erreichen, braucht diese Sorte mindestens zehn Jahre. Noch kleiner bleibt 'Corallinum', ein sehr filigraner kleiner Strauch, dessen Laub im Austrieb korallenrot ist und weithin leuchtet. 'De shojoh' ist ähnlich. Ganz ausgefallen ist die Sorte 'Seiryuh', deren grüne Blätter haarfein gelappt sind,

was dem Strauch ein sehr luftig-lockeres Aussehen gibt. Ganz anders im Wuchs als die beschriebenen Ahorne sind die *Acer palmatum*-Sorten der 'Dissectum'-Gruppe. Sie wachsen ausgesprochen langsam und haben feines, tief und mehrfach geschlitztes Laub. Die Zweige hängen mehr oder weniger nach unten, so dass diese Pflanzen von weitem wie ein flauschiges Kuscheltier wirken. Auch hier gibt es grün- und rotblättrige Formen. 'Dissectum' hat hell- bis mittelgrünes, 'Dissectum Atropurpureum' rotbraunes Laub. Edel weinrot ist 'Garnet'. Die 'Dissectum'-Typen werden auch gerne auf Stämmchen veredelt, um die außergewöhnliche Form auch in verschiedenen Höhen zur Verfügung zu haben. Die grünblättrigen Sorten sollten nicht in der vollen Sonne stehen und sehen im lichten Schatten, etwa an einem Teich oder Wasserlauf, viel besser aus.

Bei den rotblättrigen Formen ist etwas mehr Sonne nötig, um die schönste Laubfärbung zu erhalten – heiße Mittagssonne sollte man ihnen aber ersparen. Wie alle Fächer-Ahorne lieben sie windgeschützte Plätze mit feuchterer Luft. Teichränder sind ideal. Die Mühe, einen in der Lichtintensität optimalen Platz zu finden, wird auch bei einem anderen Japanischen Ahorn belohnt: *Acer shirasawanum* 'Aureum'. Der zungenbrecherische Name ist keinesfalls ein Zeichen für eine heikle Natur. Diese Pflanze ist ziemlich widerstandsfähig und sehr winterhart. Die

Aus der Dissectum-Gruppe des Japanischen Fächer-Ahorns empfehlen sich die rotlaubigen Sorten für zusätzliche Farbe während des Sommers. Auch sie haben einen harmonisch abfließenden Wuchscharakter.

gelblaubige Form wächst langsam, was ein wenig schade ist. Das Laub ist mehrfach gelappt und sieht entfernt wie ein Gänsefuß aus. In voller Sonne bekommt die Pflanze einen Sonnenbrand, bei weniger Licht bleibt sie gelbgrün. Neu ist *Acer shirasawanum* 'Autumn Moon' mit orangegelbem Austrieb und gelbgrünem Laub. Diese Sorte scheint etwas stärker zu wachsen. Wer diesen Ahorn mag, aber einen schneller wachsenden Strauch mit grünem Laub sucht, wird von *Acer japonicum* 'Vitifolium' nicht enttäuscht. Vom Japanischen Ahorn gibt es eine beliebte, schwach wachsende Sorte mit abfließendem Wuchs und eisenhutähnlichen Blättern: 'Aconitifolium'. Das Laub ist ebenfalls grün und färbt sich im Herbst intensiv rötlich. Bei der Vielfalt Japanischer Ahorne ergeben sich unzählige Kombinationen mit Stauden. Wichtig ist es, den filigranen Formen Pflanzpartner mit rundlichen und ruhigen Blattformen zu geben. Gute Gesellschafter im Verbund mit ihnen sind verschiedene Farne und niedrige Gräser wie Seggen *(Carex)*, die immer in Gruppen gesetzt werden sollten. In einer bunt blühenden Staudenrabatte wären diese zauberhaften Gehölze ebenso fehl am Platz, wie sie in einem Rosenbeet fremdartig wirken würden. In dieser Hinsicht darf von asiatischer Zurückhaltung gelernt werden. So ergeben sich Gartenszenen von großer Schönheit.

Der Name ist kompliziert – die Pflanze ist es nicht: Acer shirasawanum 'Aureum' ist ein Kleinod, das nur einige Stunden Sonne benötigt, um eine gute Gelbfärbung des Laubes auszubilden. An weniger hellen Standorten bleibt das Laub nur reingrün.

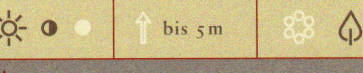

☀ ◐ ○ ⬆ bis 5 m ✿ ⬧

ACER JAPONICUM 'ACONITIFOLIUM'

Aceraceae
Eisenhutblättriger Japanischer Ahorn

Herkunft: Japan
Belaubung: Laubabwerfend · dunkelgrün, fast bis zur Basis fiederschnittig gelappt · Herbstfärbung leuchtend orangerot bis feurig weinrot
Wuchsform: Baumartig wachsender Strauch, im Alter breit ausladend · 3–5 m Höhe und Breite
Rinde | Zweige: Graubraun
Blüte: Purpur, in kurzen Trauben, auffallend gelbe Staubgefäße · April, Mai
Standortansprüche: Sonnig bis leicht absonnig · humoser, gut durchlässiger, nahrhafter Boden · empfindlich gegen Kalk, Vernässung und Verdichtung
Schnitt: Freiwachsend, langsam
Besonderheiten: Dekoratives Solitärgehölz mit schöner Herbstfärbung
Geeignet für kleine Gärten: Ja

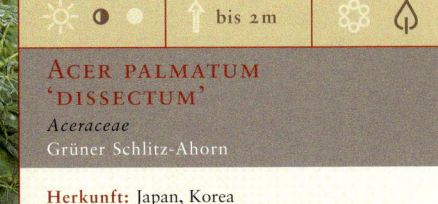

☀ ◐ ○ ⬆ bis 2 m ✿ ⬧

ACER PALMATUM 'DISSECTUM'

Aceraceae
Grüner Schlitz-Ahorn

Herkunft: Japan, Korea
Belaubung: Laubabwerfend · hellgrün, 5–7lappig, fein geschlitzt · Herbstfärbung leuchtend orangegelb
Wuchsform: Kleiner gedrungener, flach bis halbkugeliger Strauch, Mittelstamm, Äste und Zweige malerisch geschwungen · 2 m Höhe, 2–3 m Breite,
Rinde | Zweige: Graubraun, rissig
Blüte: Unscheinbar
Standortansprüche: Sonnig bis halbschattig, bevorzugt frische bis feuchte, gut durchlässige, lockere, sandig-humose Lehmböden · schwach sauer
Schnitt: Freiwachsend
Besonderheiten: dekoratives Ziergehölz, schwachwüchsig
Geeignet für kleine Gärten: Ja

☀ ◐ ○ ⬆ bis 6 m ✿ ⬧

ACER PALMATUM 'OSAKAZUKI'

Aceraceae
Fächer-Ahorn

Herkunft: Japan, Korea
Belaubung: Laubabwerfend · kräftig grün, 7lappig, 6–14 cm breit · Herbstfärbung leuchtend karminrot
Wuchsform: Breitbuschig aufrechter Strauch oder kleiner Baum, im Alter mehr rundliche Krone · 4–6 m Höhe und Breite
Rinde | Zweige: Graubraun
Blüte: Unscheinbar
Standortansprüche: Sonnig bis halbschattig, bevorzugt frische bis feuchte, gut durchlässige, lockere, sandig-humose Lehmböden · schwach sauer
Schnitt: Freiwachsend
Besonderheiten: Dekoratives Ziergehölz mit brillanter Herbstfärbung
Geeignet für kleine Gärten: Ja

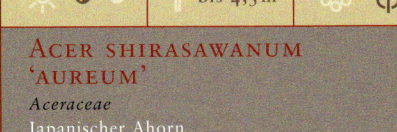

☀ ◐ ○ ⬆ bis 4,5 m ✿ ⬧

ACER SHIRASAWANUM 'AUREUM'

Aceraceae
Japanischer Ahorn

Herkunft: Japan
Belaubung: Laubabwerfend · grünlichgelb, mit meist 11 spitzen, doppelt gesägten Lappen, 6–8 cm breit · Herbstfärbung gelb, orange bis rötlich
Wuchsform: Mittelhoher Strauch, flach rundliche Krone · 2,5–4,5 m Höhe und 1,5–2,5 m Breite
Rinde | Zweige: Junge Triebe bläulichgrün, bereift
Blüte: Blassgelb bis weiß, Kelchblätter rötlich · unscheinbar
Standortansprüche: Absonnig, geschützt · benötigt frische bis feuchte, humose, gut durchlässige Böden · schwach sauer
Schnitt: Freiwachsend
Besonderheiten: Nerven und Blattstiele besonders im Frühjahr rötlich
Geeignet für kleine Gärten: Ja

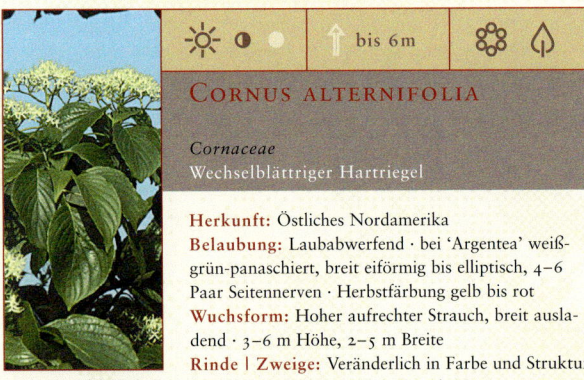

☀ ◐ ○ ⬆ bis 6 m ✿ ⬧

CORNUS ALTERNIFOLIA

Cornaceae
Wechselblättriger Hartriegel

Herkunft: Östliches Nordamerika
Belaubung: Laubabwerfend · bei 'Argentea' weißgrün-panaschiert, breit eiförmig bis elliptisch, 4–6 Paar Seitennerven · Herbstfärbung gelb bis rot
Wuchsform: Hoher aufrechter Strauch, breit ausladend · 3–6 m Höhe, 2–5 m Breite
Rinde | Zweige: Veränderlich in Farbe und Struktur
Blüte: Gelblich-weiß, in 5 cm breiten Schirmrispen · Mai bis Juni
Standortansprüche: Sonnig bis halbschattig · humoser, frischer, sauer bis neutraler Boden mit gutem Wasserabzug
Schnitt: Freiwachsend
Besonderheiten: Interessante Wuchsform, Seitenäste in waagerechten Etagen
Geeignet für kleine Gärten: Ja

☀ ◐ ○ ⬆ bis 10 m ✿ ⬧

CORNUS CONTROVERSA

Cornaceae
Pagoden-Hartriegel

Herkunft: Osthimalaya, Korea, Japan
Belaubung: Laubabwerfend · dunkelgrün, eiförmig, 6–7 Seitennervenpaare · Herbstfärbung purpurrot
Wuchsform: Hoher Strauch oder kleiner Baum, auffallend waagerechte, etagenförmige Astpartien · 5–10 m Höhe und Breite
Rinde | Zweige: Rötlichbraun bis schwarzbraun
Blüte: Weiße, bis 15 cm breite Schirmrispen · Juni · blauschwarze Früchte
Standortansprüche: Sonnig bis halbschattig · Böden sauer bis neutral, humos, genügend frischer Boden mit gutem Wasserabzug
Schnitt: Freiwachsend, Erziehungsschnitt nur im Sommer oder Herbst
Besonderheiten: Dekoratives Solitärgehölz mit etagenförmigem Wuchs
Geeignet für kleine Gärten: Ja

☀ ◑ ○ | ⬆ bis 6 m | ✿ ◊

CORNUS FLORIDA 'RUBRA'

Cornaceae
Blumen-Hartriegel

Herkunft: Nordamerika
Belaubung: Laubabwerfend · dunkelgrün glänzend, unterseits weißlich, eiförmig bis elliptisch, stark gewellt · Herbstfärbung leuchtend rot bis violett
Wuchsform: Breit ausladender, dekorativ verzweigter Großstrauch · 4–6 m Höhe und Breite
Rinde | Zweige: Grünlich, rechteckig gefeldert
Blüte: Grünliche 12 mm große Köpfchen mit rosa Hochblättern · Mai
Standortansprüche: Sonne bis Halbschatten · frische, locker-humose, schwachsaure bis neutrale, nahrhafte Böden, Wurzelbereich feucht halten
Schnitt: Freiwachsend
Besonderheiten: Bei älteren Pflanzen enorme Blütenfülle
Geeignet für kleine Gärten: Ja

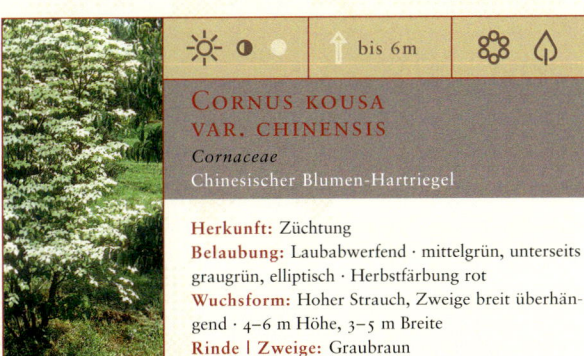

☀ ◑ ○ | ⬆ bis 6 m | ✿ ◊

CORNUS KOUSA VAR. CHINENSIS

Cornaceae
Chinesischer Blumen-Hartriegel

Herkunft: Züchtung
Belaubung: Laubabwerfend · mittelgrün, unterseits graugrün, elliptisch · Herbstfärbung rot
Wuchsform: Hoher Strauch, Zweige breit überhängend · 4–6 m Höhe, 3–5 m Breite
Rinde | Zweige: Graubraun
Blüte: Grünlichgelbe Köpfchen, umgeben von 4 großen weißen Hochblättern, reichblühend · Ende Mai, Juni · 2 cm dicke himbeerartige Früchte auf langen Stielen, dunkelrosa bis rot
Standortansprüche: Sonnig bis halbschattig · geschützt, frische, sandig-humose, saure bis neutrale, nahrhafte Böden · Kalk und Staunässe meidend
Besonderheiten: Großblütigste und reichblühende Varietät
Geeignet für kleine Gärten: Ja

☀ ◑ ○ | ⬆ bis 6 m | ✿ ◊

CORNUS KOUSA VAR. CHINENSIS 'CHINA GIRL'

Cornaceae
Chinesischer Blumen-Hartriegel

Herkunft: Züchtung
Belaubung: Laubabwerfend · mittelgrün, unterseits graugrün, elliptisch · Herbstfärbung rot
Wuchsform: Hoher Strauch, breit trichterförmige Krone · 4–6 m Höhe; 2,5–3,5 m Breite
Rinde | Zweige: Graubraun
Blüte: Weiß mit grünlichem Schimmer, Hochblätter eiförmig, reichblühend · Juni, Juli · 2 cm dicke himbeerartige Früchte auf langen Stielen, dunkelrosa
Standortansprüche: Sonnig bis halbschattig · geschützt, frische, sandig-humose, saure bis neutrale, nahrhafte Böden · Kalk und Staunässe meidend
Besonderheiten: Reichblühende Sorte mit mittelgroßen Hochblättern
Geeignet für kleine Gärten: Ja

☀ ◑ ○ | ⬆ bis 6 m | ✿ ◊

CORNUS KOUSA VAR. CHINENSIS 'SATOMI'

Cornaceae
Chinesischer Blumen-Hartriegel

Herkunft: Züchtung
Belaubung: Laubabwerfend · mittelgrün, unterseits graugrün, elliptisch · Herbstfärbung rot
Wuchsform: Hoher Strauch, Zweige breit überhängend · 4–6 m Höhe, 3–5 m Breite
Rinde | Zweige: Graubraun
Blüte: Grünlichgelbe Köpfchen, umgeben von 4 großen rosa gefärbten, regelmäßig aufgebauten Hochblättern · Anfang Juni bis Ende Juli · 2 cm dicke himbeerartige Früchte auf langen Stielen, dunkelrosa
Standortansprüche: Sonnig bis halbschattig · geschützt, frische, sandig-humose, saure bis neutrale, nahrhafte Böden · Kalk und Staunässe meidend
Besonderheiten: Großblütigste Sorte
Geeignet für kleine Gärten: Ja

☀ ◑ ○ | ⬆ bis 2,5 m | ✿ ◊

PAEONIA SUFFRUTICOSA

Paeoniaceae
Strauch-Päonie

Herkunft: China
Belaubung: Laubabwerfend · hellgrün bis bläulich-grün, doppelt gefiedert
Wuchsform: Aufrechter, wenig verzweigter Kleinstrauch mit dicken, etwas steifen Trieben · 1–1,5 (2,5) m Höhe und Breite
Rinde | Zweige: Graubraun
Blüte: Sorten in weiß, rosa, rot und violett, einfach, halbgefüllt oder gefüllt · Mitte bis Ende Mai
Standortansprüche: Sonnig bis halbschattig · nährstoffreiche Böden
Schnitt: Freiwachsend
Besonderheiten: Auffällige Winterknospen,
Geeignet für kleine Gärten: Ja

☀ ◑ ○ | ⬆ bis 4 m | ✿ ◊

PRUNUS SUBHIRTELLA 'FUKUBANA'

Rosaceae
Higan-Kirsche

Herkunft: Japan
Belaubung: Laubabwerfend · dunkelgrün, elliptisch · schöne Herbstfärbung
Wuchsform: Breit trichterförmig wachsender Großstrauch oder kleiner Baum · 4 m hoch und breit
Rinde | Zweige: Braun
Blüte: Im Spätwinter oder zeitigen Frühling blühende Sorte in intensivem Rosa, meistens halbgefüllt · im Verblühen heller
Standortansprüche: Vollsonnig bis halbschattig · bevorzugen einen nährstoffreichen, frischen bis feuchten, gut durchlässigen Boden
Schnitt: Freiwachsend
Besonderheiten: Ein Beispiel für zahlreiche schöne Prunus-Sorten
Geeignet für kleine Gärten: Ja

3

Immergrüne Gehölze passen in jedes Gestaltungskonzept –
und an jeden Standort. Heute werden Buchsbaum und
andere wieder heiss geliebt wegen ihrer Vielseitigkeit.
Sie sind wertvoll für alle Gartenideen zwischen
formaler Strenge und naturhafter Leichtigkeit.

FÜR FORMENSPIELE

Während der kalten Jahreszeit sind interessante Wuchsformen gefragt, grünes, den Widrigkeiten des schlechten Wetters trotzendes Laub. Immergrüne Gehölze, frei wachsend oder in dekorative Formen geschnitten, sind unentbehrlich für einen Garten, der auch im Winter schön sein soll.

Immergrüne sind eine Erfindung der Natur, geschaffen vielleicht, um frierenden Vögeln im Winter Zuflucht zu bieten oder anderen Pflanzen ein schützendes Laubdach zu bereiten. Fest steht, dass auch der Mensch davon profitieren kann. Wer seinen Garten zur Winterzeit lieber nackt und kahl erleben möchte, bringt sich um viele Highlights der grünen Kunst, schöne Gärten zu gestalten.

Ein Garten ohne Immergrüne wirkt im Winter wie eine Wohnung ohne Wände. Leer und trist. Dabei spielt die Größe des Gartens nur eine untergeordnete Rolle: Schon wenige frei wachsende oder geschnittene Buchsbäume oder Eiben können kleine Gärten in wahre Schmuckstücke verwandeln, wenn die Blütenpracht des Sommers längst vergangen ist. Wenn diese Qualitäten in die Planung Eingang finden, steht dem ganzjährigen Gartengenuss nichts mehr im Wege. Charakteristische Wuchsformen, die für viele immergrüne Formgehölze typisch sind, fallen stets auf – sogar im Winter unter einer Schneedecke. Gestalterisch ist hier weniger allerdings mehr, denn eine überladene Vielfalt von Kugeln, Säulen und freien Fantasieformen ist weder spannend noch schön, sondern wirkt schnell skurril. Gezielt eingesetzt, kommen solche Wuchsformen aber zur Geltung – ganz gleich ob sie natürlichen Ursprungs sind oder von Menschenhand geschaffen werden.

Millionenfach hat der Buchs *(Buxus sempervirens)* in den vergangenen Jahren Einzug in deutsche Gärten gehalten. Zumeist als Formgehölz bereichert er nicht nur strenge architektonische Gestaltungskonzepte, sondern auch romantische Rosenrabatten und gemischte Pflanzungen mit Stauden und anderen Gehölzen. Dabei ist ihm alles recht: Tiefgründiger Lehmboden und leichte Sanduntergründe behagen dem unempfindlichen Buchs ebenso wie volle Sonne oder Schatten. Letzterer entspricht sogar seinen natürlichen Lebensbedingungen: Ähnlich wie die heimische Hülse oder Stechpalme *(Ilex aquifolium)* wächst der Buchs als Unterholz lichter Laubwälder sozusagen in der zweiten Reihe. Dabei erreicht er bis zu fünf Meter Höhe – in der Natur schneidet eben niemand. Das harte und dichte Holz des Buchsbaums war früher sehr gefragt zur Herstellung feiner Möbel und Blasinstrumente. Deshalb ist das Gehölz in der Natur auch selten geworden. In Gärten hingegen ist Buchs umso häufiger zu finden, seit man ihn vor Jahren wieder in die gärtnerische Massenproduktion überführte. Jeder, der Buchs schon aus Stecklingen vermehrt hat, weiß, wie ein-

Immergrüne Gehölze sind so vielseitig, dass man sie in vielen Bereichen einsetzen kann: als markanten Solitär in Kegel-, Kugel- oder Großbonsai-Form oder als pflegeleichten Bodendecker. Aber ohne Schnitt geht es nicht.

fach das ist und wie zuverlässig es funktioniert. Voraussetzung ist, dass die acht bis zehn Zentimeter langen Stecklinge nicht zu viel Laub haben und einige Monate an einem schattigen Platz im Garten stehen, ohne auszutrocknen. Im Gefolge des Buchsbaums interessierten sich Gartenfreunde hier zu Lande mehr und mehr für andere immergrüne Gehölze, und zwar für jene Gewächse ohne Nadeln. Denn Koniferen waren vor allem in den 50er- bis 70er- Jahren allgegenwärtiger Ausdruck von Beständigkeit. Wer Serbische Fichte, Kiefer und Scheinzypresse pflanzte, der wusste, was er hatte: rasch wachsende Gehölze, die wenig Pflege benötigen und rund ums Jahr einen guten Eindruck machen. Erst als die Wende zum biologischen Gärtnern auch die Vorbehalte gegenüber ökologisch angeblich wenig wertvollen Pflanzen wachsen ließ, interessierte man sich zunehmend für Laubgehölze. Weil diese im Winter nun mal kahl sind, boten immergrüne Laubgehölze den einzigen Ausweg, um die karge Jahreszeit politisch korrekt zu verschönern: mit frischem Grün von *Ilex*, Kirschlorbeer *(Prunus laurocerasus)* und Vertretern anderer Gattungen. Dazu zählten auch so seltsame Pflanzengestalten wie die bewährte früh blühende Japanische Mahonie *(Mahonia bealei* und *Mahonia x media)* oder die Ölweiden *(Elaeagnus)*, die je nach Art und Sorte mit grauem, silbern glänzendem oder grüngelbem Laub strahlen. Sind diese erst einmal dem Jugendstadium entwachsen, locken sie mit cremefarbenen,

Vor einem halben Jahrhundert war der Gemeine Wacholder (Juniperus communis) noch in jedem Vorgarten mit Heidekraut zu sehen. Heute ist er selten geworden. Dabei kann man ihn hervorragend in Form bringen.

Geschnittene Buchsbäume wie hier im Vordergrund bringen auch Ordnung in weniger formale Pflanzungen. Eine gute Ergänzung in diesem Garten sind geschnittene Hainbuchen hinter dem steinernen Becken.

stark duftenden kleinen Blüten. Das attraktive Laub prädestiniert die Ölweiden für Gärten im mediterranen Stil, zumal sie sich durch Schnitt formen lassen.

Da die Vertreter der Gattung *Ilex* so viele unterschiedliche Wuchsformen bieten – vom Busch bis zum kegel- oder pyramidenförmigen Baum –, finden sie in fast allen Bereichen der Gartenplanung und Landschaftsgestaltung ihren Platz. *Ilex* können als Hecken gepflanzt werden oder auch als Akzent- und Gruppenpflanzungen besondere Reize entwickeln. Für Hecken eignen sich die kleinblättrigen Sorten am besten. *Ilex x meservae* 'Heckenstar' ist eine dunkelblaugrüne deutsche Selektion, die extreme Wintertemperaturen ohne Schaden übersteht. Auch die an Buchsbäume erinnernden Sorten der Art *Ilex crenata* eignen sich für die Hecke oder große Gruppen. Sie wachsen allerdings langsam und bleiben klein. Wie fast alle Immergrünen verträgt *Ilex crenata* anhaltende Trockenheit eher schlecht und quittiert sie prompt mit Laubfall. Die buntlaubigen großen Sorten sind exklusive Solitäre.

Seit Jahrzehnten beliebte Gattungen wie die der Felsenmispeln *(Cotoneaster)*, Spindelsträucher *(Euonymus)* und Berberitzen *(Berberis)* wurden ebenfalls erfolgreich nach neuen Formen durchsucht. Das Ergebnis: ein Sortiment, das heute über 120 immergrüne Gehölze umfasst – von denen einige noch in Raritäten-Gärtnereien schlummern. Aber das kann sich schnell ändern. Die Neugier experimentierfreudiger Gärtner hat dafür gesorgt, dass in milden Gegenden Deutschlands auch Exoten wie die Immergrüne Magnolie *(Magnolia grandiflora)* und die erstaunlich winterharte Duftblüte *(Osmanthus)* gut gedeihen. *Osmanthus heterophyllus* wird in seinen buntlaubigen Formen oft als vermeintliche Stechpalme gekauft. Umso größer ist die Freude, wenn nach heißen Sommern ältere Pflan-

Immergrüne Laubgehölze mit großen Blättern sollten nicht in Form geschnitten werden. Die Schnittflächen können bei Hitze Trockenschäden verursachen. Unten eine grünblättrige Aukube (Aucuba japonica).

zen im Herbst plötzlich aus Hunderten unscheinbarer Blüten süßen Duft verströmen. Besonderes Augenmerk verdienen heute auch buntlaubige Pflanzen. Der Trend, mit anderen Laubfarben das Grün aufzulockern, ist nicht nur bei Stauden stark im Kommen. Gefragt sind vor allem klare Kontraste zwischen Grün und Gelb oder Weiß. Genau das bieten die Spindelsträucher, allen voran die als Bodendecker beliebten Sorten 'Emerald Gaiety' (weißbunt) und 'Emerald 'n Gold' (gelbbunt) der Art *Euonymus fortunei*. Sie können auch strauchförmig geschnitten werden und Blickfang in Rabatten sein. Mauern und Gebäude erklimmen sie bis zu einer Höhe von vier Metern. Dann sind sie herrliche, viel bewunderte Blickfänge. Ein Beispiel dafür, dass auch als gewöhnlich verschmähte Pflanzen besondere Reize entfalten können und am passenden Standort zeigen, was in ihnen steckt. Das gilt auch für den

Berberitzen werden leider oft unterschätzt. Unter den immergrünen Arten haben viele sehr auffallende Blüten (Berberis x stenophylla).

Efeu, der als Kletterpflanze viele Fassaden in ein grünes Kleid hüllt. Die blühende, nicht mehr kletternde Altersform ist als *Hedera helix* 'Arborescens' im Handel. Sie bildet auffallende Sträucher mit glänzendem Laub und schwarzviolettem Fruchtschmuck. Imposanter ist der Kolchische Efeu *(Hedera colchica)* mit bis zu 18 Zentimeter langen, frischgrünen Blättern, die ihn für windgeschützte Standorte im Halbschatten empfehlen. Für das menschliche Grundbedürfnis nach – gelegentlich nachbarschaftsfreier – Entfaltung der Persönlichkeit wird mit *Taxus*,

In den letzten Jahren werden immer häufiger die aus dem Mittelmeerraum stammenden Lorbeer-Schneebälle (Viburnum tinus) gepflanzt.

Buchs und anderen Immergrünen in Form von Hecken Raum geschaffen. Eine jährlich ordentlich geschnittene Hecke aus Immergrünen ist in der Tat eine Zierde. Sie bildet einen optimalen Hintergrund für die Platzierung hell- oder buntlaubiger Solitärgehölze. Mit diesem feinen Zusammenspiel lässt sich

Im Unterschied zu den amerikanischen Arten sind die asiatischen Mahonien große Sträucher mit bis zu 50 Zentimeter langen, dornigen und sehr
steifen Fiederblättern. Der junge Austrieb aber ist ungewöhnlich zart.

Stechpalmen (Ilex) sind Immergrüne, die es in vielen Sorten gibt. Auch
buntlaubige sind darunter, wie 'Madame Briot'. Ilex kann frei und
ungestört wachsen, lässt sich aber auch hervorragend in Form schneiden.

Perfektion ist nötig, um Eiben (Taxus) in solche kugelrunden Kunststücke zu verwandeln. Der Vorteil der attraktiven Nadelgehölze ist ihre Schatten-verträglichkeit. Eiben wachsen auch unter Baumkronen zufrieden stellend.

eine gute Tiefenwirkung erzielen. Als sattgrüne Leinwand für bunte oder farblich gebundene Blumenbeete und gemischte Rabatten sind Immergrüne auch in ungeschnittener Form unersetzlich. Natürlich muss Grün nicht immer erste Wahl sein: Auch andere Laubfarben verlocken zu aufregenden Pflanzideen. Gelbnadelige Eibensorten sorgen für exquisite Goldtöne (was freilich nicht gerade kostengünstig ist). Nicht nur die Funktion einer Pflanzung von Immergrünen spielt bei der Pflanzenauswahl eine Rolle, sondern auch ihre Entfernung zum Haus. Als architektonisches Gestaltungselement sind Formgehölze und Hecken wegen ihrer sprichwörtlichen Geradlinigkeit immer im Blickwinkel des Betrachters; also müssen sie auf das Grundstück abgestimmt sein. Wichtig ist bei der Auswahl stets gute Beratung. Oft genug ist die Sortenvielfalt innerhalb der

Auch als Hecke sind Eiben kaum zu übertreffen: Sie werden ausgesprochen blickdicht und lassen sich auch mit harten Kanten versehen.

einzelnen Pflanzengattungen sehr groß, und die einzelnen Eigenschaften sind ungemein unterschiedlich. Eibe ist nicht gleich Eibe, Buchs nicht gleich Buchs. Wer für niedrige Einfassungen zum Beispiel die reine Art *Buxus sempervirens* wählt, hat zwar schnell die gewünschte Dichte, schneidet sich aber auf Dauer um Kopf und Kragen. Sorten wie 'Blauer Heinz' oder die alte, gelegentlich im Winter kupferfarben verfärbende 'Suffruticosa' wachsen langsamer und sind dichter verzweigt. Gleiches gilt für Kirschlorbeer *(Prunus laurocerasus)*, einen der beliebtesten, weil rasch wachsenden immergrünen Sträucher. In vielen Gärten harren Unwissende des ausbleibenden ungestümen Wachstums ihres Kirschlorbeers, nicht ahnend, dass man versehentlich die langsamwüchsige Sorte 'Otto Luyken' erwischt hat. Bis sie 1,80 Meter erreicht hat, vergehen viele Jahre.

Geduld braucht man auch, wenn man aus Koniferen wie Kiefern oder verschiedenen Wacholder- und Scheinzypressen-Sorten so genannte Groß-Bonsai ziehen will. Einfacher ist es, diese herrlichen Einzelstücke bereits fertig zu erwerben. Es gibt

sie in Größen bis zu mehreren Metern Durchmesser und Höhe, so dass in jede Gartengröße solche Schmuckstücke eingeplant werden können. Der Schnitt ist im Grunde recht einfach: Man bemüht sich durch bis zu dreimaliges Einkürzen der neuen Triebe, die ursprüngliche Form zu erhalten und weiterzuentwickeln. Für diese Art, Gehölze zu behandeln, werden meistens

Arten verwendet, die in Bezug auf die Bodenqualität nicht so anspruchsvoll sind. Die verhältnismäßig hohen Anschaffungskosten sind vor allem durch die aufwändige Erziehung der Pflanzen gerechtfertigt: Bis zu zwei Jahrzehnte sind besonders alte Pflanzen von Hand geformt worden. Sie müssen unbedingt mit Achtung platziert werden, damit sie optimal – auch in kleinen Gärten – zur Geltung kommen können.

BERBERIS X STENOPHYLLA

Berberidaceae
Rosmarin-Berberitze

Herkunft: Züchtung
Belaubung: Immergrün · dunkelgrün, unten bläulichweiß, spitz lanzettlich, Rand stark eingerollt
Wuchsform: Mittelhoher Strauch, zunächst aufrecht, später locker ausladend, bogig überhängende Triebe · 2 m Höhe und Breite
Rinde | Zweige: Graubraun
Blüte: Goldgelb bis orange, in Büscheln, sehr zahlreich · Mai, Juni
Standortansprüche: Sonnig bis absonnig · anspruchslos, toleriert alle Bodenarten, mäßig trocken bis frisch, nicht zu nährstoffreich
Schnitt: Sehr gut schnittverträglich · frei wachsend locker und sparrig
Besonderheiten: Wertvolles immergrünes Blütengehölz
Geeignet für kleine Gärten: Ja

BUXUS SEMPERVIRENS

Buxaceae
Buchs

Herkunft: Europa bis Kaukasus
Belaubung: Immergrün · dunkelgrün, glänzend, ledrig, eiförmig bis länglich elliptisch, 1,5–3 cm lang
Wuchsform: Hoher, breit aufrechter, dichtbuschiger Strauch, gelegentlich auch kleiner Baum · freiwachsend bis 6 m Höhe, 2-4 m Breite
Rinde | Zweige: Graubraun
Blüte: Unscheinbar, März, April
Standortansprüche: Sonnig bis schattig · neutraler bis stark kalkhaltiger, nahrhafter, nicht zu trockener, durchlässiger Boden
Schnitt: Sehr gut schnittverträglich
Besonderheiten: Beliebig formbar
Geeignet für kleine Gärten: Ja

BUXUS SEMPERVIRENS 'BLAUER HEINZ'

Buxaceae
Einfassungs-Buchs

Herkunft: Gärtnerische Kultur
Belaubung: Immergrün · im Austrieb blaugrün, später dunkelgrün, glänzend, ledrig, eiförmig bis länglich elliptisch, 1,5–3cm lang
Wuchsform: Dichtbuschiger Strauch, sehr langsam und gedrungen wachsend
Rinde | Zweige: Graubraun
Blüte: Unscheinbar · März, April
Standortansprüche: Sonnig bis schattig · neutraler bis stark kalkhaltiger, nahrhafter, nicht zu trockener, durchlässiger Boden
Schnitt: Sehr gut schnittverträglich
Besonderheiten: Beliebig formbar, sehr gut geeignet für Einfassungen
Geeignet für kleine Gärten: Ja

ELAEAGNUS X EBBINGEI

Elaeagnaceae
Wintergrüne Ölweide

Herkunft: Züchtung
Belaubung: Immergrün · dunkelgrün, glänzend, ledrig, unterseits silbergrau, elliptisch
Wuchsform: Strauch, zunächst straff aufrecht, wenig verzweigt · 3 m Höhe und Breite
Rinde | Zweige: Zunächst silbrig, später kupfrigbraun, zweijährige Triebe grauschilfrig
Blüte: Weiß, kleinröhrig, in Büscheln · duftend · Oktober bis November
Standortansprüche: Lichter Schatten bis halbschattig, alle Gartenböden, geschützte, warme Standorte
Schnitt: Schnittverträglich, schöner freiwachsend
Besonderheiten: Graues immergrünes Laub
Geeignet für kleine Gärten: Ja

HEDERA HELIX 'ARBORESCENS'

Araliaceae
Strauch-Efeu

Herkunft: Mitteleuropa
Belaubung: Immergrün · dunkelgrün, glänzend, ledrig, ungelappt, rauten- bis herzförmig, bis 15 cm
Wuchsform: Kleiner, nicht kletternder, buschiger Strauch · 1,5–2 m Höhe und Breite
Rinde | Zweige: Triebe rundlich, dick, grün
Blüte: Grünlichgelb, in kugeligen Dolden · September bis Oktober, später schwarze Beerenfrüchte
Standortansprüche: Absonnig bis schattig, nahezu alle Standorte · bevorzugt nährstoffreiche, nicht zu trockene, humose Böden, kalkliebend
Schnitt: Freiwachsend am schönsten
Besonderheiten: Einer der wenigen echten Herbstblüher
Geeignet für kleine Gärten: Ja

ILEX X MESERVAE 'BLUE PRINCESS'

Aquifoliaceae
Stechpalme

Herkunft: Züchtung
Belaubung: Immergrün · mittelgrün, glänzend, elliptisch bis spitzeiförmig, Blattspreite leicht gewellt bis glatt · mit kurzen Randdornen
Wuchsform: Buschig aufrechter bis breit pyramidaler Strauch · 3 m Höhe und Breite
Rinde | Zweige: Graubraun, rissig
Blüte: Weiße winzige Blüten am Trieb · Mai · rote Beeren
Standortansprüche: Sonnig bis schattig · anspruchslos, nahezu alle Standorte, bevorzugt guten Boden, sauer bis alkalisch, feucht und nahrhaft
Schnitt: Schnittverträglich
Besonderheiten: Gut geeignet für Heckenpflanzungen · sehr frosthart
Geeignet für kleine Gärten: Ja

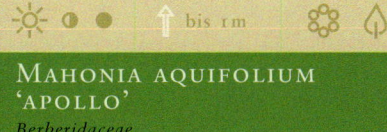

MAHONIA AQUIFOLIUM 'APOLLO'

Berberidaceae
Mahonie

Herkunft: Gärtnerische Kultur
Belaubung: Immergrün · dunkelgrün, glänzend, im Austrieb bronze, Herbst- und Winterfärbung purpur bis dunkel-rotbraun, gefiedert, bis 30 cm lang
Wuchsform: Aufrechter vieltriebiger Kleinstrauch · 0,6–1 m Höhe und Breite, langsamwachsend
Rinde | Zweige: dicke starre Triebe, graubraun
Blüte: Goldgelb, in Trauben, sehr reichblühend
Standortansprüche: Lichter Schatten bis Schatten · nahrhafte, humose, gleichbleibend frische bis feuchte, lockere Böden, sauer bis leicht alkalisch
Schnitt: Freiwachsend
Besonderheiten: Schöne Herbst- und Winterfärbung, guter Flächendecker
Geeignet für kleine Gärten: Ja

PHOTINIA X FRASERI 'RED ROBIN'

Rosaceae
Glanzmispel

Herkunft: Züchtung
Belaubung: Immergrün · mittelgrün bis dunkelgrün, glänzend, verkehrt eiförmig, Rand scharf gesägt · im Austrieb leuchtend rot, später kupfrig grün
Wuchsform: Locker aufrecht wachsender Strauch · 2–4 m Höhe und Breite
Rinde | Zweige: Graubraun
Blüte: Weiß, in 10 bis 12 cm breiten Schirmrispen · kugelige rote Früchte
Standortansprüche: Sonnig bis leicht absonnig, geschützt, humose, nicht zu nährstoffarme, mäßig trockene bis frische, gut durchlässige Gartenböden
Schnitt: Freiwachsend schön, aber gut schnittverträglich
Besonderheiten: Leuchtend rote bis rotbraune Färbung des Austirebs
Geeignet für kleine Gärten: Ja

PRUNUS LAUROCERASUS 'OTTO LUYKEN'

Rosaceae
Kirschlorbeer

Herkunft: Züchtung
Belaubung: Immergrün · dunkelgrün, glänzend, lorbeerblattähnlich, schmal, zugespitzt, ganzrandig
Wuchsform: Breitbuschiger, dicht verzweigter und gedrungen wachsender Strauch, Blätter nach oben gerichtet · 1,2–1,5 m Höhe, 2 m Breite
Rinde | Zweige: Grün, später graubraun
Blüte: Weiß, in bis zu 12 cm langen Trauben, sehr reich blühend · Mai
Standortansprüche: Sonnig bis schattig · anpassungsfähig, mäßig trockene bis feuchte, humose, nahrhafte Gartenböden · schwach sauer bis alkalisch
Schnitt: Freiwachsend, langsamwüchsig
Besonderheiten: Gehölz für halbhohe Flächenbegrünung · sehr frosthart
Geeignet für kleine Gärten: Ja

PRUNUS LAUROCERASUS 'ROTUNDIFOLIA'

Rosaceae
Kirschlorbeer

Herkunft: Züchtung
Belaubung: Immergrün · lebhaft hellgrün, schwach glänzend, breit elliptisch bis verkehrt eiförmig, bis 17 cm lang, Spitze abgerundet
Wuchsform: Kräftig wachsender Strauch, straff aufrecht, geschlossene Form · 2–6 m Höhe, 2–4 m Breite
Rinde | Zweige: Grün, später graubraun
Blüte: Weiß, in bis zu 12 cm langen Trauben, sehr reich blühend · Mai
Standortansprüche: Sonnig bis schattig · anpassungsfähig, mäßig trockene bis feuchte, humose, nahrhafte Gartenböden · schwach sauer bis alkalisch
Schnitt: Freiwachsend oder als Sichtschutzgehölz
Besonderheiten: Blattschmuckpflanze für wärmere Lagen
Geeignet für kleine Gärten: Ja

TAXUS BACCATA

Taxaceae
Eibe

Herkunft: Europa, Kleinasien, Kaukasus
Belaubung: Immergrün · schwarzgrün, nadelförmig
Wuchsform: Kleiner bis mittelgroßer Baum oder Strauch, Krone eiförmig oder unregelmäßig kugelig · freiwachsend 6–18 m Höhe, 6–15 m Breite
Rinde | Zweige: Graubraun, rissig
Blüte: zweihäusig · März, April · Früchte mit rotem, fleischigen Arillus · Pflanzenteile und Samen giftig
Standortansprüche: Sonnig bis halbschattig · bevorzugt frische bis feuchte, gut durchlässige, nährstoffreiche, kalkhaltige Böden
Schnitt: Sehr gut schnittverträglich, beliebig formbar
Besonderheiten: Wichtiges Nadelgehölz für immergrüne Bepflanzung
Geeignet für kleine Gärten: Ja

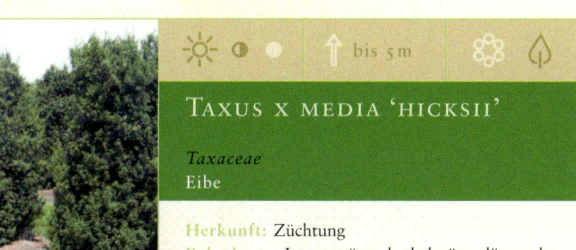

TAXUS X MEDIA 'HICKSII'

Taxaceae
Eibe

Herkunft: Züchtung
Belaubung: Immergrün · dunkelgrün, glänzend, nadelförmig, mit erhabenem Mittelnerv
Wuchsform: Breit aufrecht wachsende Säulenform · Äste lang aufstrebend, dicht verzweigt · 3–5 m Höhe, 3–4 m Breite, langsamwüchsig
Rinde | Zweige: Graubraun, rissig
Blüte: Zweihäusig · März, April · Früchte mit rotem, fleischigen Arillus
Standortansprüche: Sonnig bis Absonnig · auf allen frischen bis feuchten, nahrhaften, gut durchlässigen Böden, sauer bis schwach alkalisch
Schnitt: Freiwachsend
Besonderheiten: Gute Eibe für Einzelstand oder freiwachsende Hecken
Geeignet für kleine Gärten: Ja

Kolkwitzia amabilis

n^o

4

Das Leben ist bunt — erst recht im Garten. Blühende Bäume und Sträucher setzen fast das ganze Gartenjahr über Höhepunkte. Dabei sind sie in der Pflege wenig aufwändig. Jede Anlage gewinnt durch Blütengehölze — und da die Auswahl riesig ist, findet sich auch stets das Passende.

FÜR BL

Farbe ist ein wichtiger Aspekt der Gartengestaltung. Sie trägt viel zum Gefühl bei, dass sich beim Betreten eines Gartens vermittelt. Bäume und Sträucher, die wegen ihrer Blüten geschätzt werden, sind spektakuläre Highlights im Gartenjahr. Solche Momente des Überschwangs und der Fülle machen einen Garten lebendig.

Die meisten Ziergehölze werden wegen ihrer Blüten geschätzt. Laubfarbe und Form spielen bei der Auswahl von Bäumen und Sträuchern für den Garten oft eine untergeordnete Rolle. Das hat sicher damit zu tun, dass Blüten mit ihren herrlichen Farben und manche auch mit Düften eher emotional betrachtet werden. Das ist ganz natürlich: Beim Anblick eines üppig blühenden Fliederstrauches geht uns das Herz auf; ein rotlaubiger Perückenstrauch *(Cotinus)* ist dann eher auf den zweiten Blick lohnend. Ein gutes Gefühl ist wichtig bei jeder Art von Gartentätigkeit. Kalkül und Optik entscheiden zwar ganz wesentlich über die Gestaltung eines Gartens, aber andere Faktoren sind für die meisten

Zier-Äpfel sind dankbare Bäume, die sich auch für kleine Gärten eignen. Sie blühen etwas später als die Blüten-Kirschen und oft in intensiveren Farbtönen. Hier Malus x purpurea, dessen Blüten zu Rosa verblassen.

Gartenfreunde wichtiger: Gerade wenn man als Laie die Grundregeln der Gartenplanung nicht kennt, kann man doch sehr glücklich in einem eher planlosen Garten leben, wenn darin Pflanzen stehen, die man mag. Das ist auch richtig so. Gärtnern ist eine Sache der Praxis, und Erfolg auf diesem Gebiet ist auch das Ergebnis von Versuch und Irrtum. So wird man gerade bei blühenden Gehölzen viel experimentieren, um fast rund um das Jahr in den Genuss einer Abfolge von Blütezeiten zu kommen – und Farben zu entdecken.

In diesem Kapitel werden nicht nur Sträucher beschrieben, sondern auch einige Bäume, deren Blüte entweder lange

ÜTENTRÄUME

Blühende Gehölze wie die Lilienblütige Magnolie (Magnolia liliflora)
setzen die Wirkung der Farbe auch weit über dem Boden fort. Deshalb
sollte ihre Farbigkeit immer auf die Unterpflanzung abgestimmt sein.

andauert oder wegen anderer Aspekte wie Blütenfarbe oder -form interessant ist. Dass wir hier nicht systematisch vorgehen, liegt in der Natur der Sache: Wer von einer Pflanze begeistert ist, wird auch einen passenden Platz dafür in seinem Garten finden. Gleichzeitig soll die Vielfalt blühender Bäume und Sträucher aufgezeigt werden; was nicht heißt, dass man über die Verwendung einiger Pflanzen nicht einmal kritisch nachdenken sollte. Wer Gehölze kauft, sollte neben dem Augenblick auch den Fortgang der Zeit bedenken. Eine Blut-Pflaume *(Prunus cerasifera* ‘Nigra’*)* kann mit 1,50 Meter Höhe ansprechend erscheinen. Aber man muss auch wissen, dass daraus innerhalb eine knappen Jahrzehnts ein acht Meter hoher Baum wird. Ständiger Schnitt ist möglich, aber er trägt nicht zur Schönheit der Pflanze bei. Wer sich etwas besser auskennt, wird bald feststellen, dass Kreativität im Umgang mit einzelnen Gehölzen sinnvoll ist. So bieten sich gerade für kleinere Gärten Großsträucher an, die stammbildend sind und baumförmig gezogen werden können, ohne die Dimensionen eines Reihenhausgartens zu sprengen. Das geht zum Beispiel sehr gut mit einigen Zier-Kirschen und Magnolien, aber auch mit anderen Arten.

Grundsätzlich könnte man zwei Arten von Gartenbesitzern unterscheiden: Die einen wollen das ganze Jahr über interessante Gehölze haben; ist der Garten klein, muss sogar jedes einzelne Gehölz diesen hohen Anspruch erfüllen und attraktives Laub, herrliche Blüten und einen schönen Wuchs bieten. Die andere Art von Gartenbesitzern lebt für den Augenblick und das große Gefühl; diese Menschen lieben zum Beispiel Pflanzen, die eine verschwenderische Blüte haben und danach nicht gerade viel hermachen. Flieder *(Syringa vulgaris* in Sorten*)* gehört dazu, aber auch die im Frühjahr allgegenwärtigen Forsythien. Nach der Blüte sind sie nichts weiter als grün. Ein Garten, der beides verbindet – eine solide Basis mit ansprechenden Arten, unter denen einige andere spektakuläre Highlights setzen – wäre ideal. Flieder zum Beispiel ist schon ein guter Einstieg für die Liebe zu Sträuchern. Viele Menschen, die zum ersten Mal in ihrem Leben einen Garten anlegen, wollen Flieder pflanzen, weil er ihnen gut bekannt ist. Sie denken an den herrlichen Duft und an üppige Blütentrauben. Damit sind sie in bester Gesellschaft. Vor mehr als einem Jahrhundert wurden eingetopfte Fliedersträucher sogar in mäßig geheizten Glashäusern mitten im Winter zur Blüte gebracht, damit die feine Gesellschaft sich an den edlen Blüten in der Vase erfreuen konnte. Noch heute dominieren alte Sorten wie ‘Andenken an Ludwig Späth’ (sehr zuverlässig und mit einfachen lilaroten Blüten), ‘Madame Lemoine’ (weiß, gefüllt) oder ‘Katherine Havemeyer’ (lavendelfarben und später verblassend, gefüllt) das Angebot. Zahlreiche neuere Züchtungen, besonders aus Russland, kommen hinzu. Etwas verlängern lässt sich die Blüte durch die kanadischen Sorten von *Syringa x prestoniae,* deren Blütentrauben verschiedene Rosatöne haben und etwas lockerer aufgebaut sind. Flieder wächst auch auf kalkhaltigen Böden und mag die volle Sonne. Ein ausgewachsenes Exemplar kann gut und gerne vier Meter und höher werden, was besonders in kleinen Gärten zu berücksichtigen ist. Dort könnte er als kleiner Baum gezogen werden, was eine reichere Blüte verspricht, als wenn man den verzweifelten Versuch unternimmt, ihn durch unangebrachten Schnitt dauerhaft klein zu halten. Wer lieber einen kompakten Strauch will, sollte sich mit den kleineren Formen begnügen, deren Blütenrispen weniger spektakulär, aber immer sehr elegant sind. *Syringa microphylla* ‘Superba’ zum Beispiel oder *Syringa x persica.* Sehr kompakt bleiben *Syringa patula* ‘Miss Kim’ und *Syringa meyeri* ‘Palibin’. Um die drei Meter hoch werdend und mit lockerem Habitus sind *Syringa reflexa* und *Syringa sweginzowii* mit rosa Blütenständen, die sich zart nach unten biegen. Wenn der Flieder im Mai erblüht, haben die echten Frühlingssträucher die Blüte bereits abgeschlossen. Unter ihnen gibt es erstaunlich viele Arten, die wie der Flieder die Angewohnheit haben, sich nach der Blüte wieder in eine »graue Maus« zu verwandeln. Man könnte das als eine Art Aschenputtel-Phänomen bezeichnen; immerhin ist

die Blüte so schön, dass man Goldglöckchen *(Forsythia)*, Ranunkelstrauch *(Kerria)* und Blut-Johannisbeere *(Ribes sanguineum)* diesen Rückzug aus dem Rampenlicht gerne vergibt. Später im Mai und Juni setzen allerdings andere Sträucher die Tendenz fort: Weigelien *(Weigelia)*, Pfeifenstrauch *(Philadel-*

Pfeifensträucher – hier Philadelphus 'Virginal' haben oft intensiv duftende Blüten. Deshalb sind sie auch als »Falscher Jasmin« bekannt.

phus), Spiersträucher *(Spiraea)*, Deutzien *(Deutzia)* und Kolkwitzien *(Kolkwitzia amabilis)* sind mit Ausnahme einiger buntlaubiger Sorten nach der Blüte eher unscheinbar. Dies lässt sich leicht ausgleichen, indem man solche Pflanzen entweder mit attraktiveren Sorten kombiniert oder sie in Beeten einsetzt, wo im Sommer die Farben von Stauden und Rosen einen ruhigen grünen Hintergrund benötigen. Dort könnten sie zum Beispiel auch als wirksamer dichter und schnell wachsender Sichtschutz dienen. Die Pfeifensträucher verdienen hier besondere Beachtung, weil ihre weißen Blüten oft sehr intensiv nach Orangenblüten duften und es neben den stark wachsenden Formen von *Philadelphus coronarius* wie die weiße, gefüllt blühende 'Virginal' auch solche für kleine Gärten gibt, die kaum zwei Meter hoch werden und dabei ziemlich schmal bleiben. 'Belle Etoile' hat einfache Blüten mit einem purpurnen Basalfleck und duftet sehr stark, ebenso 'Beauclerk', deren nicht sehr zahlreich erscheinende Blüten sogar bis zu fünf Zentimeter groß sind.

Der Schneeflockenstrauch (Chionanthus virginicus) ist ein ungewöhnliches Blütengehölz. Er wächst in der Jugend leider ausgesprochen langsam, weshalb es von Vorteil ist, eine ältere Pflanze zu erwerben.

Wenig Arbeit machen all jene Gehölze, die man frei wachsen lassen muss, damit sie ihre volle Schönheit entfalten. Wenn es um spektakuläre Blütenpracht geht, stehen darunter sicher die Magnolien an erster Stelle. In den letzten Jahren hat sich auch in Deutschland gezeigt, dass es unter ihnen nicht nur ausgezeichnete Sträucher gibt, sondern auch Sorten und Arten, die

Magnolien sind die Königinnen der Blütengehölze. Die Sorten der Tulpen-Magnolie (Magnolia x soulangeana) sorgen alljährlich für fromme Gärtnerherzen – man betet, dass die Blüten den Spätfrösten entgehen mögen.

als richtige Bäume Verwendung finden. In England und Amerika weiß man das schon seit mehr als einem halben Jahrhundert. Deshalb sind Magnolien, die jetzt als Neuheiten zu uns kommen, eigentlich schon mehrere Jahrzehnte alt – und gerade deshalb in vergleichbaren Klimazonen erprobt. Besonders die begehrten gelb blühenden Sorten wachsen sehr schnell zu schmal aufrechten Bäumen heran. Es sind häufig Kreuzungen mit der wegen ihrer auffallenden Früchte als Gurken-Magnolie bekannten *Magnolia acuminata*, die manchmal als großer Parkbaum zu sehen ist. Ihre Hybride mit *Magnolia liliiflora*, *Magnolia x brooklynensis*, trug ebenfalls zur Entstehung dieser Sorten bei. Sie blühen meistens in hellem Kanariengelb, wobei die Blüten nicht wie bei den bekannten Tulpen-Magnolien (*Magnolia x soulangeana*) vor dem Laubaustrieb erscheinen, sondern mit den ersten Blättern. 'Yellow Lantern' und 'Yellow Bird', deren Laub groß und matt glänzend ist, sind gute Bäume

für kleinere Gärten. Cremegelbe Blüten, die vor dem Laub erscheinen und so groß wie die der Tulpen-Magnolie sind, haben 'Elizabeth', 'Butterflies' und 'Yellow River'. Sie wachsen allesamt aufrecht und bilden in der Regel einen starken und später den Stamm bildenden Leittrieb aus. Wo wenig Platz ist, können um ihn herum alle schwächeren Triebe entfernt werden, so dass innerhalb weniger Jahre ein baumförmiger Habitus entsteht. Dazu werden nach und nach auch alle Seitentriebe am Stamm weggeschnitten, bis die gewünschte Stammhöhe erreicht ist. 180 bis 200 Zentimeter sind ein gutes Maß, um unter einer Baumkrone Platz für andere Gehölze oder Stauden zu haben. Eine Unterpflanzung ist für die flach wurzelnden Magnolien günstig, weil sie den Boden vor starker Austrocknung bewahrt. Auch in Rasenflächen können Magnolien gut wachsen; niemals aber dort, wo der Boden regelmäßig tief bearbeitet wird, weil das die fleischigen Wurzeln auf Dauer empfindlich stören würde. Zu bedenken ist, dass die meisten Magnolien einen leicht sauren Boden zum guten Gedeihen benötigen, auch wenn einige mäßig kalktolerant sind.

Ein schöner großer Baum mit früher weißer Blüte ist die Kobushi-Magnolie (Magnolia kobus), ebenso die Sorte 'Merill' von Magnolia x loebneri. Ihre Blüten sind größer und von wunderbarer Form. Sie entwickelt sich kegelförmiger als Magnolia kobus und ist eine Kreuzung aus dieser mit der kleineren Stern-Magnolie (Magnolia stellata).

Als Baum mit sehr auffallenden, bis zu 25 Zentimeter im Durchmesser großen Blüten eignet sich auch die Sorte 'Galaxy', die schon recht häufig im Handel ist. Sie blüht nach vier bis fünf Jahren zum ersten Mal mit riesigen hellrosa Blüten, die von außen zur Blütenmitte hin purpur überlaufen sind. Es ist eine Kreuzung aus der häufig gepflanzten und spät blühenden Lilien-Magnolie (Magnolia liliiflora) mit der baumförmigen Magnolia sprengeri 'Diva'. Sie blüht ungefähr 14 Tage später als die Tulpen-Magnolie und entgeht somit häufig den gefährlichen Spätfrösten. Sie wächst als junge Pflanze stark, 80 Zenti-

meter pro Jahr sind im Jugendstadium keine Seltenheit. Später verringert sich der Zuwachs deutlich, und die Blüte wird überreich. Kein Baum wächst in den Himmel, also keine Angst vor so ungestümen Youngstern. Hier zeigt sich deutlich, dass genaue Kenntnis der Sorten nötig ist, um eine Pflanze zu voller Schönheit zu entwickeln. Und nichts anderes will jeder Gartenbesitzer erreichen: gesunde Pflanzen, auf die man stolz sein kann und die lange Freude bereiten.

'Lennei' ist eine alte Sorte der Tulpen-Magnolie, die später blüht und damit weniger frostgefährdet ist. Die großen, fleischigen Blüten haben die typische Pokalform und erscheinen über mehrere Wochen hinweg.

Die weiß-rosa blühende Tulpen-Magnolie (Magnolia x soulangeana) gehört sicher zu den häufigsten blühenden Solitärgehölzen. Auch von ihr gibt es zahlreiche Sorten, die eine Erwägung für den Garten lohnen. Sie unterscheiden sich in Blütenfarbe und -form, Wuchs und Blütezeit erheblich von der ursprünglichen Form. Spät und mit sehr fleischigen, tiefrosa bis weinroten Blüten mit einer bauchigen Pokalform blüht die Sorte 'Lennei'. Sie ist im Wuchs ausladend und oft etwas bizarr – mit weit geschwungenen, sich ausbreitenden und dann wieder aufsteigenden Ästen. 'Rustica Rubra', ein Sämling dieser Sorte, blüht sehr ähnlich, wächst aber rascher und aufrecht; eine gute Alternative für beengte Platzverhältnisse. Hier würde auch 'Heaven Scent' gut passen, die in England zu den häufigsten gepflanzten Magnolien zählt. Sie ist eine der herrlichen Sorten, die der Amerikaner Todd Gresham seit den fünfziger Jahren des letzten Jahrhunderts gezüchtet hat. Ihre Blüten haben eine auffallend schlanke Vasenform und sind von einem klaren Rosa, das nach oben hin verblasst. Außerdem duften sie sehr angenehm. Viele der schönen Gresham-Kinder sind leider nicht in großem Umfang erhältlich; das dürfte sich mit steigender Nachfrage aber in Zukunft ändern. Für nicht allzu kalte Gegenden wird das auch für die extrem großblütigen Sorten des Neuseeländers Felix Jury gelten. 'Iolanthe' zum Beispiel hat

Eine alte Tulpen-Magnolie duldet kaum andere Blütenpflanzen neben sich – so dominant ist die verschwenderische Blütenfülle. Darum empfiehlt es sich, eine Nachbarschaft in kräftigen Farben zu vermeiden.

bis zu 30 Zentimeter große rosa Blüten mit breiten, fleischigen Tepalen (so nennt man die Blütenblätter), 'Milky Way' hat weiße Blüten mit rosa Basis. Sie wachsen mittelstark und blühen ab einem Alter von fünf Jahren regelmäßig. In der Literatur werden diese Sorten wegen ihrer Abstammung von der prachtvollsten Magnolienart *Magnolia campbellii* oft als nicht ausreichend winterhart beschrieben. Dem Autor ist persönlich bekannt, dass mitten in Ostwestfalen einige dieser Sorten seit fast zwei Jahrzehnten hervorragend gedeihen und dort sogar Extremwinter mit −18 °C schadlos überstanden haben. Das dürfte sehr ermutigend für Liebhaber dieser Pflanzen sein.

Wer wenig Platz hat, kann sich an schwach wachsende Magnolien wie 'Susan' oder 'Anne' halten, die tiefpurpurne, schlanke Knospen haben, die sich zu duftenden sternförmigen Blüten entfalten, deren Innenseite heller ist. An ihrer Entstehung war auch eine Form der Stern-Magnolie *(Magnolia stellata)* beteiligt, die bereits im März zu blühen beginnt und einen dichten Strauch bis 2,5 Meter Höhe bildet. 'George Henry Kern' mit hellrosa, schlanken Blüten, die allmählich zu Weiß verblassen, ist ebenfalls ein guter Strauch für kleinere Gärten. Schließlich kann man auch im Sommer Magnolien in Blüte erleben: *Magnolia sieboldii* zum Beispiel bildet elegante Sträucher mit nickenden reinweißen Blüten, die rote Filamente enthalten. Später werden aus ihnen hängende rote Fruchtzapfen. Die sommerblühenden Magnolien lieben einen halbschattigen Stand, denn das Laub wird bei großer Hitze in der Sonne rasch geschädigt. Sehr gut machen sie sich zum Beispiel am Rand eines Teiches, wo die Zweige schön über das Wasser hängen können. Eine »aristokratische« Unterpflanzung wären grünblättrige, weiß gerandete *Hosta* wie 'Patriot' oder 'Francee' und die filigranen Pfauenrad-Farne *(Adiantum pedatum)*. Für im Frühling blühende Magnolien sollte man hingegen Stauden und Zwiebelblumen wählen, deren Farbigkeit nicht mit den Blüten der Magnolien konkurriert. Rote Tulpen und leuchtend gelbe Osterglocken wären stilistisch nicht gerade empfehlenswert. Ein zartes Schwefelgelb wie bei den Narzissen-Sorten ‘Pipit’ oder ‘Spellbinder’ wäre besser, weiße Sorten wie ‘Thalia’ sind ebenfalls dezente Nachbarn. Eine so dominierende Blüte wie bei den Magnolien braucht eigentlich keine Nebendarsteller; so sollte sich die blühende Nachbarschaft auf eine stille Statistenrolle beschränken.

Das gilt auch für die Partner der beliebten Zier-Kirschen. Im Frühling sind sie neben den Magnolien sicher ein weiteres Highlight in den Gärten. Am bekanntesten sind die großblütigen japanischen Sorten von *Prunus serrulata*. ‘Kanzan’ wird wegen der rosafarbenen gefüllten Blüten oft angepflanzt. Sie hat allerdings einen etwas steifen Wuchs. Gefälliger und »japanischer« wirken Sorten mit einer flachen und breiten Krone.

Die immer beliebter werdenden gelb blühenden Magnolien sind allesamt stark wachsende, mittelgroße Bäume. Die in unseren Breiten eher cremefarbenen Blüten erscheinen vor oder mit dem Laubaustrieb.

‘Shirofugen’ zum Beispiel hat sehr große gefüllte Blüten in intensivem Rosa, die zu dem rotbraunen Blattaustrieb auffallend kontrastieren und blüht etwas später als ‘Kanzan’. Wunderschön ist die Japanische Kaiser-Kirsche ‘Tai Haku’, die einfache weiße Blüten von bis zu vier Zentimetern Durchmesser hat. Beliebt ist ‘Amanogawa’, eine schmale Säulenform, die zartrosa halbgefüllte Blüten hat. Eine gute Ergänzung in reinstem Weiß wäre die gefüllt blühende heimische Vogel-Kirsche *(Prunus avium* ‘Plena’*)*, die im Allgemeinen sehr unterschätzt wird und während der Blüte einen atemberaubenden Anblick bietet. Sie wird kaum größer als ein Süßkirschenbaum und ist so unkompliziert, dass sie selbst auf sandigen Böden bestens zurechtkommt. Das gilt auch für die Trauben-Kirsche *(Prunus padus)*, die winzige, stark duftende Blüten in zehn Zentimeter langen Trauben trägt. Sie wird recht groß und wächst schnell, was sie als wertvolles Sichtschutzgehölz empfiehlt. Bei der Sorte ‘Watereri’ sind die Blütentrauben fast doppelt so lang. *Prunus*-Arten und -Sorten sind anspruchslos, und wegen ihrer

Zier-Kirschen sind beliebte Gartengehölze. Dank der Sortenvielfalt lässt sich für jede Gartengröße die passende Sorte finden. In kleinen Gärten kann die schmale Form Prunus 'Amanogawa' verwendet werden, eine Säulen-Kirsche, deren halbgefüllte blassrosa Blüten zu Weiß verblassen.

Vielgestaltigkeit passen sie in viele Gartensituationen. Besitzer kleinerer Gärten sollten sich deshalb nach jenen erkundigen, die kleine bis mittelgroße und sehr grazile Bäume bilden. Die Mai-Kirsche *Prunus x yedoensis* zum Beispiel verdient höhere Beachtung; ihre weißlich-rosa Blüten sind einfach und erscheinen in großer Fülle an bogigen Zweigen. Sie duften herrlich nach Mandelblüten. *Prunus* 'Okame' und 'Kursar' sind zwei Sorten von Collingwood Ingram, die im Wuchs vergleichbar sind, aber tiefrosa Blüten haben – und eine schöne Herbstfärbung. 'Accolade' bringt bereits einige Wochen vorher mit halbgefüllten blassrosa Blüten Farbe in den Garten.

Etwas später blüht die Blut-Pflaume (*Prunus cerasifera* 'Nigra'), die aber ein echter Baum und kein Strauch ist. Nur zwei Meter hoch wird ihre Miniaturausgabe *Prunus x cistena*, deren Existenz nicht vielen Gärtnern bekannt ist. Das ähnlich klein bleibende »Mandelbäumchen« der Vorgärten (*Prunus triloba*) war bis vor kurzem sehr begehrt. Der Befall durch *Monilia*-Pilze hat die schwächliche Pflanze aus den Gärten verdrängt. Ebenso gefragt wie Zier-Kirschen sind auch Zier-Äpfel (*Malus*). Diese Gehölze werden in erster Linie wegen ihrer Blüten und der attraktiven kleinen Früchte kultiviert. Diese sind in der Regel ungenießbar und sehr holzig, was auch viele Vögel im Winter von ihrem Genuss abhält. Erst nach längeren Frostperioden werden die Äpfel weich und verschwinden dann nach und nach in den Mägen hungriger Singvögel. Einige *Malus*-Sorten haben dunkelrotes Laub, das auch im Sommer nach der Blüte hübsch aussieht. Ein Problem bei Zier-Äpfeln ist allerdings der Schorfbefall, mit dem auch ältere Sorten von Tafel-Äpfeln zu kämpfen haben. Schorffrei soll 'Red Sentinel' sein, ein kleiner Baum mit weißen Blüten, aus denen sich dunkelrote Äpfelchen entwickeln, die den ganzen Winter am Strauch bleiben. Wenig anfällig sind 'Evereste' mit typischen weißen, in der Knospe rosa Blüten und gelborangen, zwei Zentimeter großen Früchten und 'Rudolph', der ebenso fruchtet, aber sehr große tiefrosa Blüten und im Austrieb rotes Laub hat, das später bronzegrün

Die mit Sicherheit bekannteste Japanische Blüten-Kirsche ist Prunus serrulata 'Kanzan'. Typisch für diese Sorte ist die trichterförmige Krone, die sich erst bei älteren Bäumen allmählich verbreitert. Die großen und reichlich ausgebildeten Blüten sind gefüllt und von einem klaren Rosa, das im Vergleich nur wenig verblasst. Der kupferfarbene Laubaustrieb verstärkt die intensive Farbwirkung.

Erfrischend natürlich wirken die Blüten des Zier-Apfels Malus floribunda.
Sie sind in der Knospe karminrot und werden in geöffnetem Zustand
blassrosa. Die robuste Pflanze ist wenig anfällig für die Schorfkrankheit.

wird. 'John Downie' trägt sehr große Früchte in Orange und Rot, die besonders reichlich angesetzt werden. 'Golden Hornet' hat hellgelbe kleine Früchte. Alle bilden große Sträucher oder sehr schöne kleinkronige Bäume. Die Art *Malus floribunda* ist auch als mittelgroß werdender Strauch sehr zu empfehlen, da sie sehr selten von Schorf befallen wird und ihre frühe Blüte fast zweifarbig wirkt, da die Knospen dunkelrosa sind, die geöffneten Blüten aber weiß. Etwas Besonderes für Liebhaber nostalgischer Pflanzen ist die Sorte 'Charlottae' des Kronen-Apfels *(Malus coronaria)*. Die Blüten erscheinen meistens später als die anderer Sorten und sind von einem zarten Perlmuttrosa und halbgefüllt. Aus der Nähe ist ein süßer Duft wahrnehmbar, der viele Menschen an den Geruch von Veilchenblüten erinnert.

Wenn es um zarte Blüten im Spätfrühling oder Frühsommer geht, dürfen Spiersträucher nicht vergessen werden, obwohl sie zu jenen Gartengehölzen gehören, die eher am Rande des Interesses stehen. Das ist umso verwunderlicher, als sie sehr häufig angepflanzt werden. Ein Grund dafür ist sicher, dass sie leicht vermehrbar und deswegen billig zu haben sind – ein großer Vorteil für Gartenbesitzer, die vielleicht gerade gebaut haben und bei der Anlage des Gartens noch ein wenig sparen müssen. Zu den frühesten Sorten gehört die zierliche Braut-Spiere *(Spiraea x cinerea* 'Grefsheim')*, deren dünne bogige Zweiglein mit Hunderten wohlriechender weißer Blütchen bedeckt sind, die sich alle der Aprilsonne entgegenrecken. Dadurch entsteht ein erfreulicher Anblick, der sicher ein schönes Beispiel dafür ist, wie sehr Pflanzen durch bestimmte, zunächst unmerkliche Eigenschaften für sich einnehmen können. *Spiraea thunbergii* ist nur auf den zweiten Blick von ihr zu unterscheiden. Auch sie wird nur circa 1,5 Meter hoch und breit, blüht aber nur an sehr sonnigen und etwas trockeneren Standorten so reich wie ihre Verwandte. Solche Plätze sind nötig, um das gute Ausreifen der Triebe zu gewährleisten. Später im Mai blüht die Pracht-Spiere *(Spiraea x vanhouttei)* mit etwas gelappten, stumpf dunkelgrünen Blättern und weißen, euro- großen Dolden- trauben. Sie wird bis zu 2,5 Meter

Mit dem eigenwilligen Namen »Kiku-shidare-zakura« hat diese großblütige Sorte von Prunus serrulata Eingang ins Sortiment gefunden.

hoch. Mit flachen rosafarbenen Dol- den blühen sich die Sorten von *Spiraea japonica* im Som- mer in den Vorder- grund gemischter Rabatten. 'Bumal- da' ist schon alt und hat ein sehr blasses Rosa, wäh- rend 'Anthony Waterer' wesent- lich kräftiger in der Farbe ist. 'Little Princess' ist ein sehr kompakter Strauch von kaum einem hal- ben Meter Höhe. Er ist oft als Flächenpflanzung im öffentli- chen Grün verwendet und ist deshalb im Privatgarten manch-

Malus 'Nicoline' ist ein empfehlenswerter Zier-Apfel mit purpurrosa Blüten. Er bildet einen großen Strauch bis zu vier Meter Höhe.

Blütengehölze sind unglaublich vielseitig: Sie stellen Solitärpflanzen wie den Etagen-Schneeball (Viburnum plicatum 'Mariesii', oben) ebenso wie unverwüstliche Dauerblüher. Unter ihnen ist der Spierstrauch (Spiraea japonica, Mitte) ein wenig in Vergessenheit geraten. Sogar seine Knospen sind schön. Darunter die spät blühende Bartblume Caryopteris x clandonensis.

mal etwas verpönt. Aber eine Gruppe dieser bis ein Meter
hohen Sträucher wirkt schön, zum Beispiel im Verbund mit
kleinblütigen Rosen, die die Farbe der *Spiraea* durch Weiß oder
andere Farbabstufungen in Rosa ergänzen. Sehr extravagant ist
auch eine Kombination mit solchen raren Violett-Tönen, wie
sie nur einige wenige historische Rosen-Sorten bieten; 'Cardinal
de Richelieu' oder die Moos-Rose 'Nuits de Young' zum Beispiel. Ganz exquisit wäre es, zu ihnen eine gelblaubige Sorte zu
setzen, *Spiraea japonica* 'Goldflame' oder die Zwergsorte 'Gold
Mound'. Dazu noch ein paar zart wirkende, aber robuste Stauden wie Schleierkraut *(Gypsophila paniculata)*, und für eine
aufrechte Struktur vielleicht Wiesenraute *(Thalictrum aquilegi-
folium)* und man hat eine ungewöhnliche und pflegeleichte
Kombination. Alle *Spiraea japonica* kann man jedes Frühjahr
fast bis zum Boden zurückschneiden, da sie am diesjährigen
Trieb blühen. Die Gelblaubigen entwickeln bei dieser Behandlung kräftige, besonders schön ausgefärbte Zweige.

*Flieder ist wegen der stark duftenden Blüten begehrt. Die Sträucher
verbreiten einen nostalgischen Charme. Moderne Kreuzungen wie
Syringa x prestoniae sind weniger starkwüchsig und bleiben kleiner.*

Im Frühsommer blühen auch einige Wildrosen, die in einem
Buch über die schönsten Gartengehölze nicht fehlen dürfen.
Die hier beschriebenen Arten entwickeln sich zu ausladenden
Sträuchern von circa 2,50 Metern Höhe, die ebenso breit werden können. Sie blühen anders als die meisten modernen Rosen
nur einmal in der Saison, um dann schöne Hagebutten auszubilden. Ausgefallen sind besonders zwei Arten unter ihnen:
zum einen *Rosa roxburghii* mit kleinen Blättchen und großen
hellrosa Blütenschalen, aus denen später grüne Hagebutten
werden, die wie kleine, stachelige Tomaten aussehen. Die zweite bizarre Schönheit hat wohl einen etwas abschreckenden
Namen: die Stacheldraht-Rose. Im Grunde sollte sie allein
schon wegen ihres botanischen Namens gepflanzt werden:
Rosa sericea var. *omeiensis* f. *pteracantha*. Kann man ihn ande-

ren Gartenfreunden mitteilen, ist das sicher beeindruckender als die größte Dahlienblüte oder der dickste Kürbis. Gärtnern hat immer auch mit Humor zu tun, und es gibt immer Menschen, die beeindruckt werden wollen. Die Stacheldraht-Rose tut dazu das ihre: Ihre Stacheln sind leuchtend rot und an der Basis sehr breit, was im Gegenlicht auf-

Die meisten Wildrosen sind ganz unempfindliche Blütengehölze, die wesentlich anspruchsloser sind als die öfter blühenden modernen Beetrosen.

fällig ist. Die Blüten an den aufstrebenden Trieben sind klein und weiß und wirken wie Perlen an einer Kette. Um regelmäßig kräftige Triebe mit guten Stacheln zu erhalten, muss diese Rose alle zwei bis drei Jahre stark zurückgeschnitten werden. Die Hecht-Rose *(Rosa glauca)* entzückt vor allem durch ihr stahlblaues Laub, das an rötlichen Trieben steht. Die Blüten sind klein und intensiv rosa mit weißer Mitte und goldgel-

Rosa multiflora ist ein ausladender Strauch, der auch in Bäume ranken kann. Die in lockeren Büscheln stehenden Blüten ziehen im Frühsommer viele Insekten an. Die Sämlinge sind oft variabel in Größe und Wuchs.

ben Staubgefäßen. Auch diese Pflanze ist eigentlich zu schön, um sie als Straßenbegleitgrün zu verwenden. Frei wachsende Sträucher dieser Art wirken an einem sonnigen Platz in Kombination mit silberlaubigen Stauden wie Wollziest *(Stachys byzantina)* oder Lichtnelke *(Lychnis coronaria)* sehr kühl und edel. Rötliche Blüten hat *Rosa moyesii*, deren kompaktere Form 'Geranium' leuchtendere Blüten als die Art hat; die Hagebutten beider sind flaschenförmig und hängen an langen Stielen. *Rosa sweginzowii* ist eine Alternative, falls 'Geranium' nicht erhältlich ist. Wildrosen mögen lehmigen Boden, vertragen aber sommerliche Trockenheit auf sandigen Böden besser als die vielen Kulturformen. Kein Wunder, denn von ihnen verlangt man nicht, von Ende Mai bis zum Frost unaufhörlich zu blühen. Dafür haben sie andere Vorzüge, zu denen die Unempfindlichkeit gegenüber Rosenrost oder Sternrußtau gehört.

Vielseitigkeit ist eine große Stärke der Gartengehölze. Gerade für kleinere Gärten, die in der Stadt liegen oder in einem Neubaugebiet, können sie ganz neue Perspektiven der Gartengestaltung eröffnen. Darum ist es in der Regel besser, sich entweder selbst ein Basiswissen durch geeignete Lektüre zu verschaffen oder sich in einer guten Baumschule oder in einem Fachgartencenter beraten zu lassen. Dann erfährt man vielleicht auch von der Gattung *Clethra*. In Deutschland unter dem wenig sagenden Namen Scheineller bekannt, verbirgt sich dahinter eine Reihe von knapp zwei Meter hohen und dichtbuschigen, kräftig grün belaubten Sträuchern. Ihr größter Vorzug ist neben ihrer Anspruchslosigkeit die Blüte im Spätsommer. Dann erscheinen an allen Arten cremeweiße Blütentrauben, die herrlich süß duften und ein echter Anziehungspunkt für Insekten sind. Vielleicht wurde deshalb eine kompakte und sehr reich blühende Sorte 'Hummingbird' benannt – auch wenn es

Eine locker wachsende Strauchrose ist die Hecht-Rose (Rosa glauca).
Das Laub ist metallisch blaugrau glänzend und harmoniert gut mit
den kleinen Blüten und den zinnoberroten Hagebutten im Herbst.

Die Stacheldraht-Rose (Rosa sericea var. omeiensis f. pteracantha) ist
wegen der dicht bestachelten Triebe besonders schön im Gegenlicht
anzusehen. Sie kann alle paar Jahre kräftig zurückgeschnitten werden.

hierzulande keine Kolibris gibt. Insekten sind es auch, die einer anderen Pflanze zu großer Beliebtheit verholfen haben: Schmetterlinge machten den Sommerflieder *(Buddleia davidii)* zu einem der beliebtesten Sträucher im Garten. Eigentlich möchte ihn jeder haben – und in der Tat findet sich für die Buddleien immer ein Fleckchen Erde. Ein Fleckchen reicht dabei wirklich völlig aus. Diese Gehölze finden sogar durch Pflasterfugen oder Mauerreste ihren Weg. Ein Beweis dafür ist die Tatsache, dass sie in fast ganz Westeuropa entlang der Bahndämme verwildert sind. Dort sagen ihnen die Bedingungen besonders zu. Viel Sonne und Wärme durch die Abstrahlung des dunklen Schotters und keine einengende Nachbarschaft: Genau das wollen sie auch im Garten. Das Holz ist nicht sehr frosthart, so dass die meisten Pflanzen im Winter stark zurückfrieren. Das schadet ihnen aber keineswegs, da die

Anders als die meisten Rosen mögen die Kartoffel-Rosen (Rosa rugosa) auch sandige Böden. Dort bilden sie mit unterirdischen Ausläufern dichte Bestände. Die Blüten haben in der Regel einen feinen Apfelduft.

Blüten auch am Trieb des laufenden Jahres augebildet werden. Außerdem hält der nach Frostschäden notwendige Schnitt die Pflanzen kompakt und buschig. Es gibt unterschiedliche Farben: Am dunkelsten ist die geheimnisvoll lilafarbene 'Black Knight', 'Royal Red' hat ein schönes Rosarot und 'White Cloud' große Rispen reinweißer Blüten. Von knapp zwei Metern Höhe und insgesamt zierlicherem Wuchs ist *Buddleia davidii var. nanhoensis*, die manchmal unter dem Sortennamen 'Nanho Blue' angeboten wird. Ganz anders im Wuchs ist der Hänge-Sommerflieder *(Buddleia alternifolia)*. Im Handel sind nur kleine, immer an einem Stab aufgebundene Pflanzen, die wenig von der Schönheit eines ausgewachsenen Exemplares andeuten. Aber ein Minimum an Zuwendung durch Stützen der jungen, schwachen Triebe zahlt sich aus: Nach einigen Jahren hat man einen bis drei Meter hohen Strauch, dessen mit kleinen graugrünen Blättern besetzte dünne Triebe nach unten hängen und im Sommer von lilablauen Blütenbüscheln bedeckt

sind, die sich wie Perlen an einer Kette aneinander reihen. Diese Pflanze blüht am vorjährigen und älteren Holz, so dass ein starker Rückschnitt wie bei den anderen Buddleien die Blüte des laufenden Jahres verhindern würde.

Auch bei einer anderen Pflanzengruppe ist es wichtig, zu wissen, welcher Strauch wie geschnitten wird: bei den Hortensien.

Sie sind aus den Gärten nicht mehr wegzudenken. Das liegt nicht nur an dem nostalgischen Flair, das ihre Blüten vermitteln, sondern auch an ihrer Eigenschaft, sich an viele Gartenstile anzupassen. Hortensien können edel und schlicht wirken, bäuerlich bunt oder zart und filigran. Wenn man an diese Sträucher denkt, meint man in erster Linie die großen Blütenstände der Ball-Hortensien *(Hydrangea-macrophylla-Sorten)*. Von dieser Art gibt es auch Formen mit flachen Blütenständen, in denen die winzigen fruchtbaren

Hortensien sind herrliche Blütengehölze für sonnige und halbschattige Gartenplätze. Die als Bauern-Hortensien bekannten Sorten der Hydrangea macrophylla sorgen ab Hochsommer für monatelange Blütenpracht.

Blüten von einem Kranz steriler Blüten mit großen Hochblättern umgeben sind. Man nennt sie Teller-Hortensien. Beide Gruppen blühen am vorjährigen Holz und dürfen nicht alljährlich zurückgeschnitten werden. Bei ihnen beschränkt sich der Schnitt auf das Auslichten älterer Triebe, die nur noch wenige Blüten tragen. Im vorigen Jahr abgeblühte Triebe werden bis zum nächsten kräftigen Knospenpaar eingekürzt. Die dicken Triebknospen der *Macrophylla*-Hortensien sind sehr durch Spätfröste gefährdet. Ein einziger Nachtfrost Mitte April kann die kommende Blüte ganz zerstören. Um also so viele Blüten wie möglich zu erhalten, ist ein geschützter Platz in Hausnähe empfehlenswert. Gegebenenfalls kann ein in solchen Nächten übergedecktes Vlies helfen, den Schaden zu begrenzen. Übrigens sind die Farben vieler Sorten tatsächlich von den Bodenverhältnissen abhängig. Blau färben sich Hortensien nur, wenn der Boden sauer ist und man mit Aluminiumsulfat nachhilft (weiße Sorten bleiben allerdings weiß). Denn nur bei diesem Bodenmilieu kann das Aluminium von der Pflanze aufgenom-

Für geschützte Standorte eignen sich einige kleinere Hortensien-Arten. Ein Juwel ist die bis einen Meter hoch werdende, breitbuschige Hydrangea involucrata mit kleinen amethystfarbenen Blütentellern.

men werden. Torf oder Moorbeeterde sollten der Gartenerde also unbedingt beigemischt werden. Für die Düngung gibt es heute fertig angemischte Hortensiendünger, auf deren Wirkung man sich bei richtiger Bodenvorbereitung verlassen kann. Mulchen bekommt allen Hortensien sehr gut, weil sie eine gleich bleibende Bodenfeuchtigkeit schätzen und wegen ihrer feinen Wurzeln empfindlich gegenüber sommerlicher Trockenheit reagieren. Um den Boden sauer zu halten, kann man mit Fichtennadeln mulchen. Ein paar Stunden lichter Schatten sind von Vorteil für diese Hortensien. 'Hamburg', 'Europa' und 'Altona'

Die Riesen unter den Hortensien sind die Samt-Hortensien. Diese mehr als drei Meter Höhe und Breite erreichenden Gehölze haben nicht nur attraktives Laub, sondern auch sehr ansehnliche Blütenstände.

Die Rispen-Hortensien aus Asien haben rundliche bis kegelige Blütenstände mit reinweißen bis blassrosa Hochblättern an den sterilen Blüten. Von Hydrangea paniculata gibt es zahlreiche Sorten, hier 'Unique'.

sind Ball-Hortensien mit tiefrosaroten großen Blütenständen, die sich im Verblühen attraktiv verfärben. Eine zierliche rosa Sorte, die sich bei saurem Boden hellblau färbt, ist 'Generale Vicomtesse de Vibraye'; 'Bouquet Rose' ist ähnlich, aber sehr reich blühend. Unter den Teller-Hortensien stechen 'Blaumeise' – natürlich blau und sehr kräftig – und 'Lanarth White' hervor, die besonders winterhart ist. Ähnlich den großen Teller-Hortensien sind die Sorten der zierlicheren Art *Hydrangea serrata*. 'Blue Bird' ist ein bezaubernder kleiner Strauch, der ebenfalls durch seine Winterhärte überzeugt und durch die kleinen lilablauen Blütenteller, die in großer Zahl erscheinen. Er wird kaum

So kennt man sie: Kerngesunde und überreich blühende Ball-Hortensien sind der Stolz vieler Gartenbesitzer. Auch in großen Kübeln wachsen sie gut. Diese Sorten haben sterile Blüten mit auffallenden Hochblättern.

einen Meter hoch und ist eine ganz ausgezeichnete Vorpflanzung größerer Sträucher. Im Verbund mit niedrigen gruppenbildenden *Hosta* wie 'Ginkgo Craig' (grün mit weißem Rand) wirkt er besonders edel. Diese zart wirkenden Hortensien sollten immer zu mehreren gepflanzt werden und müssen dann vorsichtig durch Stauden ergänzt werden, um nicht von ihrer Schönheit abzulenken. Überhaupt sind die meisten Hortensien, die wegen ihrer Blüten gepflanzt werden, am schönsten, wenn sie als Gruppe im Garten stehen. Ihre Blüten wirken nämlich wegen der unübersehbaren Fülle recht dominant und sind auch etwas fremdartig. Eine einzige Hortensie wirkt darum – aus gestalterischer Sicht betrachtet – verloren und wie ein Gast aus einer fernen Welt. Natürlich bezieht man solche Überlegungen nicht immer mit ein, wenn der Wunsch

nach einer Hortensie geweckt wurde. Aber für erfolgreiches
Gärtnern ist es wichtig, auch Einzelpflanzen in einem größeren
Zusammenhang zu sehen. Gelegentlich hilft es, die Herkunft
eines Gehölzes in Erfahrung zu bringen. *Hydrangea serrata*
zum Beispiel stammt aus Japan – also wäre eine Kombination
mit Japanischen Fächer-Ahornen (*Acer palmatum* in Sorten)
und manchen Rhododendren ein guter Ausgangspunkt für weitere Ideen. Manchmal hat man als Gärtner das Gefühl, dass die
Natur in ihrer unendlichen Vielfalt immer an den Menschen
gedacht hat. Deshalb gibt es auch Hortensien, die an diesjährigen Trieben ungemein reich blühen und selbst in den kältesten
Gebieten Deutschlands wachsen: die Rispen-Hortensien
(*Hydrangea paniculata*) und die amerikanische Art *Hydrangea
arborescens*. Angesichts dieser Vorzüge erscheint es nicht allzu

Was den süßen Duft betrifft, kann keine Hortensie es mit den Schnee-
ball-Sträuchern aufnehmen. Eine kompakt wachsende Bereicherung
des Sortimentes ist Viburnum 'Eskimo' mit kugeligen Blütenständen.

schlimm, dass diese Sträucher nur in Weiß – allerdings in feinen Nuancen mit Rosa oder gelblichem Hauch – blühen. Die
Sorte 'Annabelle' von *Hydrangea arborescens* hat in den letzten
Jahren einen unvergleichlichen Siegeszug angetreten. Zu Recht,
denn ihr Laub ist frischgrün und die Blütenbälle wahrhaft riesig. Bis zu 25 Zentimeter im Durchmesser können sie erreichen
und sind dann manchmal so schwer, dass sie gestützt werden
müssen. So große Blütenstände erzielt man, wenn der Strauch
jedes Jahr im Herbst oder Frühjahr auf eine Höhe von 10 bis
15 Zentimetern zurückgeschnitten wird. Dann wachsen im
Frühjahr Triebe bis zu einem Meter heran, die im selben Jahr
blühen. Lässt man die Pflanze frei wachsen, bleiben die Blüten
kleiner, und nach drei bis vier Jahren kann der Strauch gut
zwei Meter hoch sein. Er ähnelt dann aus der Ferne einem
Gemeinen Schneeball (*Viburnum opulus*), bleibt aber kleiner.
Dann passt er auch gut in naturnahe Gärten, wo Gehölze locker wirken sollten und man mit Arten, die nicht bei Insekten

begehrt sind, dem Auge etwas bieten kann. *Hydrangea arborescens* gedeiht gut in voller Sonne, genau wie die Rispen-Hortensie. Sie wird genauso behandelt, mit Ausnahme der klein bleibenden Sorten 'Daruma' und 'Praecox', die ihre Blüten an den Trieben des Vorjahres zeigen. Einen straff aufrechten Wuchs hat 'Tardiva', die aber von der Sorte 'Unique' durch fast doppelt so lange (40 Zentimeter) Blütenrispen in den Schatten gestellt wird. Die Sorte 'Grandiflora' ist 1876 in Europa aus Wildbeständen eingeführt worden und hat breite kegelförmige

Rispen weißer steriler und fertiler Blüten. Bei 'Kyushu' sieht man nur wenige der mit großen Hochblättern versehenen sterilen Blüten; das macht sie attraktiv für Insekten und empfiehlt sie als Pflanze für zarte Kombinationen im lichten Schatten größerer Gehölze, wo sie zum Beispiel mit Farnen wie Königs- (*Osmunda regalis*) oder Schild-Farn (*Polystichum setiferum, Divisilobum*-Gruppe) wachsen können. 'Limelight' hat fast kugelige, dichte Blütenrispen, die hellcremegelb gefärbt sind. Wenn es die Vereinigung vieler Einzelblüten zu mehr oder weniger kugeligen oder tellerförmigen Blütenständen ist, die den Ruhm eines Gehölzes begründen, dann sollten die Schneeball-Sträucher ähnliche Beachtung finden – auch wenn ihre Blüte nicht ganz so spektakulär wie die der Hortensien ist. Die einheimische Art, der Gemeine Schneeball *(Viburnum opulus)*, ist ein häufiges Feldgehölz. Die fünflappigen Blätter dieser bis vier Meter hohen Art sind leider auch beliebt bei zwei Schädlingen: Die Schwarze Bohnen-Blattlaus sorgt durch eifrige Saugtätigkeit für stark gekräuselte Blätter, während der Schneeball-Blattkäfer sich im Lochfraß übt, manchmal so stark, dass ein großer Strauch innerhalb von 14 Tagen fast völlig kahl gefressen werden kann. *Viburnum opulus* trägt glänzend hellrote Beeren, die im Herbst und Winter eine Zierde sind. Die sterile Form 'Roseum', auch als 'Sterile' bekannt, trägt natürlich keine Früchte, hat aber kleine Blütenbälle, die an weiße Hortensien erinnern. Eine andere laubabwerfende Art, die kaum Probleme kennt, ist der Japanische Etagen-Schneeball *(Viburnum plicatum)*. Er bildet beeindruckende Solitärgehölze, die mit ausgebreiteten Zweigen und daran sitzenden weißen Blütentellern zu den eindrucksvollsten Erscheinungen im Sommer gehören. Die Sorte 'Mariesii' ist besonders charakteristisch, bildet aber nur selten viele Beeren aus. 'Rowallane' ist da eifriger, bleibt dabei kompakter. Klein und höher als breit bleibt 'Watanabe' (Synonym 'Nanum Semperflorens'). Alle Formen haben stark geadertes, mittelgroßes Laub, das bei sonnigem Standort eine schöne orangerote Herbstfärbung annimmt. Ganz unempfindlich ist der Wohlriechende Schneeball *(Viburnum carlesii)*. Seine Blüten sind in der Knospe frischrosa und duften intensiv. Manche Schneebälle sind zwar immergrün, verlieren aber bei starken Frösten einen Teil ihres Laubes. *Viburnum x burkwoodii* hat diese Eigenschaft, die aber auch als Vorteil betrachtet werden kann, weil zur Blütezeit im März und April die Kugeln wachsartiger und stark duftender Blüten umso besser zur Geltung kommen. Da alte Pflanzen gut und gerne drei Meter Höhe erreichen, bleibt für kleine Gärten eine

Viele Blütensträucher sind unentbehrlich zu bestimmten Zeiten des Jahres. Hibiscus syriacus 'Speciosus' blüht im Spätsommer (oben), während die Weigelie im Mai weiße Staubgefäße in roten Blüten zeigt (unten).

Die Kolkwitzie (Kolkwitzia amabilis) ist ein ausgesprochen eleganter Strauch mit bogig herabhängenden Zweigen. Ihre volle Schönheit kann sie nur entfalten, wenn man sie zunächst ungestört wachsen lässt.

reich ausfällt. Es gibt Sorten mit lilablauen ('Bluebird' zum Beispiel), rotvioletten ('Woodbridge'), rosafarbenen ('Hamabo') und weißen Blüten ('Red Heart'). Mit Ausnahme der reinweißen Sorte 'Diana' haben alle kontrastierende rotbraune Basalflecken, was die seidigen und an Malven erinnernden Blüten sehr ausdrucksvoll macht. Alle blühen mehrere Wochen ununterbrochen, nur verregnete Sommer machen manchmal einen Strich durch die Rechnung. Eibisch ist trotz seiner Häufigkeit nach wie vor eine extravagante Pflanze. Entsprechend sollte sie platziert werden. Da die Blüten recht groß und farbig sind, wären großblütige Rosen sicher eine schlechte Nachbarschaft, weil sie den Blick ablenken.

Sonnenliebende und dauerblühende Stauden wären besser. Katzenminze gibt es in Tönen, die exakt zu manchen *Hibiscus*-Sorten passen. Höher wachsende Formen von *Nepeta x faassenii* sind besser geeignet: Blauviolett sind 'Walker's Low' und 'Six Hills Giant', perlmuttrosa ist 'Dawn to Dusk'. Eine insgesamt südländisch wirkende Atmosphäre könnte man mit verschiedenen Edeldisteln *(Eryngium)* und *Yucca* als Akzentpflanzen erzielen. Eine andere reizvolle Möglichkeit besteht in der Kombination einer rotvioletten Sorte wie 'Woodbridge' mit der rotlaubigen Blasenspiere *(Physocarpus opulifolius 'Diabolo')*, einem Strauch, den man durch jährlichen Schnitt kompakt auf etwa einem Meter Höhe halten kann, und einem spät blühenden Gras wie dem Lampenputzer-Gras *(Pennisetum alopecuroides)*. Im Vordergrund könnte dann rotlaubiger Günsel *(Ajuga reptans* 'Catlin's Giant' oder 'Braunherz' und andere Sorten) die Farbe wieder aufnehmen. Delikat, wenn auch nicht spektakulär ist, dass das Laub der Pflanzpartner von der selben Farbe wie die Zeichnung im Blüteninneren des *Hibiscus* ist. Ein zweiter Blick eröffnet im Garten immer andere Reize …

Beim Umgang mit Gehölzen und Stauden findet jeder auf diese Weise seine ganz eigenen und stimmigen Kombinationsmöglichkeiten. Der Fantasie sind kaum Grenzen gesetzt. Und man sollte ausprobieren!

bis 1,50 Meter hohe und langsam wachsende Alternative: *Viburnum* 'Eskimo'. Diese neuere Sorte bildet einen kompakten rundlichen Busch und sehr große Blütenstände.

Wer sich mit Gehölzen beschäftigt, die auch im Spätsommer noch Blüten tragen, wird schnell auf den Eibisch *(Hibiscus syriacus)* kommen. Er ist ein wegen der Blüten ziemlich exotisch wirkender Strauch, der von jedem Gärtner im Frühjahr viel Geduld verlangt. Vor Anfang Mai zeigt sich kein Grün an den graubraunen aufstrebenden Zweigen. Dafür beginnt im Juli die Blüte, die nur an vollsonnigen und warmen Plätzen

Der Gemeine Schneeball (Viburnum opulus) ist keineswegs ungezogen, sondern eine willige Pflanze für alle möglichen Böden. Anders als die gewöhnliche Art hat die Sorte 'Sterile' nur unfruchtbare Blüten.

☀ ◐ ●   ⇧ bis 3 m   ✿ ◊

CLETHRA ALNIFOLIA

Clethraceae
Scheineller

Herkunft: Östliches Nordamerika
Belaubung: Laubabwerfend · tiefgrün, oval
Wuchsform: Strauch, anfänglich aufrecht, später bogig überhängend · 1,5–3 m Höhe, 2 m Breite
Rinde | Zweige: Graubraun
Blüte: Weiße flaschenbürstenähnliche Rispen mit süßem Duft · Juli bis September
Standortansprüche: Sonne bis lichter Schatten · bevorzugt nasse bis feuchte, saure und humose Böden, während trockene und nährstoffarme Böden nur schlecht vertragen werden
Schnitt: Freiwachsend
Besonderheiten: Graziöser sommerblühender Strauch
Geeignet für kleine Gärten: Ja

☀ ◐ ●   ⇧ bis 2 m   ✿ ◊

HIBISCUS SYRIACUS 'BLUE BIRD'

Malvaceae
Hibiskus, Strauch-Eibisch

Herkunft: Züchtung
Belaubung: Laubabwerfend · mittelgrün, spitz eiförmig sowie dreilappig
Wuchsform: Strauch, trichterförmig, straff aufrecht, langsamwüchsig · 1,5–2 m Höhe, 1–1,5 m Breite
Rinde | Zweige: Graubraun
Blüte: Prächtige, große malvenartige Blüten, hellblau bis lilablau, Adern karmin, Basalfleck dunkelkarmin · Juni bis August
Standortansprüche: Volle Sonne · wärmebedürftig, frostempfindlich, mäßig trockene bis frische Böden, trockenheitsempfindlich
Schnitt: Freiwachsend
Besonderheiten: Auffallender Sommerblüher, reich und lang blühend
Geeignet für kleine Gärten: Ja

☀ ◐ ●   ⇧ bis 3 m   ✿ ◊

HYDRANGEA ARBORESCENS 'ANNABELLE'

Hydrangeaceae
Hortensie

Herkunft: Züchtung
Belaubung: Laubabwerfend · hellgrün, breit-elliptisch · Herbstfärbung hellgelb
Wuchsform: Halbrund wachsender Strauch, aufrecht · 1,5–3 m Höhe, 1–1,5 m Breite
Rinde | Zweige: Graubraun
Blüte: Fußballgroße weiße Blütenkugeln, grünweiß · wochenlang blühend von Juli bis Anfang September
Standortansprüche: Sonne bis Halbschatten · liebt hohe Luftfeuchtigkeit, frische bis feuchte, saure bis schwach alkalische, humusreiche Böden
Schnitt: Empfohlen wird ein alljährlicher Rückschnitt im zeitigen Frühjahr
Besonderheiten: Langblühender Strauch mit besonders großen Blüten
Geeignet für kleine Gärten: Ja

☀ ◐ ●   ⇧ bis 1,5 m   ✿ ◊

HYDRANGEA MACROPHYLLA 'LANARTH WHITE'

Hydrangeaceae
Teller-Hortensie

Herkunft: Züchtung
Belaubung: Laubabwerfend · hellgrün, breit elliptisch, Herbstfärbung hellgelb
Wuchsform: Strauch · 1–1,5 m Höhe, 1–1,5 m Breite
Rinde | Zweige: Graubraun
Blüte: Tellerförmige Blütenstände, sterile Randblüten weiß, Innenblüten rosa oder hellblau · Juli bis Anfang September
Standortansprüche: Sonne bis Halbschatten · liebt hohe Luftfeuchtigkeit, frische bis feuchte, saure bis schwach alkalische, humusreiche Böden
Schnitt: Freiwachsend
Besonderheiten: Langblühender Strauch mit tellerförmigen Blüten
Geeignet für kleine Gärten: Ja

☀ ◐ ●   ⇧ bis 8 m   ✿ ◊

MAGNOLIA X SOULANGEANA

Magnoliaceae
Tulpen-Magnolie

Herkunft: Gärtnerische Kultur
Belaubung: Laubabwerfend · frischgrün, groß, eiförmig oder breit-elliptisch · Herbstfärbung gelb
Wuchsform: Großstrauch oder kurzstämmiger Kleinbaum, zunächst trichterförmig, später ausladend breitwüchsig · 3–8 m Höhe, 3–5 m Breite
Rinde | Zweige: Grau, glatt
Blüte: Große tulpenförmige Einzelblüten, weiß mit rosa Einfärbungen · erscheinen vor dem Blattaustrieb im April
Standortansprüche: Sonne bis lichter Schatten · tiefgründige, lockere, frische, nährstoffreiche und humose Böden, sauer bis neutral, kalkmeidend
Schnitt: Schnitt nicht empfehlenswert, wenn notwendig im August
Besonderheiten: Schöner Blütenbaum
Geeignet für kleine Gärten: Ja

☀ ◐ ●   ⇧ bis 8 m   ✿ ◊

MALUS FLORIBUNDA

Rosaceae
Japanischer Blüten-Apfel

Herkunft: Japan
Belaubung: Laubabwerfend · frischgrün, elliptisch
Wuchsform: Großer Strauch oder kleiner Baum · 5–8 m Höhe, 5–8 m Breite · kann als Hochstamm gezogen werden oder als großer Strauch
Rinde | Zweige: Graubraun
Blüte: Knospe dunkelrosa, im Aufblühen hellrosa, schließlich weiß, wohlduftend · Mai
Standortansprüche: Sonnig bis absonnig · frosthart, frische bis feuchte, schwach saure bis alkalische Böden
Schnitt: Schnittverträglich
Besonderheiten: Überreiche Blüte · dekorative Früchte im Herbst, die bis weit in den Winter an den Zweigen hängen
Geeignet für kleine Gärten: Ja

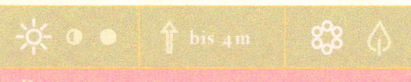

PHILADELPHUS CORONARIUS 'VIRGINAL'

Hydrangeaceae
Großblütiger Pfeifenstrauch

Herkunft: Züchtung
Belaubung: Laubabwerfend · stumpf-dunkelgrün, spitz-eiförmig
Wuchsform: Großstrauch, aufrecht bis übergeneigt wachsend, starkwüchsig · 3–4 m Höhe, 2–4 m Breite
Rinde | Zweige: Graubraun
Blüte: Reinweiß gefüllt, intensiver süßer Duft · Ende Mai bis Juni an den Trieben des Vorjahres
Standortansprüche: Anspruchslos und robust, in jedem Gartenboden
Schnitt: Abgeblühte, überalterte Zweige auslichten
Besonderheiten: Starkwüchsiger Strauch mit stark duftenden Blüten · viele, auch kleinere Sorten im Handel
Geeignet für kleine Gärten: Ja

PRUNUS 'ACCOLADE'

Rosaceae
Frühe Zier-Kirsche

Herkunft: Züchtung
Belaubung: Laubabwerfend, zunächst hellgrün, dann frischgrün, zugespitzt-elliptisch · Herbstfärbung gelborange
Wuchsform: baumartiger Großstrauch, lockere, trichterförmige Krone · 5–8 m Höhe, 3–5 m Breite
Rinde | Zweige: Graubraun
Blüte: Vor dem Laubaustrieb in hängenden Büscheln, reinrosa, halbgefüllt
Standortansprüche: Volle Sonne · Böden frisch bis feucht, neutral bis alkalisch, bevorzugt nährstoffreiche sandig-lehmige Substrate
Schnitt: Freiwachsend mit charakteristischer Wuchsform
Besonderheiten: Dekoratives Blütengehölz
Geeignet für kleine Gärten: Ja

PRUNUS AVIUM 'PLENA'

Rosaceae
Gefüllte Vogel-Kirsche

Herkunft: Mitteleuropa
Belaubung: Laubabwerfend · dunkelgrün, breit-elliptisch · Herbstfärbung gelb-orangerot
Wuchsform: Kleinbaum, rundkronig bis schirmförmig, überhängende Zweige · 7–12 m Höhe, 4–6 m Breite, langsamwüchsig
Rinde | Zweige: Graubraun, rissig
Blüte: In Büscheln, schneeweiß, gefüllt · Ende April
Standortansprüche: Sonne bis lichter Schatten · wärmeliebend, verlangt nährstoffreiche Böden
Schnitt: Freiwachsend
Besonderheiten: Altes traditionelles Ziergehölz
Geeignet für kleine Gärten: Nein

SPIREA X CINEREA 'GREFSHEIM'

Rosaceae
Spiere, Spierstrauch

Herkunft: Gärtnerische Kultur
Belaubung: Laubabwerfend · frischgrün, schmal-lanzettlich
Wuchsform: Strauch, halbrund und dichtbuschig · 1,5–2 m Höhe und Breite
Rinde | Zweige: Graubraun, rissig
Blüte: Rein weiße Doldentrauben, üppiger Blütenbesatz nur in voller Sonne · Mai
Standortansprüche: Sonne bis lichter Schatten · sehr anpassungsfähig, nahezu alle Standorte, alle Gartenböden, empfindlich gegen Hitze und Trockenheit
Schnitt: Freiwachsend
Besonderheiten: Ideal für gemischte Rabatten
Geeignet für kleine Gärten: Ja

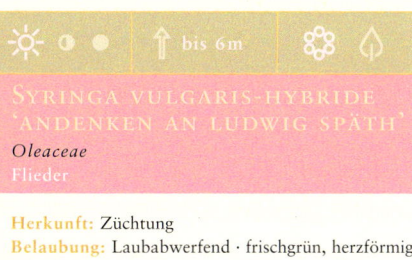

SYRINGA VULGARIS-HYBRIDE 'ANDENKEN AN LUDWIG SPÄTH'

Oleaceae
Flieder

Herkunft: Züchtung
Belaubung: Laubabwerfend · frischgrün, herzförmig
Wuchsform: Vielstämmiger aufrechter Großstrauch · 4–6 m Höhe, 3–5 m Breite
Rinde | Zweige: Graubraun, rissig
Blüte: Knospen dunkelpurpur, Blüte dunkelweinrot und karminrosa, Blütenrispen kompakt · Mai
Standortansprüche: Volle Sonne · sehr nährstoffreiche, lehmige und alkalische Böden · sommerliche Trockenheit wird vertragen
Schnitt: Überalterte Sträucher können stark bis in das alte Holz zurückgeschnitten werden und regenerieren sich gut
Besonderheiten: Prachtvoll gefärbte Blütenrispen · nach der Blüte ausschneiden, um Fruchtbildung zu verhindern und nächste Blüte zu fördern
Geeignet für kleine Gärten: Ja

VIBURNUM X 'ESKIMO'

Caprifoliaceae
Schneeball

Herkunft: Züchtung
Belaubung: Halbimmergrün, dunkelgrün glänzend, ledrig, breit-eiförmig
Wuchsform: kompakter Normalstrauch · 2–3 m Höhe und Breite, langsamwachsend
Rinde | Zweige: Graubraun
Blüte: Kugelförmige Trugdolden in reinweiß · Anfang Mai · Fruchtschmuck zunächst rote, später schwarze Beeren
Standortansprüche: Bevorzugt volle Sonne oder lichten Schatten · sehr anpassungsfähig, nahezu alle Standorte, nährstoffreiche Böden
Schnitt: Freiwachsend
Besonderheiten: Gut geeignet für Kübel · eine schöne Viburnum-Sorte für die Pflanzung in Gruppen
Geeignet für kleine Gärten: Ja

Ein Weidenbogen aus Salix smithiana

№ 5

Mit der Natur im Einklang zu leben, ist der Wunsch vieler Menschen. Als Gartenbesitzer ist man diesem Glück schon einen Schritt näher. Viele Gehölze helfen dabei.

Neu entdecken kann man, dass heimische Arten in die Auswahl kommen — sie sind schön und unkompliziert.

FÜR NATURNÄHE

Ökologisches Bewusstsein fängt im eigenen Garten an. Jede noch so kleine Fläche eignet sich als Lebensraum für Kleintiere. Hier kann man Natur bewusst erleben und mit allen Sinnen genießen. Heimische Gehölze sind dabei attraktiv und unempfindlich.

Viele Menschen haben den Wunsch, ihren Garten mit Gehölzen zu bepflanzen, die hierzulande einheimisch sind. Das hat gute Gründe: Darin spiegelt sich die Sehnsucht nach der freien Natur wider; im Garten ein Stück natürlich wirkenden Lebensraum zu inszenieren, macht gerade deshalb Freude, weil sich sogar in der Stadt vielfältiges Zusammenleben zwischen Pflanzen, Kleintieren und Insekten beobachten lässt. Gerade für Kinder ist es wichtig, zu wissen, wie eine Kastanie aussieht, wie Holunderbeeren schmecken und wie zart die Blüten einer wilden Birne duften können. Zählt man die Fläche deutscher Gärten zusammen, ergibt sich insgesamt ein Lebensraum von bedeutender Größe, der Singvögeln, Eichhörnchen und Schmetterlingen längst zur zweiten Heimat geworden ist. Einheimische Bäume und Sträucher haben eine Schönheit, die in der Regel weniger aufsehenerregend ist als bei den aus Asien oder Amerika stammenden Arten. Trotzdem sind unter ihnen eine Reihe schöner und dankbarer Gartenpflanzen. Einer ihrer großen Vorteile ist die Tatsache, dass sie an unsere Klimaverhältnisse hervorragend angepasst sind.

Die meisten der bekannten Bäume sind recht groß und werden die Dimensionen eines Stadt- oder Reihenhausgartens sprengen: Rot-Buche *(Fagus sylvatica)*, Ross-Kastanie *(Aesculus hippocastanum)*, Esche *(Fraxinus excelsior)* und Stiel-Eiche *(Quercus robur)* entwickeln sich zu mehr als 20 Meter hohen und sehr breitkronigen Bäumen, die nur für sehr große Gärten und das öffentliche Grün geeignet sind. Einige Zierformen, die meistens nicht ganz so schnell wachsen, sind im Kapitel über

Hausbäume beschrieben. Eines der vielleicht am meisten unterschätzten heimischen Gehölze ist der Feld-Ahorn *(Acer campestre)*. Dieser kleine bis mittelgroße Baum hat typische kleine Ahornblätter mit gerundeten Lappen, die schön dunkelgrün sind und im Herbst eine gelbe Färbung annehmen. Der Aufbau dieses Gehölzes ist feinzweigig und manche Pflanzen neigen dazu, ähnlich wie der Amberbaum *(Liquidambar styraciflua)*, Korkleisten am Stamm und den dickeren Ästen auszubilden, was sehr attraktiv im Winter aussieht. Was die Herbstfärbung betrifft, so können es einige andere kleinkronige Bäume aus Europa mit ihm aufnehmen. Allen voran der Pflaumenblättrige Weißdorn *(Crataegus x prunifolia)*. Es handelt sich zwar um eine Kreuzung amerikanischer Herkunft, aber man sollte für diese Pflanze eine Ausnahme machen. Immerhin kommt es auch in der Natur zu Kreuzungen verwandter Arten. Das oberseits stark glänzende Laub erinnert an das eines Pflaumenbaums und färbt sich im Herbst orange und dunkelrot. Die Krone erreicht selten mehr als vier Meter im Durchmesser, so dass diese Art als Hochstamm selbst in kleinste Gärten passt. Die Rinde ist grau, was im Winter einen wirkungsvollen Kontrast zu den lange am Baum hängenden dunkelroten Beerenfrüchten ergibt. In Europa gibt es zwei Arten von Weißdornen, die im Garten vielseitig zu verwenden sind: den Eingriffeligen Weißdorn *(Crataegus monogyna)* und den Zweigriffeligen Weißdorn *(Crataegus laevigata)*. Während der erste als schnellwachsendes Sichtschutzgehölz dient und sogar als Hecke geschnitten werden kann, bietet der zweite einige sehr nostalgisch wirkende Kulturformen. *Crataegus laevigata* 'Rosea Flore Pleno' ist eine gefüllte Form mit Büscheln kleiner Blütchen, die wie Miniaturrosen aussehen; 'Paul's Scarlet' ist wegen der scharlachroten Blüten beliebt, die ebenfalls gefüllt sind. Obwohl diese Formen für Insekten wegen der gefüllten Blüten nicht anziehend sind, handelt es sich doch um wertvolle Gehölze für ländliche Gegenden, wo die Bepflanzung nicht wie ein Fremdkörper wirken soll. Sie passen sich hervorragend an und

Eigentlich als Straßenbegleitgrün verwendet, führt der Blut-Hartriegel (Cornus sanguinea) ein Schattendasein. Dabei ist der aufrecht wachsende große Strauch mit den grazilen Zweigen gut für naturnahe Gärten geeignet. Im Herbst färbt sich das Laub purpur und rot.

Der Sanddorn (Hippophaë rhamnoides) ist ein locker wachsender Strauch, der durchlässige Böden mag. Das schmale Laub glänzt silbrig und die Früchte gehören zu den vitaminreichsten Beeren des Gartens.

sind sogar in der Umgebung eines reduziert gehaltenen Stadtgartens passende Partner für Formgehölze wie Buchsbaum und Eibe. Der Eingriffelige Weißdorn ist in vielen ländlichen Gegenden Deutschlands eine traditionelle Heckenpflanze, die Gehöfte und Weiden umfriedet. Auch als Hecke ist er heute wieder beliebt, da er nur einmal im Jahr – und zwar am besten nach der Blüte im Frühsommer – geschnitten werden muss. Auf diese Weise vermeidet man auch die Ausbreitung des Feuerbrandes, einer Pilzkrankheit, für die verschiedene Rosengewächse (zur Familie der *Rosaceae* gehört auch der Weißdorn) leider sehr anfällig sind. Alle Weißdorne sind sehr anspruchslos und wachsen auch auf trockenen Sandböden akzeptabel. Ebenfalls zu den Rosengewächsen gehört die Ebresche (*Sorbus aucuparia*).

Mit den Weißdornen verbindet sie ein intensiver Geruch der Blüten, der nicht jedermanns Sache ist. Doch die Blüte ist nur von kurzer Dauer, worauf bald die bereits im Hochsommer Farbe zeigenden Beeren in großer Zahl gebildet werden. Da die Eberesche ein wichtiges Vogelschutzgehölz ist, bleibt es jedem selbst überlassen, ob man aus den Früchten Gelee machen möchte. Es ist auf jeden Fall sehr vitaminreich und schmeckt erfrischend säuerlich. Viel ergiebiger ist in dieser Hinsicht noch der verwandte Speierling (*Sorbus domestica*). Um die Zukunft dieser wegen der großen Früchte schon seit der Antike angebauten Pflanze musste man sich vor wenigen Jahren noch größte Sorgen machen. Sie war aus den Wäldern fast verschwunden und auch in Gärten interessierte sich kaum noch jemand für den säulenförmig wachsenden Baum mit dem gefiederten Laub. Glücklicherweise ist das inzwischen anders. Das trifft auch auf die Mispel (*Mespilus germanica*) zu. Dieser breit ausladende kleine Baum oder große Strauch war lange Jahrzehnte ein Stiefkind der Gärtner. Dabei schätzten bereits Generationen unserer Vorfahren das erst nach Frosteinwirkung genießbare Fleisch

Holunder (Sambucus nigra) ist so anspruchslos, dass er auf fast allen Böden wächst. Die duftenden Blütenteller sind nur kurze Zeit schön, die schwarzen Früchte lassen sich in der Küche vielseitig verwenden.

der steinharten Früchte. Mispeln sind sehr schöne Gehölze, die vor allem durch die einzeln stehenden, wie enorm große Apfelblüten wirkenden Blüten auffallen. Die Rinde ist von einem warmen schwarzbraunen Ton und bleibt fast bis ins Alter glatt. Das eiförmig längliche Blatt kann eine Länge bis zu 15 Zentimetern erreichen. Mispeln mögen warme und sonnige Plätze, karge Böden sind für sie kein Problem.

Beliebt als Straßenbaum und auch für den Garten geeignet ist die Ursprungsform des Birnbaums. *Pyrus communis* ist ein schmaler Baum, dessen Früchte zwar klein, aber essbar sind, auch wenn es ihnen an der Süße der Obstbirnen mangelt. Sie ist als Wildpflanze nicht nachweisbar und entstand vermutlich durch menschliches Zutun. Sehr empfehlenswert für naturnahe Gärten ist die chinesische Art *Pyrus calleryana*. Sie hat eine kegelförmige Krone und eine sehr auffallende Herbstfärbung. Auf der Suche nach geeigneten Gehölzen für eine naturnahe Gartengestaltung sollte man sich nicht dogmatisch auf heimische Arten beschränken. Wichtig ist vor allem, dass die Pflanzen in ihrem Aussehen harmonisch eingegliedert werden können und dass sie einen ökologischen Wert haben. Die Chinesische Birne bietet beides, da die ungefähr zwei Zentimeter großen Früchte gerne von Drosseln gefressen werden.

Viele Leute denken bei einheimischen Gehölzen sofort an Hasel-Sträucher (*Corylus avellana*). Das ist nicht weiter verwunderlich, gehören sie doch zu den am häufigsten in Parks und Freiflächen anzutreffenden Gehölzen. Sie sind als mehrstämmige Großsträucher schön, vor allem, da sie zu den ersten im Vorfrühling blühenden Sträuchern zählen. Schon an milden Tagen im Februar entfalten sich die winzigen strohgelben Blüten in langen Kätzchen. Hasel-Sträucher können bei Bedarf stark zurückgeschnitten werden und entwickeln danach eine

unbändige Wuchskraft. Ihre volle Schönheit zeigen sie aber nur, wenn sie nicht regelmäßig gekappt werden. Es ist eigentlich verwunderlich, dass man in den Gärten so selten gut entwickelte und vor allem ausdrucksvolle Exemplare sieht. Offenbar werden heimische Gehölze gerne vernachlässigt, während man sich eher um wertvolle Pflanzen wie Japanische Ahorne oder Blumen-Hartriegel kümmert. Trotzdem wäre es schön, auch weniger bedeutende Pflanzen entsprechend zu behandeln – durch ihre Anspruchslosigkeit kommen sie dem Gartenfreund schließlich sehr entgegen. Einen Grund gibt es allerdings, der den alljährlichen Schnitt einer Hasel rechtfertigt: Die langen und sehr biegsamen Ruten sind ideal geeignet, um sie als Stützen für Stauden zu benutzen. Sie lassen sich an beiden Enden in den Boden stecken und beliebig arrangieren. Sie sind viel flexibler als die häufig verwendeten Bambusrohre und halten eine ganze Saison. Außerdem kann man sie wegen der braungrauen Farbe viel besser als jene im Laub verbergen – denn am schönsten wirken haltbedürftige Stauden, wenn man die Stützen nicht

Ebereschen sind schmalkronige Bäume, die sogar in einem Bauerngarten eine gute Figur machen. Die Früchte reifen im Spätsommer.

erkennt. Die baumartige Verwandte des Hasel-Strauches, die Baum-Hasel *(Corylus colurna)*, sollte man besser nicht schneiden. Sie bildet von sich aus eine sehr gleichmäßig aufgebaute kegelförmige Krone. Das Laub ist ein wenig größer und grob doppelt gesägt am Rand. Die Nüsse sind in einer tief geschlitzten Fruchthülle und erscheinen in dichten Büscheln. Sie sind meistens ziemlich klein, aber trotzdem essbar – zumindest wenn am es schafft, den auch in der Stadt verbreiteten Eichhörnchen welche abzutrotzen.

Eines der besten heimischen Gehölze ist ohne Zweifel die Hainbuche *(Carpinus betulus)*. Sie ist seit Jahrhunderten eine überaus gefragte Heckenpflanze; ohne sie wären die Heckenkabinette und Laubengänge der großen Barockgärten nicht möglich gewesen. Da sie schnell wächst und auf vielen Böden gedeiht, ist sie noch heute eine der besten Pflanzen für höhere Hecken. Außerdem ist sie individuell formbar. Lässt man sie frei wachsen, entwickelt sie sich zu einem mittelgroßen Baum, der aber sehr variabel ist. Bei aus Samen entstandenen Pflanzen kann man nie voraussagen, ob sie einen ausladenden lockeren oder schmalen und dichten Wuchs haben. Die Hainbuche neigt bei einem Großteil ihrer Nachkommen zur Entstehung säulenförmiger (fastigiater) Bäume. Wer wenig Platz hat und auf Nummer sicher gehen möchte, sollte lieber eine Säulenform 'Fastigiata' in der Baumschule erwerben. Hainbuchen bieten eigentlich das ganze Jahr über etwas für den Gartenbesitzer: Im Frühjahr tragen sie die langen Kätzchen wie die Hasel; dann ist der Austrieb ganz leuchtend hellgrün; im Herbst und Winter hängen die langen Früchte an den Zweigen. In ihnen sind kleine Nüsschen mit einer dreilappigen Hülle vereint.

Diese kleine Auswahl beweist, dass selbst unscheinbar wirkende Gehölze eine Zierde sein können – und das nicht nur im Naturgarten! Auswahl gibt es ja genug …

Der Gemeine Schneeball (Viburnum opulus) ist ein hübscher Strauch mit großem ökologischem Wert: Die leuchtend roten Beeren sind für Vögel eine Delikatesse. Die Blütenteller erscheinen im Frühsommer.

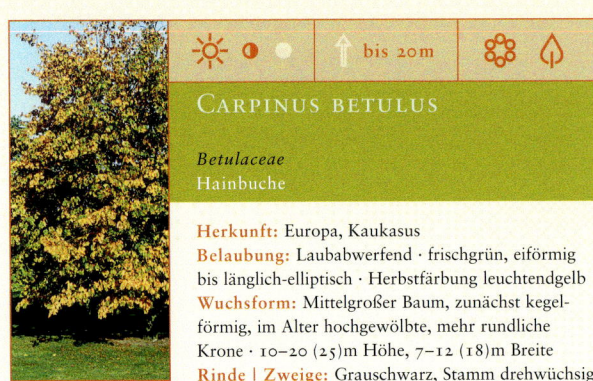

☀ ◐ ○ | ⬆ bis 20 m | ✿ ◊

CARPINUS BETULUS

Betulaceae
Hainbuche

Herkunft: Europa, Kaukasus
Belaubung: Laubabwerfend · frischgrün, eiförmig bis länglich-elliptisch · Herbstfärbung leuchtendgelb
Wuchsform: Mittelgroßer Baum, zunächst kegelförmig, im Alter hochgewölbte, mehr rundliche Krone · 10–20 (25)m Höhe, 7–12 (18)m Breite
Rinde | Zweige: Grauschwarz, Stamm drehwüchsig
Blüte: Pflanze einhäusig, männliche Blüten in langen gelben Kätzchen, vor oder während des Austriebs, weibliche Blüten unscheinbar · Nussfrüchte
Standortansprüche: Sonne bis Schatten, nahezu alle Standorte
Schnitt: sehr gut schnittverträglich, sehr hohes Ausschlagsvermögen
Besonderheiten: Als freiwachsender Baum und Formhecken einsetzbar
Geeignet für kleine Gärten: Ja

☀ ◐ ○ | ⬆ bis 7 m | ✿ ◊

CORYLUS AVELLANA

Betulaceae
Hasel

Herkunft: Europa, Westasien
Belaubung: Laubabwerfend · dunkelgrün, rundlich bis breit-eiförmig, doppelt gesägt, etwas gelappt · Herbstfärbung gelb, gelborange
Wuchsform: Breit aufrecht wachsender , vielstämmiger Großstrauch · 5–7 m Höhe und Breite
Rinde | Zweige: Graubraun, längsrissig
Blüte: Pflanze einhäusig, männliche Kätzchen gelb · Februar bis April · weibliche Blüten unscheinbar · Früchte: Haselnüsse
Standortansprüche: Sonne bis Schatten, nahezu alle Bodenarten
Schnitt: sehr gut schnittverträglich, verträgt auch stärksten Rückschnitt
Besonderheiten: wertvolles Gehölz für naturnahe Gärten
Geeignet für kleine Gärten: Ja

☀ ◐ ○ | ⬆ bis 18 m | ✿ ◊

CORYLUS COLURNA

Betulaceae
Baum-Hasel

Herkunft: Südosteuropa, Kleinasien, Kaukasus
Belaubung: Laubabwerfend · dunkelgrün, rundlich bis breit-eiförmig, doppelt gesägt, kurz gelappt · Herbstfärbung goldgelb
Wuchsform: Baum, mittelgroß, regelmäßig breitkegelförmige Krone · 15–18 m Höhe, 8–12 m Breite
Rinde | Zweige: Hellgrau-Braun, korkig, längsrissig
Blüte: Männliche Kätzchen grüngelb · Februar bis April · Nussfrüchte
Standortansprüche: Sonne bis Halbschatten, sehr anpassungsfähig · bevorzugt tiefgründige, anlehmige, kalkhaltige Böden
Schnitt: Sehr gut schnittverträglich, verträgt auch stärksten Rückschnitt
Besonderheiten: Wertvolles Gehölz für naturnahe Gärten
Geeignet für kleine Gärten: Ja

☀ ◐ ○ | ⬆ bis 8 m | ✿ ◊

CRATAEGUS LAEVIGATA 'PAULS SCARLET'

Rosaceae
Echter Rotdorn

Herkunft: Züchtung
Belaubung: Laubabwerfend · glänzend dunkelgrün, unterseits hellgrün, breit-eiförmig, 3–5lappig
Wuchsform: Großstrauch oder kleiner Baum mit rundlicher Krone, 4–8 m Höhe, 3–6 m Breite
Rinde | Zweige: Graubraun, rissig, Dornen
Blüte: Leuchtend karmesinrot, gefüllt · Mai bis Juni
Standortansprüche: Volle Sonne · bevorzugt nährstoffreiche Böden, mäßig trocken bis feucht, schwach sauer bis alkalisch · windige Standorte werden sehr gut vertragen
Schnitt: Freiwachsend sehr schön, aber gut schnittverträglich
Besonderheiten: Altbekannter, schöner kleinkroniger Blütenbaum
Geeignet für kleine Gärten: Ja

☀ ◐ ○ | ⬆ bis 7 m | ✿ ◊

CRATAEGUS X PRUNIFOLIA

Rosaceae
Pflaumenblättriger Weißdorn

Herkunft: Züchtung
Belaubung: Laubabwerfend · glänzend dunkelgrün, unterseits hellgrün, breit-elliptisch bis rund, scharf gesägt · Herbstfärbung flammend gelborange bis rot
Wuchsform: Hoher Strauch oder kleiner Baum mit straff aufrechten Ästen · 6–7 m Höhe und Breite
Rinde | Zweige: Graubraun, glatt, stark bedornt
Blüte: Vielblütige Schirmrispen · Mai bis Juni
Standortansprüche: Sonne bis Halbschatten, anspruchslos · bevorzugt nährstoffreiche, frische, aber stets gut drainierte Böden · sehr frosthart
Schnitt: Schnittverträglich, freiwachsend oder als Formgehölz
Besonderheiten: Schöne Herbstfärbung, gesunde Belaubung,
Geeignet für kleine Gärten: Ja

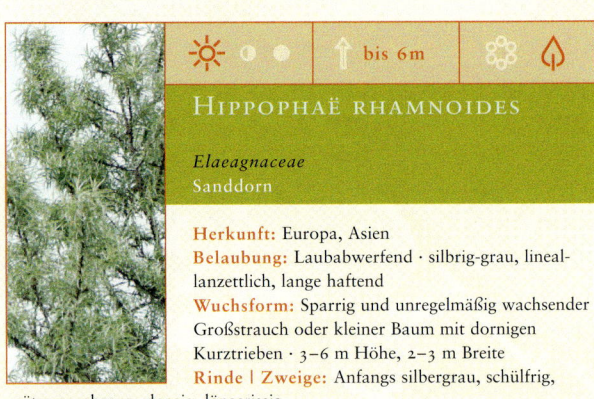

☀ ○ ○ | ⬆ bis 6 m | ✿ ◊

HIPPOPHAË RHAMNOIDES

Elaeagnaceae
Sanddorn

Herkunft: Europa, Asien
Belaubung: Laubabwerfend · silbrig-grau, lineal-lanzettlich, lange haftend
Wuchsform: Sparrig und unregelmäßig wachsender Großstrauch oder kleiner Baum mit dornigen Kurztrieben · 3–6 m Höhe, 2–3 m Breite
Rinde | Zweige: Anfangs silbergrau, schülfrig, später graubraun, dornig, längsrissig
Blüte: Unscheinbar · März, April · Früchte orange, saftig
Standortansprüche: Volle Sonne · anspruchslos
Schnitt: sehr gut schnittverträglich
Besonderheiten: Dekorativer Fruchtschmuck, silbriges Laub
Geeignet für kleine Gärten: Ja

☀ ◑ ○ ↑ bis 5 m

MESPILUS GERMANICA

Rosaceae
Mispel

Herkunft: Südeuropa, Kaukasus
Belaubung: Laubabwerfend · oberseits stumpfgrün bis leicht glänzend, unterseits hellgrün, behaart, oval bis lanzettlich · Herbstfärbung rotbraun
Wuchsform: Breit aufrechter Strauch oder kleiner Baum · 3–5 m Höhe und Breite
Rinde | Zweige: Graubraun, glatt
Blüte: Weiß, einzeln stehend, 3–5 cm breit · Mai, Juni · Früchte birnenförmig
Standortansprüche: Sonnig bis Halbschatten · mäßig trockene, nicht zu arme Substrate, nährstoffreiche, tiefgründige, kalkhaltige Lehmböden
Schnitt: Freiwachsen
Besonderheiten: Malerischer Blüten- und Fruchtbaum für warme Lagen
Geeignet für kleine Gärten: Ja

☀ ◑ ○ ↑ bis 12 m

PYRUS CALLERYANA 'CHANTICLEER'

Rosaceae
Chinesische Wild-Birne

Herkunft: China
Belaubung: Laubabwerfend · dunkelgrün glänzend, eiförmig bis rundlich · Herbstfärbung gelb über orange bis scharlach und purpur
Wuchsform: Kleiner Baum mit schmal kegelförmiger Krone · 8–12 m Höhe, bis 5 m Breite
Rinde | Zweige: Graubraun, rissig
Blüte: Weiß, in sehr zahlreichen Dolden, vor oder mit dem Laubaustrieb
Standortansprüche: Vollsonnig · nahezu alle Standorte · bevorzugt frische nicht zu nährstoffarme Substrate, neutral bis alkalisch
Schnitt: Freiwachsend
Besonderheiten: Wertvoller Kleinbaum mit attraktiver Belaubung
Geeignet für kleine Gärten: Ja

☀ ◑ ○ ↑ bis 7 m

SAMBUCUS NIGRA

Caprifoliaceae
Schwarzer Holunder

Herkunft: Europa, Kaukasus bis Westsibirien
Belaubung: Laubabwerfend · stumpf dunkelgrün, unpaarig gefiedert
Wuchsform: Breitbuschig und lichter aufrechter Großstrauch · 3–7 m Höhe, 3–5 m Breite
Rinde | Zweige: Grau, tief gefurcht, korkig
Blüte: Rahmweiß, breite Schirmrispen · Juni, Juli · glänzend schwarze, runde, sehr saftreiche Steinfrüchte
Standortansprüche: Sonne bis Halbschatten · anspruchslos, bevorzugt frische, bindige, stickstoff- und humusreiche, kalkhaltige Böden
Schnitt: Sehr gut schnittverträglich
Besonderheiten: Alte Kultur- und Heilpflanze
Geeignet für kleine Gärten: Ja

☀ ◑ ○ ↑ bis 12 m

SORBUS AUCUPARIA

Rosaceae
Eberesche, Vogelbeere

Herkunft: Europa
Belaubung: Laubabwerfend · dunkelgrün, meist fünflappig · Herbstfärbung gelb
Wuchsform: Kleiner bis mittelgroßer Baum oder mehrstämmiger Strauch · 6–12 m Höhe, 4–6 m Breite
Rinde | Zweige: Dunkelbraun, Lentizellen hell
Blüte: Weiß, 15 cm breite flache Rispen · Mai, Juni · leuchtend rote Früchte in großer Fülle · Ende August bis Oktober
Standortansprüche: Sonnig bis halbschattig · anspruchslos, bevorzugt frische bis feuchte, nicht zu nährstoffarme, lockere leicht saure Humusböden
Schnitt: Freiwachsend
Besonderheiten: Dekorativer Fruchtschmuck
Geeignet für kleine Gärten: Ja

☀ ◑ ○ ↑ bis 15 m

SORBUS DOMESTICA

Rosaceae
Speierling

Herkunft: Südeuropa
Belaubung: Laubabwerfend · stumpfgrün, unterseits heller, unpaarig gefiedert, 13–19 Fiederblättchen, oben einfach gesägt · Herbstfärbung gelb bis orange
Wuchsform: Mittelgroßer Baum mit rundlich gewölbter Krone · 10–15 m Höhe und Breite
Rinde | Zweige: Olivgrün bis rotbraun
Blüte: Weiß, in breiten, länglichen Kelgelrispen · Mai, Juni
Standortansprüche: Sehr anpassungsfähig, nahezu alle Standorte
Schnitt: Sehr gut schnittverträglich
Besonderheiten: Wichtiges Kulturgehölz in warmen Lagen, Früchte birnen- oder apfelförmig, sonnenseits leuchtend rot
Geeignet für kleine Gärten: Ja

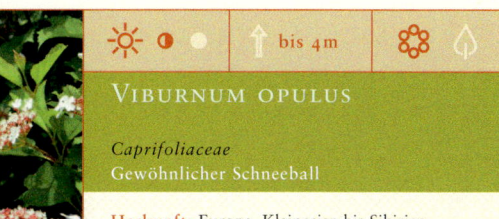

☀ ◑ ○ ↑ bis 4 m

VIBURNUM OPULUS

Caprifoliaceae
Gewöhnlicher Schneeball

Herkunft: Europa, Kleinasien bis Sibirien
Belaubung: Laubabwerfend · hellgrün, unterseits graugrün behaart, 3–5lappig · Herbstfärbung weinrot
Wuchsform: Breit ausladender unregelmäßig locker aufgebauter Großstrauch · 3–4 m Höhe und Breite
Rinde | Zweige: Graubraun
Blüte: Rahmweiß, breite, tellerförmige Schirmrispen, umgeben von einem Kranz steriler Randblüten · Mai, Juni
Standortansprüche: Sonnig bis halbschattig · frische bis nasse, nährstoffreiche Substrate, schwach sauer bis alkalisch, kalkliebend
Schnitt: Sehr gut schnittverträglich
Besonderheiten: Rote Beeren bleiben den Winter über am Strauch
Geeignet für kleine Gärten: Ja

n<u>o</u>

6

AUSSERGEWÖHNLICHE FORMEN SIND FÜR NADELBÄUME TYPISCH. SIE BRINGEN VON NATUR AUS PYRAMIDEN UND ANDERE WUCHSBILDER IN DEN GARTEN. IMMERGRÜN SIND DABEI DIE MEISTEN ARTEN. WER GERNE ZUR SCHERE GREIFT, FINDET UNTER DEN KONIFEREN HERRLICHE AUFGABEN: SIE EIGNEN SICH FÜR FORMSCHNITT.

NADELBÄUME

Tannen, Fichten, Scheinzypressen: Viele Gartenfreunde schätzen immergrüne Nadelgehölze (Koniferen) als Pflanzen von architektonischer Schönheit. Besonders während der kalten Jahreszeit kommt ihre Schönheit voll zur Geltung. Es gibt heute viele aufregende Baumgestalten unter den Koniferen zu entdecken.

Immergrüne Laubgehölze, die baumartige Ausmaße erreichen, gibt es in unseren Breiten kaum. Zwar werden einige Formen der Stechpalme (Ilex) recht groß, aber sie wachsen vergleichsweise langsam. Deshalb sind Gehölze, deren Blätter zu immergrünen und mehrere Jahre an den Zweigen haftenden Nadeln umgebildet sind, wichtig, um auch während der kalten Jahreszeit Grün in den Garten zu bringen. Zu den Nadelgehölzen zählen dabei nicht nur kleine Formen, die in Trögen oder Steingärten Platz finden, sondern auch einige Riesen unter den Bäumen. Dabei gibt es – man glaubt es kaum – auch hier Ausnahmen von der Regel: Manche Nadelgehölze sind laubabwerfend. Aus der ungeheuren Vielfalt kann so jeder Gartenbesitzer seine Lieblingsarten auswählen.

Erdgeschichtlich sind Nadelgehölze sehr alte Pflanzen. Schon zu Zeiten der Dinosaurier wuchsen sie in den Wäldern. Sie sind faszinierende Gehölze mit einer archaischen Form. Gründe, sich mit ihnen näher zu beschäftigen, gibt es also genug. Dabei schien die große Zeit der Nadelgehölze in deutschen Gärten vor wenigen Jahren fast vorüber zu sein. Vor gut drei Jahrzehnten gehörten einige von ihnen zu den beliebtesten Gartengehölzen überhaupt. In jeden neu angelegten Garten gehörte eine Reihe von Omorika-Fichten (Picea omorika), um Sichtschutz zu gewähren, während sich im Vorgarten eine obligatorische Blau-Fichte neben niedrig wachsenden Kiefern von ihrer besten Seite zeigen durfte. Nadelgehölze waren damals

auch Statussymbole: Da es bei den meisten von ihnen recht lange dauert, bis sie eine verkaufsfertige Größe erreichen, haben sie auch ihren Preis. Besonders die unzähligen Zwerg- und Zierformen können nicht aus Samen gezogen werden, sondern werden durch Veredelung vermehrt. Heute ist bei der Behandlung von Nadelgehölzen in der Gartengestaltung eine interessante Beobachtung zu machen: Sie werden entweder als Solitärgehölze – das heißt in Einzelstellung und als besonderer Blickfang – eingesetzt oder als Hecken-Grundausstattung. In letzterem Fall müssen sie vor allem eines sein: billig. Das führte zu einer Massenvermeh-

In vielen alten Gärten wachsen Nadelbäume, die im Laufe der Jahrzehnte beachtliche Ausmaße erreicht haben. Man sollte sie aber keinesfalls fällen, um Platz für neue Bäume zu schaffen – sie sorgen bei richtiger Unterpflanzung mit Sträuchern und Stauden für stimmungsvolle Gartenbilder und ein reizvolles Spiel von Licht und Schatten.

rung der blauen Scheinzypressen (Chamaecyparis), um den Bedarf zu decken. Aber bereits nach einigen Jahren stellen viele Gartenbesitzer fest, dass diese Wahl nicht der Weisheit letzter Schluss war, und entfernen die Pflanzen wieder aus dem Garten. Grundsätzlich wachsen diese Scheinzypressen zwar schnell, aber sie eignen sich wegen der aufstrebenden Triebe nur schlecht, um eine dicht schließende Hecke zu bilden. Lebensbaum (Thuja occidentalis) ist wegen der auch horizontalen Verzweigung viel besser geeignet. Als kostspielige, aber zeitlos schöne Hecke ist Eibe (Taxus) seit Jahrhunderten

FÜR JEDEN GARTEN

beliebt und bewährt. Das Grün der Nadeln variiert bei den verschiedenen Sorten, von denen sich nicht alle für Hecken eignen. Eine gute Heckensorte soll robust und wüchsig sein, alle Pflanzen des Typs müssen außerdem einheitlich sein, damit die Hecke später einen schönen und gleichmäßigen

Die Spanische Tanne (Abies pinsapo) ist in ihrem natürlichen Verbreitungsgebiet nahezu ausgerottet. Im Garten verdient das Juwel einen guten Standort.

Anblick bietet. Neben der Art *Taxus bacca-ta*, die auch ziemlich schattenverträglich ist, ist die Kreuzung *Taxus x media* 'Hicksii' wegen des buschigen Wuchses eine hervorragende Heckenpflanze. Auffallend dunkel-blaugrüne Nadeln hat die neue Sorte 'Nixe', eine Selektion des Ilex-Experten Hans-Georg Buchtmann aus Varel. Ein Vorteil für kleine Gärten ist, dass sich Eiben- sowie Hainbuchenhecken sogar sehr schmal erziehen lassen. Geringe Breiten von 20 Zentimetern sind möglich, die dennoch blickdicht sind und eine optimale Raumausnutzung ermöglichen. Voraussetzung ist nur, dass man mit recht kleinen Pflanzen beginnt, die immer schmal geschnitten werden, was das Längenwachstum fördert. Alte Eiben, ganz gleich ob als Heckenpflanze oder als Einzelpflanze, müssen bei Beschädigung, Krankheit oder Verkahlen (zum Beispiel durch Dürre oder Extremwinter) immer bis in die starken Äste zurückgeschnitten werden. Diese Maßnahme scheint zwar drastisch, aber Eiben treiben nur an Zweigen wieder aus, die mehr als daumendick sind. Schwächeres Holz trocknet weiter ein. Leider dauert die Regeneration mindestens drei Jahre, aber alte Eiben sind wertvolle Ziergehölze, die solchen Aufwand sicherlich rechtfertigen.

Jenseits der Verwendung als Heckenpflanze liefern die Koniferen wichtige große Gartenbäume. Herrliche Wintersilhouetten haben Kiefern *(Pinus)* zu bieten. Am bekanntesten ist sicher die schnell wachsende Schwarz-Kiefer *(Pinus nigra)*, die deshalb bestens geeignet ist, um bei neuen Grundstücken in exponierter Lage rasch für einen wirksamen Windschutz zu sorgen. Die Amerikanische Gelb-Kiefer *(Pinus ponderosa)* ist ähnlich, aber etwas lockerer im Wuchs und mit sehr langen Nadeln, die mehr als 20 Zentimeter erreichen können. Beide Arten erreichen rasch acht bis zwölf Meter Höhe und sind darum für kleine Gärten ungeeignet. Hier kann man stattdessen mit so exquisiten Gestalten wie der blaunadeligen Mädchen-Kiefer *(Pinus parviflora)* beschäftigen: Sie erfordert wegen des individuell sehr verschiedenen Wuchses – kaum ein Exemplar gleicht dem anderen – eine besondere Platzierung. Auch die Zapfen sind sehr schön. Erst nach mindestens zehn Jahren erreichen Mädchen-Kiefern eine Höhe von mehr als zwei Metern. Wegen der schönen glatten Rinde (die der meisten anderen Kiefern ist tief gefurcht) ist auch die eher langsam wachsende Schlangenhaut-Kiefer *(Pinus heldreichii var. leucodermis)* interessant. Sie liebt warme Plätze in voller Sonne und wächst hervorragend auf sandigen Böden. Eingewurzelte Exemplare kommen mit sommerlicher Trockenheit gut zurecht.

Besonders gefragt sind momentan auch Kiefern, die in sogenannter Bonsai-Form erzogen wurden. In diesen meistens ausgewachsenen Gehölzen steckt viel gärtnerische Arbeit, so dass sie einen entsprechend hohen Preis haben. Außerdem erfordern sie einen konsequenten und fachgerechten Schnitt, um die Schönheit der künstlichen Wuchsform zu erhalten. Aufwand in Kosten und Mühe lohnt aber, wenn man bedenkt, dass solche Pflanzen einer Gartenskulptur vergleichbar sind

und auch so eingesetzt werden sollten. Der besondere Wuchscharakter vieler Koniferen erfordert besonderes Geschick, wenn sie harmonisch in ein Gestaltungskonzept eingegliedert werden. Dabei ist eines sicher: Frei wachsende Koniferen sind immer Hauptdarsteller. Sie können entweder in Einzelstellung den Blick auf sich ziehen oder aber in Gruppen wachsen. Da sie fast immer starke vertikale Elemente bilden, empfiehlt sich bei mehreren Exemplaren immer eine Höhenabstufung. Ein Beispiel: Am Ende eines schmalen Gartengrundstückes kann eine Gruppe unterschiedlich hoher Nadelbäume einen lockeren Abschluss bilden. Pflanzte man dagegen mehrere gleich hohe Gehölze in einer Reihe, wirkte das

Die blaugrün benadelte Mädchen-Kiefer (Pinus parviflora) ist eine der schönsten Arten für kleine Gärten. Sie verlangt einen Sonnenplatz.

wie eine Wand. Aus genau diesem Grund empfinden viele Besitzer von Grundstücken mit älterem, mehrere Jahrzehnte ungestört gewachsenem Koniferenbestand diese als bedrückend. Aber auch dort muss man nicht gleich zur Kettensäge greifen. Behutsames Auslichten durch das Beseitigen schlechter

Pflanzen und das Aufasten (das Entfernen der unteren Zweigetagen und die Bildung einer Krone) großer Koniferen schafft Platz für einen vielfältigen Unterbewuchs mit Sträuchern und Stauden. So ein Schattengarten mit seinen außergewöhnlichen Lichtsituationen kann ungemein reizvoll sein und lässt sich auf einem Neubaugrundstück erst innerhalb mehrerer Jahrzehnte erreichen.

Gerade die als preiswerte Koniferen so verbreiteten Scheinzypressen *(Chamaecyparis)* in ihren vielen Sorten wachsen sehr schnell, weshalb sie kleine Gärten – wo sie paradoxerweise tatsächlich am häufigsten zu

Während viele Nadelgehölz-Arten nicht in Form geschnitten werden sollten, eignen sich Eiben (Taxus) hervorragend für jede Art des Formschnitts. Hecken, Kugeln, Würfel und andere freie oder geometrische Formen lassen sich mit diesem vielseitigen Gehölz erzielen.

sehen sind – schnell mit ihren Ausmaßen sprengen können. Werden sie regelmäßig in Form geschnitten, sehen sie meistens eher ungesund aus. Wenn sie sich aber ungehindert entwickeln können, bilden sie breite Säulenformen, die je nach Sorte mit blaugrüner, hellgrüner oder auch gelber Benadelung für Effekte sorgen.

Effektvoll sind auch zwei Vertreter der Tannen (immer mit aufrecht stehenden Zapfen) und Fichten (mit an den Zweigen nach unten hängenden Zapfen): die Spanische Tanne *(Abies pinsapo)* und die Orientalische Fichte *(Picea orientalis)*. Abies pinsapo ist ein später großer Baum mit oberseits glänzend dunkelgrüner, bei der Sorte 'Glau-

Nicht alle Nadeln sind immergrün. Zu den bekanntesten laubabwerfenden Arten gehört der Urwelt-Mammutbaum (Metasequoia glyptostroboides). Er ist ein »lebendes Fossil« und wurde erst 1944 beschrieben.

ca' intensiv blaugrüner Benadelung. Interessanterweise sind die Nadeln rings um die Zweige angeordnet und nicht scheitelig, wie bei vielen anderen Mitgliedern dieser Gattung. Spektakulär ist die stahlblaue Färbung der jungen Zapfen. Ganz blaue Nadeln von über fünf Zentimetern Länge hat die breit werdende Colorado-Tanne *(Abies concolor)*. Die Nadeln duften beim Zerreiben nach reifer Ananas.

Die grazilere Orientalische Fichte hat einen lockeren, typischen Fichtenwuchs mit sanft geschwungenen Ästen. Die Nadeln sind kurz, oft kaum mehr als einen Zentimeter lang und stumpf moosgrün. Der junge Austrieb bildet mit frischem Gelbgrün einen wirkungsvollen Kontrast dazu. Stärker ist dieser Effekt noch bei der Sorte 'Aurea'. Die jungen Zapfen beider Formen sind tieflila. Imposante Koniferen sind die Zedern *(Cedrus)*. Von der häufig zu sehenden Atlas-Zeder *(Cedrus atlantica)* sind einige gute blaunadelige Typen verbreitet, aber auch viele mit düsterer Farbwirkung. Zedern haben im Alter einen ausladenden Wuchs mit mächtigen ausgebreiteten Zweigen. Von einem silbrigen Grün sind die weicheren Nadeln der Himalaya-Zeder *(Cedrus deodara)*, die als junge Pflanze in kalten Gegenden einen Winterschutz benötigt.

An den Kiefern schätzt man die langen Nadeln, die die der anderen Koniferen in dieser Hinsicht übertreffen. Sie verleihen den Gehölzen ein weiches Aussehen, das mit der oft strengen Wuchsform kontrastiert.

Es gibt einige Besonderheiten unter den Koniferen, die auch bei Menschen beliebt sind, die sich weniger für Nadelgehölze interessieren. Zu den markantesten gehört zweifellos die Chilenische Araukarie *(Araucaria araucana)*, die wegen der schuppig benadelten rundlichen Triebe in England treffenderweise »monkey puzzle tree« genannt wird. Der sich sehr regelmäßig auf-

*Zu den Exoten unter den Koniferen zählt die aus Chile stammende
Araukarie (Araucaria araucana). Die starren dicken Triebe mit den breiten und eng anliegenden Nadeln sehen ausgesprochen bizarr aus.*

bauende Baum wächst nur in den kältesten Lagen Deutschlands schlecht und hat sich fast überall als sehr winterhart
erwiesen. Inzwischen gibt es auch außerhalb des Weinbaukli-
mas alte und sehr schöne Exemplare. Die riesigen Zapfen
erscheinen erst in einem Alter von mindestens zwölf Jahren
und reifen über einen Zeitraum von drei Wachstumsperioden.
Wegen der schlangenartigen, dunkelgrünen Zweige muss dieses
Gehölz am besten in einen entweder exotisch wirkenden Kon-
text oder aber in eine sehr reduzierte Bepflanzung integriert
werden. Als Vorgartenzierde innerhalb einer kleinen Rasenfläche wirkt dieses herrliche Gehölz eher wie ein Außerirdischer.
Eine Dreiergruppe hingegen wirkt besser, zumal in großen Flächen von Bodendeckern oder Rasen, der wegen der Lichtdurch-
lässigkeit dieser Bäume gut darunter gedeihen kann.

*Ein Garten mit Koniferen kann während des ganzen Jahres attraktiv
aussehen. Besonders während der kalten Wintermonate bietet er viele
Highlights. Immergrüne Laubgehölze sind eine gute Ergänzung.*

Weit unter Wert wird auch die Japanische Schirmtanne *(Scia-
dopitys verticillata)* manchmal vergesellschaftet. Dieses schon
als junge Pflanze recht teure Gehölz mit den quirlig angeordneten flaschengrünen langen Nadeln mag sauren und lockeren
Boden und ist damit ideal als Nachbar von Rhododendren,
Kamelien und anderen Moorbeetgehölzen. Es stammt wie diese
aus Asien und wächst an einem idealen Standort dicht kegelförmig. Junge Pflanzen fühlen sich im lichten Schatten sehr
wohl; überhaupt schätzt diese Art luftfeuchte Standorte ohne
übermäßige Sommerhitze besonders.

Andere Nadelgehölze haben fast einen legendenartigen
Ruf: die Mammutbäume. Sie sind Riesen unter den Nadelgehölzen, wobei die größte Art, die Küsten-Sequoie *(Sequoia
sempervirens)* nicht überall in Deutschland zuverlässig winterhart ist. Sie kann im Jahr über einen Meter wachsen und
gedeiht zumindest im Rheinland gut. Diese Art stellt als Red-
wood die größten und ältesten (über 2.000 Jahre alt) Bäume

der Erde. *Sequoia sempervirens* ist immergrün, aber in kalten Wintern nehmen die Nadeln eine kupferbraune Farbe an. In der Regel erholen sich die Bäume im Frühjahr schnell wieder. Unempfindlicher ist der Mammutbaum *Sequoiadendron giganteum*. Sein Stamm mit der weichen und faserigen Borke verjüngt sich charakteristisch gleichförmig bis in die Spitze des Baumes. In der Tat ist diese Art im Verhältnis von Wuchshöhe und Stammumfang beeindruckend: Das größte lebende Exemplar hat bei einer Höhe von fast neunzig Metern einen Stammumfang von über 25 Metern. Im Garten werden diese Ausmaße kaum zu Lebzeiten einer Gärtnergeneration erreicht. Die Angst vieler Menschen vor so unbändigem Wachstum ist also völlig unbegründet. Stattdessen ist es faszinierend, das Wachstum dieser Urweltgiganten zu beobachten. Wer heute noch den alten Brauch pflegt, zur Geburt eines Kindes einen Baum zu pflanzen, sollte bei entsprechendem Platzangebot immer einen Mammutbaum pflanzen. Er wächst, solange der Mensch lebt, unaufhörlich. Ein Symbol also, das weitere Verbreitung erfahren sollte. Eine blaunadelige Sorte mit etwas kräftigeren Trieben ('Glauca') ist ebenfalls sehr schön. Mammutbäume müssen sich ungestört entwickeln, da einengende Nachbarschaft später zu Lücken im kegelförmigen Wuchsbild führt.

In die unmittelbare Verwandtschaft dieser Riesen gehören zwei beliebte laubabwerfende Koniferen: Der Urwelt-Mammutbaum *(Metasequoia glyptostroboides)* und die Sumpfzypresse *(Taxodium distichum)*. Letztere kann auf feuchten Böden, etwa an Teichrändern, stehen, wächst aber auch in normal feuchten Gartenböden sehr gut. Das Laub ist sehr fein und wirkt aus der Ferne fast haarartig filigran. Es ist frischgrün und es gibt kaum einen zarteren Anblick unter den Gehölzen als eine Sumpfzypresse im Frühjahr. Die Nadeln stehen an alljährlich neu gebildeten Kurztrieben, die im Herbst in braunroter Färbung abfallen. Dieser aus den Everglade-Sümpfen Floridas stammende Baum wurde bereits 1640 von dem britischen Hofgärtner John Tradescant in Europa eingeführt und gehört

damit zu den ältesten »Raritäten« unter den
Gehölzen. An Teichrändern sind diese
Bäume unschlagbar, was die Wirkung aus
der Ferne betrifft. Sie sorgen mit ihrer hellen
Farbe und lichten Gestalt immer für eine
gute Raumwirkung. In der Gruppe sind sie
natürlich am schönsten. Im Wuchs ähnlich,
wenn auch nicht so licht und locker, ist der
Urwelt-Mammutbaum. Die rötliche Rinde
kommt besonders bei aus Samen gezogenen
Pflanzen zur Geltung, da sich im Alter charakteristische dicke und tiefe Leisten an der
Stammbasis bilden, die sich nach oben ver-
jüngen. Der Stammquerschnitt sieht dann

Nur wenige Bäume haben einen so straff aufrechten Wuchs wie große
Scheinzypressen oder Lebensbäume. Ihr Wert ist unschätzbar, da sie
gerade in schmalen Gartengrundstücken mit ihrer Silhouette für Höhe
sorgen und den Raum größer wirken lassen können.

fast wie eine Blüte aus. Diese Art ist eigentlich ein so genanntes »lebendes Fossil«: Sie
war im 20. Jahrhundert nur aus Fossilien-
funden bekannt, bis sie 1941 in China zufäl-
lig wieder entdeckt wurde. Auch sie schätzt
feuchtere Böden und wächst dort in den
ersten Jahren rasch. Wichtig bei der Standortwahl ist es, darauf zu achten, dass der
Austrieb nicht regelmäßig den Spätfrösten
zum Opfer fallen kann.

Nadelbäume haben also viele Überraschungen zu bieten. Bei der Planung eines
Gartens sollte man an ihren Vorzügen nicht
achtlos vorübergehen. Dann eröffnen sich
immer neue und spannende Perspektiven –
auf uralte Erdgeschichte.

☀ ◑ ○   ↑ bis 25 m   ✿ ◊

ABIES CONCOLOR

Pinaceae
Grau-Tanne, Kolorado-Tanne

Herkunft: Pazifisches Nordamerika
Belaubung: Immergrün · graue bis blaugrüne Nadeln, sehr lang
Wuchsform: Hoher Baum, Krone zunächst schmal kegelförmig, später locker, Äste waagerecht abstehend · 20–25 (40) m Höhe, 7–10 m Breite
Rinde | Zweige: Hellgrau, Harzblasen
Blüte: Zylindrische grüne Zapfen, 8–15 cm lang, 3–5 cm dick
Standortansprüche: Sonnig bis absonnig · optimal auf tiefgründigen, frischen, nährstoffreichen, saurer bis schwach alkalischen, durchlässigen Böden
Schnitt: Freiwachsend
Besonderheiten: Stattliches Erscheinungsbild, raschwüchsig
Geeignet für kleine Gärten: Nein

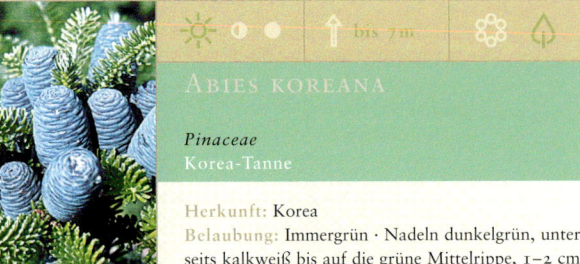

☀ ◑ ○   ↑ bis 7 m   ✿ ◊

ABIES KOREANA

Pinaceae
Korea-Tanne

Herkunft: Korea
Belaubung: Immergrün · Nadeln dunkelgrün, unterseits kalkweiß bis auf die grüne Mittelrippe, 1–2 cm lang · bürstenartig, dichtstehend
Wuchsform: Klein bis mittelhoch, zunächst breit kegelförmig, später gleichmäßig pyramidal, Beastung etagenförmig · 4–7 (9) m Höhe, 3–4 m Breite
Rinde | Zweige: Zunächst gelblich, schwach behaart, später kahl, rötlich
Blüte: Zapfen zylindrisch, 4–7 cm lang, bis 2,5 cm dick, violett bis stahlblau
Standortansprüche: Sonnig bis absonnig · sehr standorttolerant
Schnitt: Freiwachsend, langsam wachsend
Besonderheiten: Überreicher Zapfenansatz
Geeignet für kleine Gärten: Ja

☀ ◑ ○   ↑ bis 12 m   ✿ ◊

ARAUCARIA ARAUCANA

Araucariaceae
Chilenische Araukarie

Herkunft: Chile, Südwestargentinien
Belaubung: Immergrün · schraubig angeordnete, lederartig, starre, dreieckige bis eiförmig-lanzettliche Blätter mit scharfer Spitze, glänzend dunkelgrün
Wuchsform: Schirmartige Krone, wenig verzweigte, walzenförmige Äste · 8–12 m Höhe, 4–6 m Breite
Rinde | Zweige: Graubraun, schuppig
Blüte: Zapfen kugelig, bis 15 cm dick, braun
Standortansprüche: Sonnig · tiefgründige, gut durchlässige, lockere, nicht zu kalkreiche Böden, luftfeuchte Standorte
Schnitt: Freiwachsend
Besonderheiten: Bizarrer Wuchs, reptilienartig schuppiges Blätterkleid
Geeignet für kleine Gärten: Ja

☀ ◑ ○   ↑ bis 25 m   ✿ ◊

CEDRUS ATLANTICA 'GLAUCA'

Pinaceae
Blaue Atlas-Zeder

Herkunft: Nordafrika
Belaubung: Immergrün · Nadeln graublau, an Langtrieben spiralig und einzeln stehend
Wuchsform: Großer, raschwüchsiger Baum, im Alter breit ausladende, schirmförmige Astpartien · 15–25 m Höhe, 10–15 m Breite
Rinde | Zweige: Schwarzgrau, Plattenborke
Blüte: Zapfen tonnenförmig, 5–7 cm lang, 4 cm breit
Standortansprüche: Sonnig, Freistand · mäßig trockene bis frische, nährstoffreiche, gut durchlässige, kalkhaltige Böden
Schnitt: Freiwachsend
Besonderheiten: Sehr dekorative, edle Solitärkonifere
Geeignet für kleine Gärten: Nein

☀ ◑ ○   ↑ bis 10 m   ✿ ◊

CHAMAECYPARIS LAWSONIANA 'ALUMIGOLD'

Cupressaceae
Scheinzypresse

Herkunft: Gärtnerische Kultur
Belaubung: Immergrün · Blätter schuppenförmig, im Austrieb goldgelb, später gelbgrün
Wuchsform: Kleinbaum, säulenförmig bis schmal kegelförmig · 6–10 m Höhe, 2–3 m Breite
Rinde | Zweige: Graubraun, rissig
Blüte: Zapfen kugelig, bis 0,8 cm
Standortansprüche: Sonnig bis halbschattig, windgeschützt · sehr anpassungsfähig · optimal auf frischen bis feuchten, nährstoffreichen, sandig, lehmigen Substraten, sauer-alkalisch
Schnitt: Freiwachsend
Besonderheiten: Robustes gelbbuntes Nadelgehölz, Einzelstellung
Geeignet für kleine Gärten: Ja

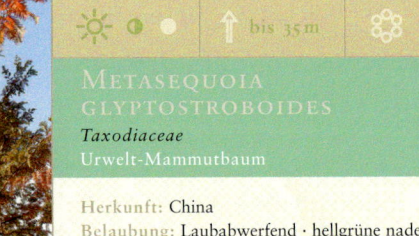

☀ ◑ ○   ↑ bis 35 m   ✿ ◊

METASEQUOIA GLYPTOSTROBOIDES

Taxodiaceae
Urwelt-Mammutbaum

Herkunft: China
Belaubung: Laubabwerfend · hellgrüne nadelförmige Blätter, bis 2 cm lang · Herbstfärbung gelb
Wuchsform: Raschwüchsiger Baum, gleichmäßig kegelförmige Krone, Stamm bis zur Spitze gerade durchgehend · 25–35 m Höhe, 7–10 m Breite
Rinde | Zweige: Rotbraun, längsrissig
Blüte: Männliche Blüten in 5–10 cm langen Kätzchen · Mai
Standortansprüche: Sonnig bis lichtschattig · bevorzugt frische bis feuchte, nährstoffreiche, saure bis alkalische Böden
Schnitt: Freiwachsend
Besonderheiten: Interessantes, stattliches, laubabwerfendes Nadelgehölz
Geeignet für kleine Gärten: Nein

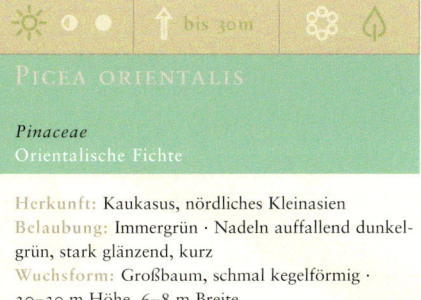

Picea orientalis

Pinaceae
Orientalische Fichte

Herkunft: Kaukasus, nördliches Kleinasien
Belaubung: Immergrün · Nadeln auffallend dunkelgrün, stark glänzend, kurz
Wuchsform: Großbaum, schmal kegelförmig · 20–30 m Höhe, 6–8 m Breite
Rinde | Zweige: Dunkelbraun, dünn, schuppig
Blüte: Männl. Bl. eirund, rot, Weibl. Bl. purpurviolett, Zapfen zylindrisch eiförmig, 5–8 cm lang, 2–3 cm dick, violett bis braun
Standortansprüche: Sonnig bis halbschattig · sehr bodentolerant, bevorzugt frische bis feuchte, nährstoffreiche, saure bis alkalische Böden
Schnitt: Freiwachsend
Besonderheiten: Dekorativer Solitärbaum mit attraktiver Benadelung
Geeignet für kleine Gärten: Nein

Pinus parviflora 'Glauca'

Pinaceae
Blaue Mädchen-Kiefer

Herkunft: Japan
Belaubung: Immergrün · nadelartig, Nadeln zu fünf, blaugrün, zart, stark gekrümmt und gedreht, Innenseiten intensiv blauweiß
Wuchsform: Zierlicher Kleinbaum, breite, malerisch lockere Krone · 6–10 m Höhe, 5–7 m Breite
Rinde | Zweige: Hellgrau bis schwarzgrau
Blüte: Früchte, Zapfen eiförmig, nach 10 Jahren, 5–10 cm lang, 3–4 cm breit
Standortansprüche: Sonnig, Freistand · auf allen mäßig trockenen bis frischen, gut durchlässigen, nährstoffreichen Böden
Schnitt: Freiwachsend
Besonderheiten: Malerischer Wuchs und attraktive Belaubung
Geeignet für kleine Gärten: Ja

Sequoiadendron giganteum

Taxodiaceae
Mammutbaum

Herkunft: Westliches Nordamerika
Belaubung: Immergrün · schuppenförmig bis lanzettlich oder pfriemförmig, scharf zugespitzt, dicht angepresst, blaugrün
Wuchsform: Sehr imposanter Großbaum, Krone breit kegelförmig · 30–50 m Höhe, 8–12 m Breite
Rinde | Zweige: Hellrotbraun, schwammig-rissig
Blüte: Zapfen eiförmig, 5–8 cm lang, rotbraun
Standortansprüche: Sonnig bis absonnig · bevorzugt tiefgründige, frische bis feuchte, nährstoffreiche, sandige Lehmböden, sauer bis alkalisch
Schnitt: Freiwachsend
Besonderheiten: Mächtigster Baum der Erde
Geeignet für kleine Gärten: Nein

Taxodium distichum

Taxodiaceae
Sumpfzypresse

Herkunft: Südöstliches Nordamerika
Belaubung: Laubabwerfend · nadelförmig, frischhellgrün · Herbstfärbung rotbraun
Wuchsform: Hoher Baum mit regelmäßig kegelförmigem Kronenaufbau · 30–40 m Höhe, 8–12 m Breite
Rinde | Zweige: Dünn, glatt, rotbraun, rissig
Blüte: Zapfen eirund, 2–3 cm, grün, reif braun
Standortansprüche: Sonnig · feuchte bis nasse, nährstoffreiche Sand, Lehm- oder Tonböden, sauer bis neutral, kann ganzjährig im Wasser stehen
Schnitt: Freiwachsend
Besonderheiten: Prachtvoller Baum für die Bepflanzung wassernaher Standorte, Einzelstellung oder Gruppen
Geeignet für kleine Gärten: Nein

Thuja occidentalis 'Smaragd'

Cupressaceae
Smaragd-Lebensbaum

Herkunft: Gärtnerische Kultur
Belaubung: Immergrün · ganzjährig glänzend frischgrün, schuppenförmig, dachziegelförmig angeordnet
Wuchsform: Sehr schmale, gedrungene, gleichmäßig aufgebaute Kegelform · 4–6 m Höhe, 1–1,8 m Breite
Rinde | Zweige: Graubraun
Blüte: Männliche Blüten 8–12 mm, weibliche unscheinbar · Zapfen länglich elliptisch, 8–12 mm lang, gelbgrün
Standortansprüche: Sonnig bis halbschattig · feuchte Böden
Schnitt: Freiwachsend, langsam wachsend
Besonderheiten: Wertvolles Gehölz für langsamwachsende Hecken (dicht pflanzen) oder Einzelstellung
Geeignet für kleine Gärten: Ja

Tsuga canadensis

Pinaceae
Kanadische Hemlocktanne

Herkunft: Nordöstliches Nordamerika
Belaubung: Immergrün · nadelfömig, 1,5–2 cm lang, dunkelgrün glänzend, unterseits weiß
Wuchsform: Mittelhoher Baum, breit pyramidale Krone, Stamm durchgehend bis zur Spitze, oft mehrstämmig · 15–20 m Höhe, 6–12 m Breite
Rinde | Zweige: Graubraun
Blüte: Zapfen kurz gestielt, eiförmig, stumpf, 1,5–2 cm lang
Standortansprüche: Sonnig bis halbschattig, frische bis feuchte, gut durchlässige, nicht zu schwere, nährstoffreiche Böden, sauer bis neutral
Schnitt: Freiwachsend
Besonderheiten: Eleganter Wuchs, überhängende Zweige, feine Benadelung
Geeignet für kleine Gärten: Ja

Liriodendron tulipifera

nº

7

Wenn die kalte Jahreszeit beginnt, beendet die Natur den Sommer mit einem Feuerwerk der Farben. Die Laubbäume bereiten sich auf den Winter vor und werfen ihre Blätter ab. Aber auch an die Fortpflanzung ist gedacht: Mit reifen Früchten allerorten wird auch der Garten geschmückt.

FÜR HERBSTFREUDE

Rot, Gelb und Orange sind die Farben des Herbstes. Laubgehölze haben vor dem Winter noch einmal ihre große Zeit. Aber auch der schöne Fruchtschmuck gewinnt jetzt an Bedeutung. Entdecken Sie die dritte Jahreszeit als eine der schönsten im eigenen Gartenreich.

Der Herbst ist eine der schönsten Jahreszeiten – in der Natur. Dort schätzt man die Laubfarben des Waldes, das Braun der Buchenblätter, die goldenen Eschen und den Beerenschmuck der Wildgehölze. Im Garten aber wird der Herbst im Allgemeinen als die Zeit der ausgehenden Sommerfreuden und sterbenden Blütenträume betrachtet; jetzt beginnt man aufzuräumen, statt Neues zu entdecken. Wir unterschätzen den Herbst, der eine Jahreszeit voller wunderbarer Gartenfreuden ist, gründlich. Dabei haben bedeutende Gärtner gezeigt, dass es auch ganz anders geht; Piet Oudolf zum Beispiel zeigt mit seinen großartigen Kombinationen aus Gräsern und spät blühenden Stauden, dass die letzten warmen Monate im Jahr voller Überraschungen sein können. Wer seinen Garten plant, sollte gerade bei den Gehölzen, die als Gruppe der größten Gartenpflanzen das Gerüst einer Anlage bilden, auf Vielfalt achten. Wählen Sie zumindest einige Arten, die hübsche Früchte und eine

Leuchtende Beerenfrüchte und farbiges Laub treffen bei vielen Schnee-
ball-Arten glücklicherweise zusammen. Die Gattung Viburnum macht
es Gartenbesitzern leicht, da sie Sträucher in vielen Größen bereithält.

Die großen Blumen- und Etagen-Hartriegel (Cornus kousa, Cornus florida und Cornus controversa) haben an guten Standorten immer eine leuchtende Herbstfärbung. Man sollte sie ungestört wachsen lassen.

attraktive Herbstfärbung zeigen, um Akzente zu setzen. Es wird kaum möglich sein, in einem kleinen Hausgarten zu jeder Jahreszeit makellose Pflanzungen zu schaffen, die stets in perfektem Zustand sind. Vielmehr muss ein sinnvolles Miteinander solcher Arten und Sorten entstehen, die sich in ihren jeweiligen Höhepunkten abwechseln können. Im Grunde ist jeder gute Garten ein Kompromiss, den persönliche Wunschvorstellungen und lokale Gegebenheiten bestimmen – der Pflanzenauswahl kommt dabei eine Schlüsselposition zu.

Das Schauspiel der laubabwerfenden Gehölze im Herbst ist eine Anpassung an die Kältezeit. Interessanterweise werfen diese Pflanzen ihr Laub auch ab, wenn sie zum Beispiel in einem Gewächshaus frostfrei überwintert werden. Das ist in den gemäßigten Zonen auch sinnvoll, da die Pflanze das Wetter nicht voraussehen kann; sie weiß nicht, ob es nicht doch kalt werden könnte. Und dann wären Erfrieren und Wasserverlust die Folge. Laubabwerfende Arten müssen während der kalten Jahreszeit mit ihren Stoffreserven haushalten. Deshalb: Weg mit den Blättern. Zwar verlieren die blattlosen Triebe auch Wasser im Winter, aber es hält sich deutlich in Grenzen. Deshalb ist es wichtig, neu gepflanzte Exemplare bei trockeneren Perioden im Winter gelegentlich mit Wasser zu versorgen – auch wenn kein welkendes Laub das dringende Bedürfnis nach lebenswichtiger Feuchtigkeit anzeigt.

Eine gesunde Pflanze kann nur gedeihen, wenn sie mindestens vier Monate im Jahr mit den Blättern Energie sammelt, um das Wachstum und Ausreifen der neuen Triebe, die Bildung von Früchten und das Anlegen von Trieb- und Blütenknospen für das kommende Jahr zu sichern. Wenn diese Zeit nicht zur Verfügung steht, haben es Laubgehölze schwer. Das ist der Grund, weshalb in der arktischen Tundra neben Nadelgehölzen nur noch wenige Laubbäume wie Birken wachsen können, die kleine Blätter besitzen und eine kurze Vegetationsperiode mit raschem Wachstum kompensieren können. Bereits an anderen Stellen dieses Buches wurden Gehölze erwähnt, die auch eine

schöne Herbstfärbung haben. In diesem Kapitel werden einige Bäume und Sträucher vorgestellt, die in erster Linie wegen ihrer besonderen Eigenschaften im Herbst gepflanzt werden. Dabei können schon einzelne Bäume im kleinen Garten für ein Feuerwerk der Farben sorgen. Wo mehr Platz ist, könnte man dagegen regelrechte Herbstbilder schaffen, die einen Hauch des sagenhaften »Indian Summer« anklingen lassen. Bei den Sträuchern sollte man bedenken, dass einige Arten hervorragend in Staudenbeete passen und dort mit spät blühenden Pflanzen stimmungsvolle Situationen schaffen.

Früchte der Beerensträucher erfreuen nicht nur den Gartenbesitzer. Sie dienen auch vielen heimischen Tieren im Winter als Nahrung.

Der »Indian Summer« ist eine ziemlich romantische Umschreibung für die typische rote und gelbe Herbstfärbung der Laubwälder Nordamerikas. Sie ist besonders intensiv, weil das Klima dieser Landschaften von relativ kurzen Wintern mit extremen Tiefsttemperaturen und einem niederschlagsreichen Frühling und Sommer geprägt ist, während der Herbst eher trocken und warm ist. Das begünstigt das Ausreifen der Triebe, um

die winterliche Kälte zu ertragen. Auch bei uns ist nach feuchten Sommern und Trockenheit im August und September die Färbung der Gehölze am schönsten. Außerdem blühen viele Arten im darauf folgenden Jahr besonders reich. Eines der schönsten und unkompliziertesten, unverständlicherweise weniger bekannten Gehölze für den »Indian Summer« im eigenen Garten ist der Rot-Ahorn *(Acer rubrum)*. Seine gegenständigen drei- bis fünflappigen Blätter sind an der Oberseite dunkelgrün, unterseits bei einigen Formen silbrig. Fährt der Wind durch den Baum, entsteht ein zweifarbiger Gesamteindruck. Aus Samen gezogene Rot-Ahorne sind in dieser Hinsicht variabel, weshalb es besser ist, eine der Namenssorten zu kaufen. 'Scanlon' ist ein ausgezeichneter Baum, der schmaler wächst und sich für kleinere Gärten eignet. Die Herbstfärbung der Sorten

Der Liebesperlenstrauch (Callicarpa bodinieri) tut viel, um sich einzuschmeicheln: Seine metallisch glänzenden lila Beerenfrüchte bleiben nach dem Laubfall lange am Strauch hängen – Vögel mögen sie nicht.

von *Acer rubrum* ist intensiv rot bis hin zu Scharlachtönen. Der Boden sollte nicht zu kalkhaltig sein, da die Pflanzen sonst mattes Laub ausbilden und zu Chlorose neigen, was einer schönen Herbstfärbung im Wege steht. Die Art wird in ihrer Heimat sehr hoch, bleibt hierzulande aber in der Regel kleiner als der bekanntere gelb färbende Silber-Ahorn *(Acer saccharinum)*. Die jungen Triebe sind zunächst rötlich gefärbt und weisen eine hellgraue Zeichnung auf, die schnell die Oberhand gewinnt. Der Rot-Ahorn ist bestens geeignet, schnell für einen Sichtschutz zu sorgen, da die belaubte Krone sehr dicht ist. Entsprechend spendet er Schatten. Wie der Eschen-Ahorn *(Acer negundo)* wächst er auch auf zeitweise nassen Böden zufrieden stellend und hat damit erhebliches Potenzial als Baum für schwierige Standorte.

Ebenfalls aus Amerika stammt der Tulpenbaum *(Liriodendron tulipifera)*. Er wird als großer und alt werdender Parkbaum gepflanzt, macht aber bei entsprechendem Platzangebot

*Die Stechpalme (Ilex aquifolium) ist in englischsprachigen Ländern mit
dem Weihnachtsfest verbunden. Lackrote Beeren und das immergrüne
Laub machen sie zu einem wertvollen Strauch für die kalte Jahreszeit.*

auch im Garten eine gute Figur. Wo es eng ist, wäre die Säulenform 'Fastigiata' eine gute Lösung, die alle Eigenschaften der Art bietet. *Liriodendron* hat eigenartiges mattlindgrünes Laub, das mit seinen vier Lappen aussieht, als hätte ein Tier die Spitze einfach abgebissen. Die namensgebenden Blüten sind grünlich gelb und ähneln entfernt einer Tulpe. Sie erscheinen im Frühsommer, allerdings erst an Bäumen, die mindestens zehn Jahre alt sind. Sie sind dann allerdings kaum aus der Nähe zu betrachten, da der Baum in diesem Alter bereits eine pyramidale Krone ausgebildet hat. *Liriodendron* färbt zuverlässig gelb

und ist deshalb genau wie Ginkgo eine sichere Ergänzung in diesem Bereich der Herbstfarbe. Wer einen Tulpenbaum pflanzt, sollte sich allerdings der Tatsache bewusst sein, dass dieses seit langem bekannte Solitärgehölz eine Höhe von 20 Metern erreichen kann.

Noch selten, aber mindestens so reizvoll in den verschiedenen Tönungen von Orange bis Rot ist der Tupelobaum *(Nyssa sylvatica)*. Dieses rasch wachsende Gehölz mit der ebenfalls pyramidalen Wuchsform sieht wegen der ganzrandigen und einfachen Blätter nicht überdurchschnittlich attraktiv im Sommer aus. Auch die Blüte ist gänzlich unbedeutend. Wenn es aber um die Herbstfärbung geht, ist dieser Baum einer der Spitzenreiter. Er stammt ebenfalls aus den USA und wächst dort mit den vorangegangenen Arten gemeinsam. *Nyssa* mag leicht

*Unter den zahlreichen Crataegus-Arten gibt es viele kleinkronige Bäume
für den Hausgarten. Schon lange wird der Hahnensporn-Weißdorn (Crataegus crus-galli) gepflanzt. Die wehrhaft bedornte Pflanze trägt rote Früchte.*

sauren bis neutralen Boden und einen sonnigen, offenen Standort, wo er sich ungestört entwickeln kann. Bei jungen Bäumen
stehen die Zweige meistens im rechten Winkel zum Stamm,
aber das ändert sich rasch, wenn das Längenwachstum zu-
nimmt. Dann streben die Äste in sanftem Schwung nach oben,
was ein ungewöhnliches, sehr harmonisches Wuchsbild ergibt.

Schon seit langem gilt der Amberbaum *(Liquidambar
styraciflua)* in deutschen Gärten als Garant für eine gute rote
Herbstfärbung. Tatsächlich zeigen die verschiedenen Sorten
dieses kleinkronigen, straff aufrecht wachsenden Baumes ein
intensives Farbenspiel. Das an Ahornlaub erinnernde Blatt hat
fünf Lappen und duftet beim Zerreiben aromatisch. Früchte
werden selten gebildet, sehen aber schön aus. Sie erinnern an
die Samenstände von Platanen, hängen aber zu mehreren an

den Zweigen. Hervorragende Sorten sind
die schlanker bleibende 'Worplesdon', die
Kugelform 'Gumball' und die scharlachrote
Sorte 'Lane Roberts'. Unbedingt erwähnt
werden muss hier unter den amerikanischen
Bäumen die Scharlach-Eiche *(Quercus coccinea)*, die wegen der aufsehenerregenden
Herbstfärbung gepflanzt wird. Sie benötigt
unbedingt einen sauren Boden.

Alle Sorten der Japanischen Ahorne
haben ebenfalls im Herbst ihre große Zeit,
und selbst jene mit dunkelrotem Laub zeigen
sich in einem hellblutroten Blätterkleid,
bevor der Winter kommt. Gärten, in denen

viele solcher Ahorne stehen, wirken also während des ganzen Jahres: Der Austrieb im Frühjahr, das farbige Laub im Sommer, die sichere Herbstfärbung und das grazile Wuchsbild im Winter machen diese Gehölze zu einer Lösung für ganzjährig schöne Gartenanlagen.

Unter den Sträuchern bieten vor allem die chinesischen (*Cornus kousa* und *C. kousa var. chinensis*) und amerikanischen Arten (*Cornus florida* und *C. nuttallii*) der Blumen-Hartriegel eine rötlichviolette Herbstfärbung. Zaubernuss (*Hamamelis*) und Eisenholzbaum (*Parrotia*) sind ebenso schön wie der relativ klein bleibende Federbuschstrauch (*Fothergilla major*). Dieses Kleinod bildet einen locker wachsenden Strauch von maximal zwei Metern Höhe, dessen an *Hamamelis* erinnerndes Laub sich im Spätherbst bei saurem Boden in allen Nuancen von Gelb über Orange zu Rosarot und Purpur verfärbt. Einige laubabwerfende Nadelgehölze, zu denen auch der Ginkgo gehört, zeigen ebenfalls im Herbst, was in ihnen steckt. Sumpfzypressen

Hagebutten sind unverzichtbar für den herbstlichen Garten. Die vielgestaltigen Früchte der Rosen sind bei den Wildformen am schönsten und hier auch erwünscht. Die der Rosa roxburghii ähneln Seeigeln.

(*Taxodium distichum*) verfärben sich ins schönste Rostrot, während Lärchen (*Larix*) und die langnadelige wunderbare Goldlärche (*Pseudolarix amabilis*) intensiv gelb werden.

Der Herbst ist auch die Zeit der Beeren. An den Wild-Rosen reifen die Hagebutten, die je nach Sorte flaschen-, birnenförmig oder bauchig sind. Manche, wie die der *Rosa roxburghii*, sind sogar mit weichen Stacheln versehen und wirken wie kleine Igel. Hagebutten bleiben meistens bis weit in den Winter am Strauch, da ihr Fruchtfleisch recht hart ist und von vielen Vögeln erst nach Frosteinwirkung gefressen wird. Da die Früchte der Rosen bereits im August Farbe zu zeigen beginnen, wirken Wild-Rosensträucher gut im Hintergrund von Rabatten. Dort sind besonders die Arten mit grazil ausgebreiteten Zweigen gefragt, wie zum Beispiel *Rosa moyesii* oder *Rosa*

glauca. Werden sie zu dicht, kann man einzelne Triebe an der Basis des Strauches ganz entfernen, um die übrigen besser zur Geltung kommen zu lassen. Eine sehr schöne, wenn auch etwas ausgefallene Kombination sind solche großen Wild-Rosen mit hohen Gräsern. Blühende Sorten des Chinaschilfs *(Miscanthus sinensis)* sind ebenso möglich wie Horste des Pampasgrases *(Cortaderia selloana).* Zwischen ihren stark vertikalen Strukturen sorgen die horizontalen Triebe der Rosen für einen reizvollen Kontrast. Dazwischen könnte man Kardendisteln *(Dispsacus fullonum)* wachsen lassen, die im Herbst längst verblüht sind, aber mit ihren graubraunen Samenköpfen gut ins Bild passen. In Gruppen gepflanzte Fetthenne *(Sedum* 'Herbstfreude' zum Beispiel) bringt aus der unteren Etage weiches Rosa ins Spiel, das einen Hauch vom Rot der Hagebutten in sich trägt. Etwas ganz anderes sind die fleischigen und leuchtend roten Beeren des Gemeinen Schneeballs *(Viburnum opulus).* Diesen Strauch kann man im Herbst teilweise stark zurückschneiden, um im nächsten Jahr viele der glasigen Beeren zu haben und seine

Ein ungewöhnlicher Fruchtschmuck sind die schwarzen fleischigen Beeren der Leycesteria formosa. Dieser in den meisten Wintern zurückfrierende Strauch treibt alljährlich neue Zweige, die blühen und fruchten.

Größe für gemischte Rabatten in einem erträglichen Rahmen zu halten. Bedauerlicherweise sind auch die Vögel sehr angetan von den Früchten.

Von den orangefarben fruchtenden Sorten des Feuerdorns *(Pyracantha)* halten sie sich hingegen fern. Sie leuchten noch dicht an dicht am dornigen Strauch, wenn die roten Sorten längst abgeerntet sind. Feuerdorn war in den siebziger Jahren sehr berühmt, aber man muss ehrlicherweise zugeben, dass diese Gattung einen ausgesprochen schwierigen Wuchscharakter hat: Die sparrigen Triebe mit den oft rechtwinklig angeordneten Zweigen weisen in alle möglichen Richtungen und bilden alles andere als ein dichtes Zentrum. Bindet man die Triebe an sonnigen Mauern auf und zieht man die Pflanze so als Spalier, wird aus dem vermeintlichen Makel eine echte Tugend. Wenn

es um Pflanzen geht, die aus der Mode kommen, ist die Fächer-Mispel *Cotoneaster horizontalis* sicher unter ihnen – wenn auch völlig zu Unrecht. Dieser niedrige Strauch mit den fächerförmigen Trieben findet eigentlich überall Platz: am Fuß von Mauern, am Rand von Rabatten oder in irgendeiner ungeliebten Ecke. Wenn der Platz sonnig ist, färben sich seine winzigen Blättchen dunkelrot bis violett, und nachdem sie abgefallen sind, leuchten die korallenroten Beeren noch wochenlang an den grauen Zweigen.

Häufig sind heute ausgefallenere Pflanzengestalten gefragt, die solche altbewährten Gehölze schnell in Vergessenheit geraten lassen. Obwohl *Cotoneaster horizontalis* vor fünf Jahrzehnten häufig gepflanzt wurde, hat er doch niemals eine große Zeit erlebt, in der Gartenfreunde seinen Namen obenan auf ihre Pflanzen-Wunschliste geschrieben hätten. Das ist angesichts seiner Vielseitigkeit und seiner konkurrenzlos schönen Wuchseigenschaften sehr schade. Immerhin darf man nicht vergessen, dass der kleine Aristokrat gegen Ende des 19. Jahrhun-

*Die Sumpf-Eiche (Quercus palustris) ist ein zuverlässig orangerot fär-
bender Baum, der allerdings nicht auf Kalkböden gedeiht. Der Kronenbereich dieser Art ist locker aufgebaut und lässt viel Licht durch.*

derts vom berühmten Pater Armand David in China entdeckt
wurde; so ein Entdecker irrt sich nie! Ganz vorn in der Gunst
der Gartenbesitzer liegt der Liebesperlenstrauch *(Callicarpa
bodinieri)*. Seine grauen Zweige schmücken sich im Herbst mit
einer großen Menge perlmutt glänzender lilafarbener Beeren.
Sie wirken wegen der ungewöhnlichen Farbe wie künstlich,
und möglicherweise scheinen das auch viele heimische Singvögel zu finden, die den Beeren selbst in kalten Wintern nicht
recht über den Weg trauen und sie unberührt lassen. Daher hat
man lange Freude an den Früchten und kann sogar vor den
Frösten einige Zweige für die Vase schneiden, in der sie lange
halten. Die Sorte 'Profusion' fruchtet besonders üppig, und es
ist immer besser, mindestens zwei Exemplare zu haben. Dann
sind unzählige Liebesperlen sicher. *Callicarpa* ist völlig winterhart und gedeiht am besten in voller Sonne.

Solche Plätze sagen auch einem eigenartigen Strauch aus
der Familie der Geißblattgewächse (Caprifoliaceae) zu: *Leycesteria formosa*. Die dicken, grünen Triebe sind hohl und verfrie-
ren in den meisten Gegenden Deutschlands im Winter, so dass
jedes Jahr aus der Basis neue Triebe wachsen. Sie erreichen
mindestens 1,5 Meter Höhe und tragen im Spätsommer hängende Trauben reinweißer Blüten, die weinrote Hochblätter
haben. Aus ihnen entwickeln sich rote, fleischige Beeren, die bis
zu den ersten starken Frösten hängen bleiben. Dann fallen die
Triebe in sich zusammen und man bedeckt die Pflanzenbasis
mit einer Mulchschicht aus Laub, Kiefernnadeln und Zweigen –
mit allem, was nicht zu feucht wird und nur langsam verrottet.
Im Frühjahr wird diese Schutzschicht wieder entfernt.

Wegen dieses Verhaltens eignet sich *Leycesteria* sehr gut
für eine Verwendung im Staudenbeet. Hier passen zum glänzend dunkelgrünen Laub vor allem gelbe Farbtöne, die von
Hosta ('Gold Standard', gelb mit grünem Rand, gut sonnenver-
träglich) kommen könnten, oder auch violettblaue Herbst-
Astern *(Aster novi-belgii* und die niedrigen Sorten von *Aster
dumosus)*. Nicht Ausläufer bildende Sorten der Goldrute *(Soli-*

dago) sorgen mit langer Blütezeit von August an für gelbe Farbschleier, aber auch dunkellaubige Silberkerzen *(Cimicifuga* 'Brunette'*)* passen zu *Leycesteria*, die dann

Rote Blätter sind besonders intensiv in der Wirkung. Im Gegenlicht sind sie am schönsten.

weniger naturnah, sondern sehr edel wirkt. *Leycesteria* 'Purple Rain' ist in allen Teilen kräftiger und bringt größere Blüten- und Fruchtstände hervor. Dieses Gehölz ist gut für nährstoffarme sandige Böden geeignet.

Bei einigen fruchttragenden Ziergehölzen wie zum Beispiel den verschiedenen Sorten der Stechpalme *(Ilex)* ist es wichtig, zu wissen, dass sie getrenntgeschlechtlich (zweihäusig) sind. Das heißt, es gibt männliche und weibliche Pflanzen. Nur letztere

Das interessant geformte Laub des Tulpenbaumes (Liriodendron tulipifera) wird im Herbst zunächst gelbgrün, dann gelb und rostfarben.

tragen Früchte, aber dazu müssen nicht fruchtende männliche Exemplare für die Bestäubung durch Wind oder Insekten in der Nähe stehen. Erkundigen Sie sich beim Kauf genau und verlassen Sie sich nicht ausschließlich auf Sortennamen. Zumal bei *Ilex* gibt es einige Sorten, die weibliche Namen tragen, aber männlich sind (wie 'Golden Queen'). Auf Beeren wartet man vergebens. Weiße Früchte sind immer von einem Hauch

Der Feuer-Ahorn (Acer tataricum ssp. ginnala) ist ein großer Strauch oder kleiner Baum, der seinem Namen alle Ehre macht. Er ist widerstandsfähig.

der Exklusivität umgeben. Beeren sollten rot, orange oder gelb sein, denn Weiß erscheint ähnlich wie das Lila des Liebesperlenstrauches sehr ungewöhnlich als natürliche Farbe. Es scheint, als wären solche Gehölze nur für die Gärten des Menschen geschaffen worden…

Edel sind zwei Ebereschen aus dem Himalaya. *Sorbus cashmiriana* ist ein kleiner, schmaler Baum, der wie eine zierlichere Ausgabe der heimischen Eberesche wirkt. Seine in lockeren Büscheln stehenden Früchte sind weiß wie Schnee und stehen in auffallendem Kontrast zur roten Herbstfärbung. *Sorbus koehneana* ist insgesamt kleiner und neigt dazu, einen mehrstämmigen Busch zu bilden. Auch seine Früchte sind reinweiß, haben aber manchmal einen cremefarbenen Unterton. Eber-

Die auffallenden Früchte des Pfaffenhütchens (Euonymus europaeus) geben im reifen Zustand den Blick auf giftige, orangerote Samen frei (li.).

eschen gedeihen auch auf weniger nahrhaften Böden; diesen beiden Arten sollte man aber einen guten Platz reservieren, da sie sonst leicht vom Feuerbrand, einer Pilzkrankheit, befallen werden. Hellgelbe Früchte besitzt 'Joseph Rock', ebenfalls eine *Sorbus*-Form, deren Herkunft nicht bekannt ist. Sie entwickelt sich wie *Sorbus vilmorinii* zu einem gut drei Meter hohen Baum mit rundlicher Krone. Die Fiederblätter sind zart und passen in dunklem Blaugrün ideal zum Fruchtschmuck. Dieser ist bei der zuletzt genannten Art hellrosa, eine gesuchte Farbe.

Ein echter Lückenfüller mit weißen Beeren ist die Schneebeere *(Symphoricarpus albus)*. Der wegen starker Ausläuferbildung gerne für Böschungen verwendete Strauch wird etwas abschätzig behandelt und in Gärten kaum eingesetzt. Vielleicht sieht man ihn zu häufig als Gebüsch an Straßenrändern oder in vernachlässigten Parkanlagen. Wenn man ihn im Garten mit einer Wurzelsperre – wie man sie für Bambus verwendet – umgibt, damit die Ausläufer nicht überall erscheinen, ist er ein prachtvolles Gehölz. Er kann über zwei Meter hoch, aber durch regelmäßigen Schnitt kompakter gehalten werden.

Das Gelbholz (Cladrastis lutea) ist ein selten gepflanzter Baum, der im Laufe der Jahre beachtliche Ausmaße erreichen kann. Die Herbstfärbung ist immer leuchtend gelb. Im Sommer erscheinen weiße Blütentrauben.

Japanische Fächer-Ahorne (Acer palmatum) haben je nach Sorte bereits im Sommer rotes oder mehrfarbiges Laub. Dennoch ist die Herbstfärbung sehr effektvoll. Ältere Exemplare sind kostbare Gartenpflanzen.

Das kleine Laub ist nach einem Regen besonders schön, wenn einzelne Wassertropfen darauf liegen bleiben und in der Sonne glitzern. Die winzigen rosa Blütchen wirken sehr frisch, obwohl sie aus der Entfernung kaum ins Auge fallen. Umso mehr die bis zu einem knappen Zentimeter großen Beeren, die zu mehreren an den Triebenden stehen und diese grazil nach unten biegen. Schneebeeren sind für alles gut zu gebrauchen: Sie wachsen im Schatten und in der Sonne, auf trockenen Sandböden und in Lehm und sogar auf Schotter-Grundstücken fassen sie Fuß. Sie verdienen einen besseren Platz. Ebenso selten sind blaue Beerenfrüchte. Besonders die wie Heidelbeeren bereiften Früchte der Mahonien sind bereits im Sommer und

auch noch im Herbst schön anzusehen, auch wenn ihnen die Fernwirkung signalroter Beeren abgeht. Mahonien sind immergrüne Gehölze mit stacheligen Blättern. Sie teilen sich in die aristokratischen asiatischen Familienmitglieder und die amerikanische Verwandtschaft, die kleiner und weniger spektakulär ist. Die asiatischen Sträucher wie *Mahonia japonica* und die schönen früh blühenden Sorten *Mahonia x media* 'Charity' und 'Winter Sun', die Auslesen der Kreuzung von *Mahonia japonica* mit der prachtvollen, bedauerlicherweise weniger winterharten *Mahonia lomariifolia* sind, haben bereits im Winter und Vorfrühling bis zu 30 Zentimeter lange Trauben duftender gelber Blüten, später stahlblaue Beeren. Das Laub dieser Sorten ist steif und die gefiederten Blätter werden im Schatten wesentlich länger und üppiger als in der Sonne, wo sie im Winter gerne gelblich werden. Man kann sie jedes Jahr nach der Blüte schneiden, um die Ausbildung mehrerer Blütentriebe für das nächste Jahr zu fördern. Lässt man sie frei wachsen, werden sie an geschütztem und halbschattigem Standort gut und gerne zwei Meter hoch und mindestens so breit.

Die amerikanischen Mahonien werden im Wesentlichen durch die oft im öffentlichen Grün eingesetzte *Mahonia aquifolium* repräsentiert und sind bis zu einem Meter hohe Sträucher, deren derbes immergrünes Laub im Winter einen schönen Purpurfarbton annimmt. Die hervorragende Sorte 'Apollo' bleibt niedrig und schön kompakt, blüht dabei reich und in dichten

Der Rot-Ahorn (Acer rubrum) gehört besonders mit seinen Selektionen zu den sichersten Herbstfärbern. Das Rot ist prachtvoll und der eher schmale Wuchs macht ihn zu einer ausgezeichneten Gartenpflanze.

Büscheln. Diese Mahonien vertragen sommerliche Trockenheit an sonnigen und schattigeren Standorten, doch ist das Laub gesünder, wenn man ihnen nahrhaften und frischen Gartenboden anbieten kann. Dann fruchten sie reicher. Außerdem können sie in Kombination mit großlaubigen Pflanzen sehr exotisch wirken. Es kommt eben immer auf die Nachbarschaft an; und manchmal kann man aus einem zunächst unbedeutend erscheinenden Gehölz sogar einen echten Star machen. Jederzeit, nicht nur im Herbst.

☀ ◑ ○   ⬆ bis 12 m   ✿ 💧

ACER RUBRUM 'SCANLON'

Aceraceae
Rot-Ahorn

Herkunft: Gärtnerische Kultur
Belaubung: Laubabwerfend · glänzend grün, drei- bis fünflappig · Herbstfärbung orangerot bis purpur
Wuchsform: Kleiner Baum, schmal kegelförmige, dichtverzweigte Krone, bis zum Wipfel durchgehender gerader Stamm · 10–12 m Höhe, 3–4 m Breite
Rinde | Zweige: Grau, rissig
Blüte: Zweihäusig, weibliche Blüte dunkelrot, vor dem Laubaustrieb
Standortansprüche: Sonnig, sehr anpassungsfähig, bevorzugt gleichmäßig feuchte, nahrhafte Standorte
Schnitt: Freiwachsend
Besonderheiten: Spektakuläre Herbstfärbung, auffallend graue Rinde
Geeignet für kleine Gärten: Ja

☀ ◑ ○   ⬆ bis 3 m   ✿ 💧

CALLICARPA BODINIERI SSP. GIRALDII 'PROFUSION'

Verbenaceae
Liebesperlenstrauch, Schönfrucht

Herkunft: Gärtnerische Kultur
Belaubung: Laubabwerfend · stumpfgrün, elliptisch · Herbstfärbung hellgelb bis orange
Wuchsform: Mittelgroßer Strauch, aufrecht, locker verzweigt · 2–3 m Höhe, 2 m Breite
Rinde | Zweige: Graubraun, rissig
Blüte: Lila in gestielten Trugdolden, unscheinbar · Früchte beerenartige Steinfrüchte, rotviolett, glänzend, sehr zahlreich
Standortansprüche: Sonnig, geschützt · Böden leicht bis mittelschwer, gleichbleibend feucht, humos · sauer bis schwach sauer, gut durchlässig
Schnitt: Freiwachsend
Besonderheiten: Herbstfärbung, sehr zierender Fruchtschmuck
Geeignet für kleine Gärten: Ja

☀ ◑ ○   ⬆ bis 1 m   ✿ 💧

COTONEASTER HORIZONTALIS

Rosaceae
Fächer-Felsenmispel

Herkunft: Setschuan, Westchina
Belaubung: Laubabwerfend · dunkelgrün, glänzend, unterseits hellgrün, ledrig, rund mit feiner Spitze · Herbstfärbung leuchtend orange bis scharlachrot
Wuchsform: Kleiner Strauch, zunächst flach fächerartig ausgebreitete, fast waagerechte Zweigen, später bogig aufstrebend · 1 m Höhe, 1–2 m Breite
Rinde | Zweige: Graubraun, rissig
Blüte: Weiß oder rötlich · Juni
Standortansprüche: Sonne bis Halbschatten · alle Böden
Schnitt: schnittverträglich
Besonderheiten: Dekorativ fischgrätartig verzeigte Äste, Herbstfärbung
Geeignet für kleine Gärten: Ja

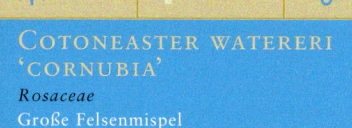

☀ ◑ ○   ⬆ bis 4 m   ✿ 💧

COTONEASTER WATERERI 'CORNUBIA'

Rosaceae
Große Felsenmispel

Herkunft: Setschuan, Westchina
Belaubung: Halbimmergrün bis immergrün · dunkelgrün, elliptisch bis lanzettlich, bis 10 cm lang · Herbstfärbung gelb bis orangerot
Wuchsform: Starkwüchsiger Strauch, trichterförmig aufwärts gerichtet · 3–4 m Höhe, 3 m Breite
Rinde | Zweige: Graubraun, rissig
Blüte: Große weiße Schirmrispen · Juni · leuchtend rote Fruchtstände
Standortansprüche: Sonne bis Halbschatten · anspruchslos, bevorzugt feuchte, nahrhafte Substrate, schwach sauer bis alkalisch
Schnitt: Freiwachsend
Besonderheiten: Prachtvolles Solitärgehölz mit überreichem Fruchtbehang
Geeignet für kleine Gärten: Ja

☀ ◑ ○   ⬆ bis 3 m   ✿ 💧

EUONYMUS ALATUS

Celastraceae
Flügel-Spindelstrauch

Herkunft: Japan, Mandschurei, Zentralchina
Belaubung: Laubabwerfend · mittelgrün, unterseits heller, verkehrt eiförmig bis elliptisch · Herbstfärbung leuchtend karminrot bis lilarot
Wuchsform: Mittelhoher Strauch, breit ausladend · sparrig, dicht verzweigt · 2–3 m Höhe und Breite
Rinde | Zweige: Grünlich, Korkleisten
Blüte: Grünlichgelblich, in 3blütigen Trauben, unscheinbar · Mai, Juni
Standortansprüche: Sonnig bis halbschattig · alle durchlässigen, nicht zu trockenen Gartenböden, sauer bis schwach alkalisch
Schnitt: Freiwachsend
Besonderheiten: Zweige mit attraktiven Korkleisten, Herbstfärbung
Geeignet für kleine Gärten: Ja

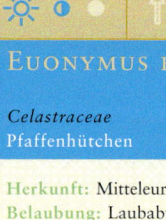

☀ ◑ ○   ⬆ bis 6 m   ✿ 💧

EUONYMUS EUROPAEUS

Celastraceae
Pfaffenhütchen

Herkunft: Mitteleuropa, Kleinasien, Kaukasus
Belaubung: Laubabwerfend · dunkelgrün, eiförmig bis elliptisch · Herbstfärbung leuchtend gelb bis rot
Wuchsform: Aufrechter Strauch oder kleiner Baum, sparrig · 2–6 m Höhe, 1,5–4 m Breite
Rinde | Zweige: Zweige vierkantig, oder gerieft, grün, glatt, gelegentlich mit schwachen Korkleisten
Blüte: Gelblich-grün, klein, unscheinbar · Mai, Juni · Fruchtkapsel rosarot bis karminrot, vierlappig, Samenmantel leuchtend orange · August bis Oktober
Standortansprüche: Sonnig bis halbschattig · anspruchslos
Schnitt: Sehr gut schnittverträglich
Besonderheiten: Attraktiver Fruchtschmuck, Früchte und Blätter giftig
Geeignet für kleine Gärten: Ja

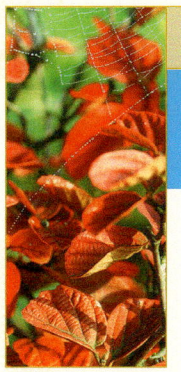

☀ ◑ ○   ↑ bis 1 m   ✿ ◊

FOTHERGILLA GARDENII

Hamamelidaceae
Erlenblättriger Federbuschstrauch

Herkunft: Nordamerika
Belaubung: Laubabwerfend · dunkelgrün, sternhaarig, unterseits blaugrün, verkehrt eiförmig bis länglich · Herbstfärbung gelb bis scharlachrot
Wuchsform: Kleinstrauch, zunächst straff aufrecht, später breitbuschig · 1 m Höhe und Breite
Rinde | Zweige: Graubraun
Blüte: Vor dem Blattaustrieb, Ähren, Staubgefäße cremeweiß · Mai
Standortansprüche: Sonnig bis halbschattig · sandig humoser, frischer bis feuchter, nahrhafter Boden, sauer bis neutral, kalkmeidend
Schnitt: Freiwachsend
Besonderheiten: Auffallende Blüten, Herbstfärbung
Geeignet für kleine Gärten: Ja

☀ ◑ ○   ↑ bis 15 m   ✿ ◊

LIQUIDAMBAR STYRACIFLUA

Hamamelidaceae
Amberbaum

Herkunft: Südöstliches Nordamerika
Belaubung: Laubabwerfend · dunkelgrün, glänzend, unterseits mattgrün, 5–7lappig, 12–15 cm breit · Herbstfärbung purpur, gelb-orange, scharlachrot
Wuchsform: Mittelgroßer Baum, kegelförmige bis rundliche Krone · 10–15 m Höhe, 6–8 m Breite
Rinde | Zweige: Graubraun, mit Korkleisten
Blüte: Weibliche Bl. in hängenden Köpfchen · Mai · gestielte Früchte
Standortansprüche: Vollsonnig · frische bis feuchte, nahrhafte, durchlässige Böden, sauer bis neutral, kalkmeidend
Schnitt: Freiwachsend
Besonderheiten: Prachtvolle Herbstfärbung, langsam wachsend
Geeignet für kleine Gärten: Ja

☀ ◑ ○   ↑ bis 2,5 m   ✿ ◊

LEYCESTERIA FORMOSA 'PURPLE RAIN'

Caprifoliaceae
Leycesterie

Herkunft: Südwestliches China, Selektion
Belaubung: Laubabwerfend · mittelgrün, unterseits bläulich, 17 cm lang, lanzettlich bis breiteiförmig
Wuchsform: Mittelhoher Strauch, straff aufrecht 1,2–2,5 m Höhe und Breite
Rinde | Zweige: Grün, bläulich bereift
Blüte: Weißlich bis purpur, purpurviolette Deckblätter, 3–10 cm lange Ähren, purpurrote bis schwärzlichrote Früchte
Standortansprüche: Sonnig, geschützt · frostempfindlich, bevorzugt frische, nicht zu schwere und zu nährstoffreiche Böden
Schnitt: Freiwachsend
Besonderheiten: Dekorative Blüten und Früchte, Laubabdeckung im Winter
Geeignet für kleine Gärten: Ja

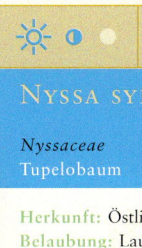

☀ ◑ ○   ↑ bis 20 m   ✿ ◊

NYSSA SYLVATICA

Nyssaceae
Tupelobaum

Herkunft: Östliches Nordamerika
Belaubung: Laubabwerfend · glänzend grün, verkehrt eiförmig bis elliptisch, meist ganzrandig · Herbstfärbung prachtvoll orangerot bis scharlachrot
Wuchsform: Mittelhoher bis hoher Baum, kegelförmig, Äste horizontal · 10–20 m Höhe, 5–12 m Breite
Rinde | Zweige: Hellbraun bis grau
Blüte: Unscheinbar · Früchte winzig, schwarzblau
Standortansprüche: Sonnig bis halbschattig · anspruchslos, bevorzugt tiefgründige, frische bis feuchte, nahrhafte, lockere saure Böden, kalkfeindlich
Schnitt: Freiwachsend
Besonderheiten: Auffallende Herbstfärbung
Geeignet für kleine Gärten: Ja

☀ ◑ ○   ↑ bis 10 m   ✿ ◊

PARROTIA PERSICA

Hamamelidaceae
Eisenholzbaum

Herkunft: Vorderasien, Nordiran
Belaubung: Laubabwerfend · dunkelgrün, unterseits hellgrün, ledrig, verkehrt eiförmig · Herbstfärbung gelb über orangerot bis scharlachrot
Wuchsform: Großstrauch oder kleiner Baum, oft mehrstämmig · 6–10 m Höhe und Breite
Rinde | Zweige: Junge Triebe olivbraun, kahl, sternhaarig, Borke bräunlich, im Alter vielfarbig, dekorativ abblätternd
Blüte: Köpfchen, Staubgefäße rot, filzige sternförmige Hochblätter · März
Standortansprüche: Sonnig, anpassungsfähig, frosthart
Schnitt: Freiwachsend
Besonderheiten: Malerischer Wuchs, auffallende sicherer Herbstfärber
Geeignet für kleine Gärten: Ja

☀ ◑ ○   ↑ bis 25 m   ✿ ◊

QUERCUS COCCINEA

Fagaceae
Scharlach-Eiche

Herkunft: Östliches Nordamerika
Belaubung: Laubabwerfend · lebhaft grün, glänzend, Umriss elliptisch, jederseits mit 3–4 Lappen, grob gezähnt · Herbstfärbung scharlachrot
Wuchsform: Mittelgroßer Baum, pyramidal bis rundliche Krone · 15–25 m Höhe, 9–18 m Breite
Rinde | Zweige: Gelbbraun bis dunkelgrau
Blüte: Unscheinbar · Früchte Eicheln, kurz gestielt, 1,5–2 cm lang
Standortansprüche: Sonnig, freier Stand · fast alle Bodenarten, frisch bis feucht aber auch trockene, sandig Böden, sauer bis schwach alkalisch
Schnitt: Freiwachsend, langsamwachsend
Besonderheiten: Dekorative Eiche mit attraktiver Herbstfärbung
Geeignet für kleine Gärten: Ja

Prunus mume 'Beni-Shidare'

n^o

Unverfrorenheit ist eine Tugend – zumindest bei Pflanzen, die es vorgezogen haben, mitten im Winter zu blühen. Sicher gibt es dafür genügend biologische Erklärungen.
Die schönste aber wäre, dass solche Gehölze dann konkurrenzlose Stars sind: nur für uns gemacht.

FÜR BLÜTEN

Blüten im Winter – das ist eine Aufgabe, vor der viele Gärtner kapitulieren. Immerhin scheint es auf den ersten Blick nicht leicht zu sein, auch während der kalten Jahreszeit blühende Pflanzen im eigenen Garten zu ziehen. Aber es gibt viele Möglichkeiten …

Eine kleine und erlesene Auswahl von Gehölzen, die bereits ab Oktober ein wenig Farbe – und berauschende Düfte – in den Garten bringen, wartet auf ihre Entdeckung. Zwar sind die Blüten aller winter- und frühblühenden Gehölze relativ klein und für sich betrachtet unscheinbar. Aber die Masse der Blüten macht das durchaus wett. Liebhaber dezenter Schönheit, die auch gerne einmal näher hinsehen, werden hier sicher fündig.

Da der Winter kalt ist und meistens hierzulande nicht zu stundenlangen Aufenthalten im Garten einlädt, empfiehlt es sich, winterblühende Gehölze in Hausnähe – am besten vor einem Fenster – zu platzieren. Dort kann man sie vom Wohnraum aus betrachten und ihre Pracht mit einer Gartenleuchte auch nach Einbruch der Dunkelheit in Szene setzen. Auch Hauseingänge sind gute Standorte, sie passiert man stets beim Fortgehen und Heimkehren und kommt in den Genuss der in vielen Fällen auch noch gut duftenden Blüten.

Zu den bekanntesten winterblühenden Gehölzen zählt die Zaubernuss (*Hamamelis*) in ihren zahlreichen Sorten. Sie ist bereits lange in gärtnerischer Kultur und hat nicht nur die kleinen, wie leuchtend gelbe, orangefarbene oder purpurne Miniatur-Seesterne wirkenden Blüten zu bieten, sondern bei sonnigem Standort auch eine prächtige Herbstfärbung der haselnussähnlichen Blätter, die je nach Sorte und Witterung von intensivem Gelb bis zu braunroten Tönen variiert. Ist dieses Feuerwerk nach dem Laubfall beendet, dauert es nur wenige Wochen, bis sich an den kahlen graubraunen Zweigen endlich die ersten, lang ersehnten Blüten öffnen.

Zaubernuss-Sträucher sind im Bezug auf den Boden recht genügsam und wachsen auf nicht allzu kalkhaltigen bis leicht sauren Böden gleichermaßen gut. Nur trockene Standorte sagen ihnen nicht zu, hier kommen sie nur langsam voran und

Wer an Blüten im Winter denkt, hat sofort die Zaubernuss-Sträucher im Sinn. Sie gehören schon lange zu den wichtigen Ziergehölzen des Vorfrühlings-Gartens. Obwohl die meisten Sorten in verschiedenen Gelbtönen blühen, gibt es doch einige abweichende Farbkombinationen. 'Strawberry and Cream' ist eine dezente, kühle Schönheit.

entfalten selten ihre volle Schönheit. Zu ihren Vorzügen zählt auch der V-förmig ausgebreitete Wuchs, der bei einer Höhe von bis zu drei Metern und mehr eine respektable Gestalt abgibt. Deshalb sollten *Hamamelis* frei wachsen dürfen, und der Schnitt beschränkt sich auf das Ausschneiden sich kreuzender oder trockener Zweige und Äste.

Die prächtigsten Sorten entstammen zweifellos der Verbindung von *Hamamelis japonica* mit *Hamamelis mollis*. Aus dieser Kreuzung sind sehr schöne Sträucher hervorgegangen, unter denen 'Barmstedt Gold' und 'Westerstede' als bewährte gelbe Formen einen festen Platz im Sortiment haben. Ein sehr intensives Hellgelb mit ausgezeichneter Fernwirkung hat 'Arnold Promise', eine Sorte, die bereits 1928 im berühmten Arnold Arboretum, Massachusetts, USA entstanden ist und erst

im Winter

Zarte Gelbtöne haben keine gute Fernwirkung; deshalb sollten solche Gehölze wie die Zaubernuss Hamamelis japonica 'Sulphurea' in Sichtweite platziert werden. Am besten nahe am Haus.

Hamamelis x intermedia 'Orange Beauty' hat große, intensiv gefärbte Blüten. Sie sind zwar nicht orange, wie der Name verheißt, aber doch von einem wesentlich dunkleren Gelbton als andere Sorten.

in den letzten Jahren auch hierzulande häufiger angeboten wird. Sie ist eine wesentliche Bereicherung, ebenso die orangefarbenen Sorten 'Jelena' und 'Aphrodite', die gegenüber vielen eher kupfrigbraunen und damit wenig auffälligen Sorten große Leuchtkraft besitzen. Purpurrot sind 'Ruby Glow' und 'Diane'. Sehr gut duftend ist *Hamamelis mollis* 'Pallida', die seit Jahrzehnten eine der meistgepflanzten Zaubernüsse ist. Ihre Blütensterne haben bis zu drei Zentimeter Durchmesser. Während die meisten *Hamamelis* erst ab Januar blühen, machen die bei mildem Wetter stark nach Zitronen duftenden, strauchig wachsenden Geißblätter *Lonicera fragrantissima* und *Lonicera x purpusii* (eine Hybride aus *L. fragrantissima* und der selten in Kultur zu findenden *L. standishii*) schon ab Ende November auf sich aufmerksam. Die Blüten sind durchscheinend weiß gefärbt und hängen wie Perlen an den Zweigen, die einen Teil des Laubes auch im Winter behalten. Zwar werden geöffnete Blüten durch stärkere Fröste zerstört, aber sobald die Temperaturen nur wenig über den Gefrierpunkt klettern, öffnen sich neue. So blühen die buschig wachsenden, bis drei Meter hohen und breiten Sträucher bis Anfang April, in kalten Gegenden noch länger. Trotz dieser luxuriösen Eigenschaften sind die Pflanzen außerordentlich genügsam, nur zu schattig sollten sie nicht stehen, da dann weniger Blüten angesetzt werden. Das gilt auch für einen der schönsten Vorfrühlingsblüher: die Winterblüte (*Chimonanthus praecox*). Die bis drei Zentimeter großen, cremegelben Blüten sehen wie kleine Tintenfische aus und verströmen an windgeschützten Standorten – etwa in einem Innenhof – ein ausgesprochen würzig-süßes Parfum, das bereits aus einigen Metern Entfernung wahrnehmbar ist. Damit die Blüten zahlreich gebildet werden, ist ein warmer Platz, zum Beispiel vor einer Mauer, von Vorteil. Bis zur ersten Blüte vergehen unter Umständen fünf Jahre, man braucht also beim Kauf kleiner Pflanzen ein wenig Geduld. Bis es so weit ist, kann man sich nur an den bis 15 Zentimeter langen und schmalen Blättern erfreuen. Trotz ihrer recht langen Jugendphase erfreut sich die aus China stammende Winterblüte bereits seit 1766 allergrößter Beliebtheit in europäischen Gärten. So viele Generationen begeisterter Gärtner können nicht irren. Seit mehr als drei Jahrzehnten erfreut sich ein weiteres Gehölz einer enormen Beliebtheit, weil es in den Wintermonaten blüht: der Duft-Schneeball *Viburnum x bodnantense*. Mitte der dreißiger Jahre entstand diese Sorte in den berühmten Bodnant Gardens, Wales. Ihre charakteristischen rosa Blütenknospen öffnen sich zu mehr oder weniger reinweißen Blüten, die in bis zu fünf Zentimeter breiten Büscheln zusammenstehen und süß duften.

Empfehlenswert ist neben der bekannten 'Dawn' auch die stärker rosa überlaufene Form 'Charles Lamont'. Ein Elternteil der Kreuzung ist ebenfalls schön, im Ganzen aber zierlicher in der Gestalt: *Viburnum farreri*, benannt nach dem berühmten Pflanzensammler Reginald Farrer, der die Pflanze vor fast einem Jahrhundert aus Asien einführte. Beide Sorten lassen sich bei Bedarf gut auslichten und gegebenenfalls einkürzen und passen mit ihrem eher schlanken Wuchs gut in kleinere Gärten. In den letzten Jahren zeigen sie sich allerdings besonders in schweren und winternassen Böden anfällig für Pilzkrankheiten, die das Absterben ganzer Zweige zur Folge haben können. Welken Blüten und Blätter an bereits eingewachsenen Exemplaren plötzlich, sollten diese Triebe ganz herausgeschnitten und entsorgt werden (nicht auf dem Kompost).

Wer bereits im Spätherbst Blüten schätzt, kommt bei der Winter-Kirsche *Prunus subhirtella* 'Autumnalis' auf seine Kosten. Sie ist allerdings ein kleinkroniger und ausladender Baum und braucht entsprechend viel Platz. Bis zu acht Meter können ältere Exemplare hoch werden und erreichen dann eine

Breite von bis zu sechs Metern. Sehr schön als Hochstamm, bei viel Platz auch als mehrstämmiger Baum sehr zu empfehlen. Die Blüten sind weiß und halbgefüllt, es gibt auch eine Form mit blassrosa Blüten. Da die meisten Kirschblüten sehr frostempfindlich sind, werden auch die von *Prunus subhirtella* immer wieder durch Fröste zerstört. In milderen Winterabschnitten setzt die Pflanze die Blüte jedoch unbeirrt fort, so dass man insgesamt über einige Monate hinweg vom seltenen Anblick zarter Kirschblüten erfreut wird.

Ein Vertreter der Gattung *Prunus* ist erst in den letzten Jahren gelegentlich im Handel zu finden: Die Japanische Aprikose (*Prunus mume*). Der in den ersten Jahren zunächst starkwüchsige und ausladende Strauch ist im Wuchs und in der Belaubung am ehesten mit einer Schlehe zu vergleichen. Diese Unscheinbarkeit wird während der Monate Februar bis April

Rot blühende Zaubernüsse sind etwas ganz Besonderes. Die Sorte Hamamelis x intermedia 'Ruby Glow' hat kleine Blüten, die nur aus der Nähe betrachtet ihre volle Schönheit offenbaren können.

aber durch eine Unmenge kompakter kleiner Blüten wettgemacht. Bei der am häufigsten vertretenen Sorte 'Beni-Shidare' sind sie von einem intensiven und für diese Jahreszeit ungewöhnlichen Rosarot. Selbst geöffnete Blüten überstehen einige Minusgrade unbeschadet – für eine *Prunus* eine absolute Seltenheit! Der Farbeffekt wird noch durch die Tatsache gesteigert, dass die Rinde der blütentragenden Zweige von einem frischen Grün ist. Damit nicht genug der Superlative. Die Blüten duften schwer und süß und erscheinen auch an den Trieben des Vorjahres. Deshalb kann man *Prunus mume* ent-

Die Blüten der Japanischen Aprikose (Prunus mume) gehören zu den kälteunempfindlichsten der Gattung Prunus. Jene der Sorte 'Beni-Shidare' sind variabel und es gibt einfache und halbgefüllte unter ihnen. In jedem Fall duften sie weithin wahrnehmbar und sehr süß.

weder frei wachsen lassen oder aber stark zurückschneiden. Geschieht dies unmittelbar nach der Blüte, treiben selbst ältere Sträucher rasch wieder aus und blühen im nächsten Jahr schon wieder. Das kann sogar so weit gehen, die Japanische Aprikose wie eine Rispen-Hortensie (*Hydrangea paniculata*) jedes Jahr bis auf einen Stock von circa 15 bis 20 Zentimetern zurückzuschneiden. Dadurch werden viele Triebe gebildet, die im nächsten Frühjahr besonders in gemischten Rabatten für einen auffallenden Akzent sorgen. Da *Prunus mume* durch Veredelung vermehrt wird, ist es für diesen Zweck natürlich wichtig, keine Stämmchen zu kaufen. Würde man diese in Bodennähe

*Unter dem zutreffenden, aber wenig poetischen Namen »Fleischbeere«
fristen die intensiv nach Vanille duftenden kleinen Sträucher der
Gattung Sarcococca ein Schattendasein. Das sollte anders werden …*

kappen, wäre die Aprikose verloren und nur die Pfropfunterlage
triebe wieder aus – meistens eine gewöhnliche Schlehe (*Prunus
spinosa*). *Prunus mume* ist nach Erfahrungen des Autors ausgesprochen winterhart und übersteht länger andauernde Temperaturen von -18 °C unbeschadet. Ein Gehölz mit Potenzial, das
sich gut eignet, in kleinen, neu angelegten Gärten schnell Atmosphäre zu schaffen: Jahrestriebe von einem Meter Länge sind in
den ersten Jahren nach der Pflanzung nicht ungewöhnlich.

    Auch einige immergrüne Gehölze blühen während der
kalten Jahreszeit, sind aber leider nicht in sehr kalten Gegenden Deutschlands winterhart und bedürfen dort zumindest
eines windgeschützten Standortes. Die kleine Fleischbeere
(*Sarcococca*) bildet mit ihren glänzend grünen Blättern und
unscheinbaren Blüten im Halbschatten eine willkommene
Quelle feinen Vanilleduftes. Am bekanntesten ist die durch
Ausläufer kleine Gruppen bildende Art *Sarcococca hookeriana
var. humilis*, die nur 40 Zentimeter hoch wird und sich bestens
als – zugegebenermaßen sehr luxuriöser – Bodendecker unter
lichten Gehölzen eignet. *Sarcococca confusa* bildet dagegen
einen langsam wachsenden dichten Strauch von bis zu einem
Meter Höhe und Breite, bleibt aber oft kleiner. Beide tragen
im Winter tiefschwarze, runde Beerenfrüchte, die erst im Frühjahr vertrocknen.

    Wie die Fleischbeere stammt auch die Duftblüte aus
China. Neben der einem *Ilex* ähnlichen, im Herbst blühenden
Art *Osmanthus heterophyllus*, von der meistens die buntlaubi-
gen Formen erhältlich sind, ist besonders die Hybride *Osman-
thus x burkwoodii* ein Muss für Liebhaber frühblühender
Gehölze. Auch sie duftet sehr süß und die strahlend weißen
Blütchen erscheinen in großer Zahl in den Blattachseln. Sie
sind sehr zart und sollten vor starken Spätfrösten geschützt

werden, die die geöffneten Blüten unweigerlich zerstören. *Osmanthus x burkwoodii* lässt sich sehr gut schneiden und kann gut an Mauern in Hausnähe wachsen. Es gibt kaum ein schöneres Gartenerlebnis, Anfang April an einem der ersten warmen Tage auf der Terrasse zu sitzen und den Duft einer Gruppe dieser Sträucher zu genießen.

Sehr stark duftet auch Seidelbast (*Daphne mezereum*). Er war schon in den Gärten des Mittelalters zu finden und gehört noch heute zu den spektakulärsten Gartengehölzen – wenn er in Blüte steht. Später im Jahr ist der Wuchs ausgesprochen locker bis schütter und die Belaubung manchmal spärlich. Man sieht selten schöne alte Exemplare, obwohl alljährlich viele Tausende junger Seidelbaste verkauft werden. Das hat verschiedene Gründe: Seidelbast gehört zu den wenigen Gartenpflanzen, die zum guten Gedeihen einen kalkhaltigen Boden brauchen. Außerdem verträgt er das Verpflanzen offensichtlich schlecht. Zudem sind bei fast allen Arten der Gattung Viruskrankheiten ein leider nicht auszurottendes Problem. Dennoch lohnt der Versuch, einen Seidelbast zu pflanzen. Besonders die tiefrosa blühende Selektion 'Rubra Select' ist schön. Seidelbast ist nicht für Gärten mit Kindern geeignet, da alle Pflanzenteile beim Verzehr giftig sind und zu Hautreizungen führen können.

Überhaupt können auch einheimische Gehölze so früh im Jahr für Farbe sorgen, zum Beispiel die Kornelkirsche (*Cornus mas*) mit ihren lichtgelben Blütensternchen. Als Feldgehölz und Straßenbegleitgrün häufig zu finden, wird sie in Gärten leider vernachlässigt. Man darf sich als Gärtner nicht dazu verleiten lassen, häufige Pflanzen als gewöhnlich abzutun. Ältere Kornelkirschen sind sehr charaktervolle Gehölze, die es mit ihrer Unempfindlichkeit ja sogar bis an den Rand der Autobahn gebracht haben. Ökologisch sind sie sogar wertvoll, da die im Spätsommer reichlich gebildeten ovalen roten Kirschenfrüchte sehr beliebt bei vielen Singvögeln sind. Man kann aus ihnen auch ein sehr leckeres Gelee oder Marmeladen herstellen.

Das strauchige Geißblatt Lonicera x purpusii öffnet im November seine ersten Blüten und blüht dann oft bis Anfang April. Unter den heimischen Gehölzen zählt die Kornelkirsche (Cornus mas) zu den ersten Frühlingsboten unter den großen Sträuchern (rechte Seite).

Dazu sind inzwischen sogar besonders großfrüchtige Auslesen selektiert worden, 'Jolico' zum Beispiel. Der Wuchs ist aufstrebend und recht breit, wobei alle Seitentriebe sich eher horizontal ausrichten. Schneiden verdirbt die Entwicklung eines harmonischen Aufbaus vorzeitig; vielleicht ist das ein Grund, warum Kornelkirschen so selten im Garten zu finden sind. Eine gelblaubige Sorte ('Aurea') und eine sehr schöne weißbunte Form ('Variegata') wachsen langsamer und sind Raritäten für

Der Duft-Schneeball (Viburnum x bodnantense) ist häufig in den Gärten zu finden. Da er in der Regel reich blüht, kann man einige Zweige für die Vase schneiden, um den Duft im Haus zu erleben.

Liebhaber ausgefallener Gehölze. Ganz ähnlich wie die Kornelkirsche ist der aus China stammende Strauch *Cornus officinalis*. Erfreulicherweise ist das Gelb sehr viel leuchtender als bei *Cornus mas*, so dass die noch wenig verbreitete Art in Kürze viele Anhänger finden dürfte, zumal sie in der Pflege genauso anspruchslos ist.

Das trifft sicher auch auf die Scheinhaseln (*Corylopsis*) zu, die alle mit mehr oder weniger schlüsselblumengelben Blütenständen aufwarten. Ein häufiger Gast ist in Gärten vor allem *Corylopsis pauciflora*, ein sehr feinzweigiger Strauch mit mattem kleinem Hasellaub, der hervorragend in Gruppen mit größeren Gehölzen gedeiht. Er mag sauren und humusreichen Boden, weshalb er gut zu Rhododendron und Kamelie passt. Alle andere Arten sind kräftiger und erreichen Ausmaße von ungefähr zwei mal zwei Metern, was aber recht lange dauert. Auch sind ihre Blüten deutlich größer und in bis zu sieben Zentimeter langen, hängenden Trauben vereint. *Corylopsis spicata* ist robust, es gibt auch eine Form mit dunklem Auge in der Blüte, was doch einen großen Unterschied macht; *Corylopsis willmottiae* ist wegen des im Austrieb purpurfarbenen Laubes auch nach der Blüte lohnend.

Alle Winter- und Vorfrühlingsblüher sollten mit Stauden und Zwiebelblumen kombiniert werden. Schneeglöckchen (*Galanthus*) sind immer schön wegen der neutralen Farbe des graugrünen Laubes und weil sie sich gut unter Gehölzen vermehren, vorausgesetzt, man lässt sie dort in Ruhe gewähren. Großblütige Formen blühen in der Regel früher als das kleine einheimische Schneeglöckchen, und hier gibt es neben den Formen des bekannten *Galanthus elwesii* noch viel Raum für Pflanzenjäger. In Ruhe wollen auch Winterlinge (*Eranthis hiemalis*) gelassen werden, die mit ihren sonnengelben Hahnenfuß-Blüten auf saftig grünen Blattschirmen bei zusagenden Bodenverhältnissen dichte Teppiche durch Selbstaussat bilden. Ebenso der lichtblaue botanische Krokus *Crocus tommasinianus*. Die kleinblütigen Formen passen eigentlich besser zum

Charme der frühblühenden Gehölze, sie unterstreichen deren Schönheit mit einem zarten farblichen Kontrapunkt; die knallbunten großen Frühlingskrokusse (*Crocus vernus*) sind dafür zu aufdringlich und wirken grob. Natürlich passen auch wintergrüne Gräser wie Seggen (*Carex*) ins Bild, bei flächiger Pflanzung oder in Gruppen ist *Carex morowii* 'Variegata' mit cremegelben Längsstreifen im Blatt eine pflegeleichte Gesellschaft. Grün hebt den Eindruck eines winterblühenden Gehölzes enorm, während nackte Erde darunter viel Wirkung verschenkt. Schließlich muss das nicht sein.

Lenzrosen *(Helleborus)* passen auch hervorragend, hier sollte man auf gute Farben bei den Hybriden von *Helleborus orientalis* achten. Die Palette reicht von Weiß über Rosa bis hin zu Grün und Aubergine-Tönen, mit unzähligen Mischformen darunter. Hier ist ein kritisches Auge gefragt, während die Christrose *Helleborus niger* immer rein weiß blüht. Sie ist etwas anspruchsvoller und verträgt auch nur annähernd sauren Boden überhaupt nicht. Bergenien (*Bergenia*) sind ein Pflanzpartner, der mit seinen runden, großen Blättern vor allem in der Fläche Ruhe und auch Farbe ins Spiel bringt. Aber nicht alle Sorten haben eine gute und purpurrote oder bronzene Winterfärbung der immergrünen Blätter.

Übrigens gibt es auch eine beliebte Kletterpflanze, die im Winter monatelang blüht: den Winterjasmin (*Jasminum nudiflorum*). Seine bis einen Zentimeter großen, gelben Blüten erscheinen zu Hunderten an mehrere Meter langen, peitschenartig dünnen Trieben, die nicht selber klettern können, sondern aufgebunden werden müssen. Man kann die Pflanze auch gut über eine Mauerkrone wachsen lassen oder an einem Hang als Bodendecker verwenden. Das geht auch deshalb, weil die Triebe, die sich zu Boden senken, immer wieder wurzeln. So lässt sie sich auch leicht vermehren. Vielleicht, um andere Gartenfreunde auf den Geschmack zu bringen und davon zu überzeugen, dass der Winter hierzulande beileibe alles andere als trist und grau sein muss.

Winterblühende Gehölze bringen Farbe zu einer Zeit in den Garten, da die ersten Frühlingsboten unter den Blumenzwiebeln noch auf sich warten lassen. Aus diesem Grund sollten sie viel häufiger gepflanzt werden.

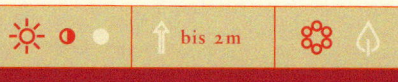

CHAEONOMELES X SUPERBA 'CRIMSON AND GOLD'

Rosaceae
Zierquitte

☼ ◐ ○   ⇧ bis 2 m

Herkunft: Züchtung
Belaubung: Laubabwerfend · dunkelgrün, oberseits glänzend · verkehrt eiförmig
Wuchsform: Dichter und später in die Breite gehender mittelgroßer Strauch, 2 m Höhe, 1–2 m Breite
Rinde | Zweige: Grau, glatt
Blüte: Prachtvoll samtrot mit goldenen Staubgefäßen, vor dem Blattaustrieb · bis vier Zentimeter breit
Standortansprüche: Sehr anpassungsfähig, nahezu alle Standorte in der Sonne · kann auch als Spalier an Hausmauern gezogen werden
Schnitt: Sehr schnittverträglich
Besonderheiten: Harte gelbe Quittenfrüchte als Winterschmuck
Geeignet für kleine Gärten: Ja

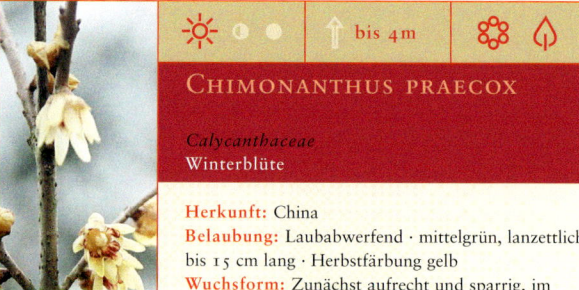

CHIMONANTHUS PRAECOX

Calycanthaceae
Winterblüte

☼ ◐ ○   ⇧ bis 4 m

Herkunft: China
Belaubung: Laubabwerfend · mittelgrün, lanzettlich, bis 15 cm lang · Herbstfärbung gelb
Wuchsform: Zunächst aufrecht und sparrig, im Alter ausgebreitet, mittelgroßer Strauch, 3–4 m Höhe, 2–4 m Breite
Rinde | Zweige: Grau, glatt
Blüte: Wachsige hängende Blüten, vor dem Blattaustrieb · sehr stark duftend
Standortansprüche: Wärmebedürftig im Sommer, um guten Knospenansatz zu fördern · Boden sollte nicht austrocknen · windgeschützt
Schnitt: Sehr gut schnittverträglich
Besonderheiten: Einer der am stärksten duftenden Sträucher
Geeignet für kleine Gärten: Ja

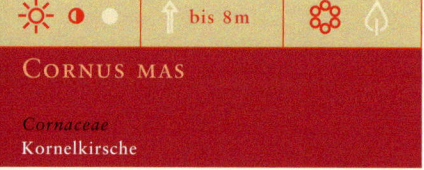

CORNUS MAS

Cornaceae
Kornelkirsche

☼ ◐ ○   ⇧ bis 8 m

Herkunft: Mitteleuropa
Belaubung: Laubabwerfend · frischgrün, elliptisch · Herbstfärbung gelb
Wuchsform: Straff aufrecht mit später fast waagerecht stehenden Ästen, im Alter ausladender großer Strauch, 4–8 m Höhe, 4–6 m Breite
Rinde | Zweige: Graubraun
Blüte: Kleine gelbe Dolden, vor dem Blattaustrieb · leicht duftend
Standortansprüche: Sehr anpassungsfähig, nahezu alle Standorte, blüht an sonnigen Plätzen reicher · Trockenheit wird vertragen
Schnitt: Sehr schnittverträglich · gutes Formgehölz
Besonderheiten: Ovale kirschengroße Steinfrüchte, die essbar sind
Geeignet für kleine Gärten: Ja

CORYLOPSIS PAUCIFLORA

Hamamelidaceae
Kleinblütige Scheinhasel

☼ ◐ ○   ⇧ bis 1,5 m

Herkunft: Japan, Taiwan
Belaubung: Laubabwerfend · dunkelgrün, matt · herzförmig, klein · Herbstfärbung gelb
Wuchsform: Feinzweigiger kleiner Strauch mit fast waagerechten Trieben 1–1,5 m Höhe, 1–2 m Breite
Rinde | Zweige: Graubraun, glatt
Blüte: Kleine hellgelbe, hängende Blütentrauben, vor dem Blattaustrieb · nach Schlüsselblumen duftend
Standortansprüche: Leicht saure humose Böden, die nicht austrocknen · empfindlich gegenüber kalten Winden
Schnitt: Nicht notwendig
Besonderheiten: Flachwurzler, daher keine Bodenbearbeitung
Geeignet für kleine Gärten: Ja

CORYLOPSIS SPICATA

Hamamelidaceae
Große Scheinhasel

☼ ◐ ○   ⇧ bis 3 m

Herkunft: Japan
Belaubung: Laubabwerfend · bläulich mattgrün · breit herzförmig · Herbstfärbung gelb
Wuchsform: Unregelmäßig aufgebauter Strauch mit aufsteigenden Trieben 2–3 m Höhe, 2–3 m Breite
Rinde | Zweige: Graubraun, glatt
Blüte: Hellgelbe, hängende Blütentrauben, vor dem Blattaustrieb · bis vier Zentimeter lang, angenehm duftend
Standortansprüche: Leicht saure humose Böden, die nicht austrocknen · ausgezeichneter Strauch für den Halbschatten
Schnitt: Nicht notwendig
Besonderheiten: Schöner purpurfarbener Austrieb
Geeignet für kleine Gärten: Ja

HAMAMELIS X INTERMEDIA 'SULPHUREA'

Hamamelidaceae
Zaubernuss

☼ ◐ ○   ⇧ bis 5 m

Herkunft: Züchtung
Belaubung: Laubabwerfend · mattgrün, an Hasellaub erinnernd · schöne Herbstfärbung
Wuchsform: Zunächst locker und buschig, im Alter breit fächer- bis trichterförmig · mittelgroßer Strauch, 3–5 m Höhe, 3–5 m Breite
Rinde | Zweige: Graubraun, glatt
Blüte: Zartes Schwefelgelb, vor dem Blattaustrieb · duftend
Standortansprüche: Lockerer schwach saurer Boden · Trockenheit wird schlecht vertragen · Sonne bis Halbschatten, dort aber weniger Blüten
Schnitt: Auslichten bei Bedarf
Besonderheiten: Verträgt späteres Umpflanzen schlecht
Geeignet für kleine Gärten: Ja

☀ ◐ ○ | ⬆ bis 5 m | ✿ ◊

HAMAMELIS X INTERMEDIA 'ORANGE BEAUTY'
Hamamelidaceae
Zaubernuss

Herkunft: Züchtung
Belaubung: Laubabwerfend · mattgrün, an Hasellaub erinnernd · schöne Herbstfärbung
Wuchsform: zunächst locker und buschig, im Alter breit fächer- bis trichterförmig · mittelgroßer Strauch, 3–5 m Höhe, 3–5 m Breite
Rinde | Zweige: Graubraun, glatt
Blüte: Prächtig orangegelb, vor dem Blattaustrieb · duftend
Standortansprüche: Lockerer schwach saurer Boden · Trockenheit wird schlecht vertragen · Sonne bis Halbschatten, dort aber weniger Blüten
Schnitt: Auslichten bei Bedarf
Besonderheiten: Verträgt späteres Umpflanzen schlecht
Geeignet für kleine Gärten: Ja

☀ ◐ ○ | ⬆ bis 4 m | ✿ ◊

LONICERA FRAGRANTISSIMA
Caprifoliaceae
Duft-Geißblatt

Herkunft: China
Belaubung: Halbimmergrün · dunkelgrün, ganzrandig · in harten Wintern laubabwerfend
Wuchsform: Ausladender Strauch von dichtem Wuchs · 4 m Höhe, 3–4 m Breite
Rinde | Zweige: Hellbraun, pergamentartig
Blüte: Weiß mit goldfarbenen Staubgefäßen, vor dem Blattaustrieb · nach Zitronen duftend
Standortansprüche: Anpassungsfähig, nahezu alle Standorte auf neutralen bis leicht alkalischen oder leicht sauren Böden · blüht in der Sonne besser
Schnitt: Gut schnittverträglich
Besonderheiten: Lange Blüte von Dezember bis April
Geeignet für kleine Gärten: Ja

☀ ◐ ○ | ⬆ bis 8 m | ✿ ◊

PRUNUS MUME 'BENI SHIDARE'
Rosaceae
Japanische Aprikose

Herkunft: Japan, Korea
Belaubung: Laubabwerfend · dunkelgrün, rundlich · an eine Schlehe erinnernd
Wuchsform: Ausladender großer Strauch oder kleiner mehrstämmiger Baum mit aufstrebenden Ästen · 5 bis 8 m Höhe, 4–6 m Breite
Rinde | Zweige: Junge Triebe grün, später hellbraun
Blüte: Kräftig rosarot, vor dem Blattaustrieb · stark duftend
Standortansprüche: Sehr unempfindlich · windgeschützte Standorte wegen der sehr frühen Blüte · volle Sonne
Schnitt: Sehr schnittverträglich · kann alljährlich auf Stock gesetzt werden
Besonderheiten: Die Blüten überstehen geringe Fröste schadlos
Geeignet für kleine Gärten: Ja

☀ ◐ ○ | ⬆ bis 4 m | ✿ ◊

PRUNUS SUBHIRTELLA 'PENDULA'
Rosaceae
Hängende Winter-Kirsche

Herkunft: Japan
Belaubung: Laubabwerfend · dunkelgrün, gesägt, eiförmig, bis 5 cm lang· Herbstfärbung
Wuchsform: Sehr bizarrer, im Alter breiter Wuchs mit hängenden Zweigen · großer Strauch oder kleiner Baum · 3–4 m Höhe, 3–4 m Breite
Rinde | Zweige: Graubraun
Blüte: Hellrosa, vor dem Blattaustrieb im April
Standortansprüche: Anpassungsfähig, stark saure Böden sind nicht empfehlenswert · auch für halbschattige Standorte geeignet
Schnitt: Nur Auslichten, um den Wuchs harmonisch zu halten
Besonderheiten: Einzelstellung wegen des schönen Wuchses
Geeignet für kleine Gärten: Ja

☀ ◐ ● | ⬆ bis 1 m | ✿ ◊

SARCOCOCCA CONFUSA
Buxaceae
Fleischbeere

Herkunft: Westliches China
Belaubung: Immergrün · dunkelgrün, stark glänzend · elliptisch bis 5 cm lang
Wuchsform: Kompakt breitbuschig, auch im Alter sehr dicht, nach 10 Jahren bis 1,5 m hoch und ebenso breit
Rinde | Zweige: Frischgrün, später graubraun
Blüte: Unscheinbar im Winter und Vorfrühling · nach Vanille duftend
Standortansprüche: Sehr anpassungsfähig für alle halbschattigen und schattigen Lagen, volle Sonne führt zu Gelbfärbung des Laubes
Schnitt: Schnitt ist nicht nötig
Besonderheiten: Schwarze fleischige Beeren, die fast ein Jahr halten
Geeignet für kleine Gärten: Ja

☀ ◐ ○ | ⬆ bis 3 m | ✿ ◊

VIBURNUM X BODNANTENSE
Caprifoliaceae
Winterblühender Schneeball

Herkunft: Züchtung · fast immer sterile Hybride aus Viburnum farreri und Viburnum grandiflorum
Belaubung: Laubabwerfend · mittelgrün, eiförmig und gesägt · Herbstfärbung
Wuchsform: Je nach Standort locker oder dicht wachsender mittelgroßer Strauch, 3 m hoch und breit
Rinde | Zweige: Graubraun, rissig
Blüte: Weiß und rosa überlaufen, in Büscheln an den Triebenden und Seitentrieben · vor dem Blattaustrieb · süß duftend
Standortansprüche: Nahezu alle Standorte · nicht auf sehr schweren Böden
Schnitt: Gut schnittverträglich
Besonderheiten: Blüht oft von November bis Anfang April
Geeignet für kleine Gärten: Ja

Prunus serrula

№

9

Tapetenwechsel tut gut – auch im Garten. Dort kann man nach dem herbstlichen Laubfall einmal ganz andere Anblicke erleben: Die Rinde kommt jetzt zur Geltung. Aufregende Strukturen und interessante Färbungen sorgen in den Wintermonaten für neue Highlights.

FÜR WINTERLICHE

Was macht ein Gehölz
aus: Blüten, Laub,
Wuchsform und Rinde!
Die meisten Menschen
denken heutzutage
immer an den Garten
im Frühjahr oder Som-
mer. Das ist ganz ver-
ständlich, denn in die-
sen Monaten schenkt
uns die Natur eine
nicht enden scheinende
Kette von wunderbaren
Ereignissen.

Sie geht auch im Garten so verschwende-
risch mit Formen und Farben um, dass man
völlig vergisst, dass auch in der kalten Jahreszeit einige Pflanzen ihren großen Auftritt
haben. Entblätterte Schönheiten sind dann
neben immergrünen Gehölzen im Mittel-
punkt des Interesses. Es lohnt sich, bei einer
ganzen Reihe von Bäumen und Sträuchern
einmal hinter die grüne Fassade zu schauen.
Nach dem Laubfall werden Zweige und
Stamm unverhüllt sichtbar. Man kann jetzt
gut die Wuchsformen erkennen. Zwar ist
man im Winter nicht oft im Garten, aber
einige Attraktionen werden uns doch hin-
ausziehen. Am ehesten zählen verschiedene
Birken zu den wegen ihrer hübschen Rinde
angepflanzten Gehölzen. Zu den schönsten
unter diesen denkbar anspruchslosen Bäumen gehört die weißrindige Form der Himalaya-Birke *(Betula utilis)*. *Betula utilis var.*
jacquemontii ist auch als Schnee-Birke

bekannt und dieser Name ist Programm: Die wie bei allen Birken attraktiv und in feinen Streifen waagerecht abblätternde
Rinde ist an freien Standorten schneeweiß. Diese Birke bildet
einen mittelgroßen Baum mit aufsteigenden Ästen und eignet
sich hervorragend für eine Gruppenpflanzung. Drei Schnee-Bir-
ken, vor der immergrünen Kulisse von einigen *Ilex*-Sträuchern
oder einer Eiben-Hecke gepflanzt, sind den ganzen Winter über
ein schöner Blickfang im Garten. Ist der Standort zu luftfeucht,
kann es sein, dass sich die Stämme mit einem grünen Algenbe-
lag überziehen. Dazu ein Tipp, der durchaus ernst gemeint ist,
aber nur von perfektionistisch veranlagten Gartenfreunden
beherzigt werden wird: Waschen Sie die Stämme im Herbst mit
klarem Wasser und einer weichen Bürste ab. Das Ergebnis
kann sich dann wahrhaftig sehen lassen. Eine andere asiatische
Birke ist die Gold-Birke *(Betula ermannii)*, die fälschlicherweise
unter dem Namen *Betula costata* angeboten wird (die echte *B.*
costata ist im Vergleich ein ziemlich enttäuschender Baum). Die
Rinde dieses großen, aber ziemlich langsamwüchsigen Baumes
ist bei manchen Pflanzen beige mit einem fast rosafarbenen
Schimmer. Der Stamm ist ziemlich glatt und deshalb kommt
die Färbung gut zur Geltung. Typisch für Birken ist, dass junge
Pflanzen noch nicht die charakteristische Rinde haben. Erst ab
einem Stammumfang von zehn bis zwölf Zentimetern kann
man erahnen, was in diesen herrlichen Gehölzen steckt. Wer
also keine Geduld hat, sollte etwas mehr Geld ausgeben und
Pflanzen kaufen, die mindestens sechs Jahre alt sind. Eine
Birke, die wesentlich mehr Platz beansprucht, ist die Papier-
Birke *(Betula papyrifera)*. Ihre weiße Rinde ist von hellgrauen
Korkzellen (Lentizellen) durchzogen, was ihr ein sehr elegantes
Aussehen verleiht. Sie hat außerdem eine leuchtend gelbe Laub-
färbung im Herbst. Wesentlich dunklere Töne hat die Kupfer-
Birke *(Betula albosinensis)* zu bieten. Dieser im Wuchs der
Himalaya-Birke ähnliche Baum hat eine rosabraune Rinde mit
Mahagoni-Untertönen, die bei der Varietät *Betula albosinensis*
var. septentrionalis noch einen geheimnisvollen grauen Hauch

ENTDECKUNGEN

hat. Der »Beatle« unter den Birken ist die Schwarz-Birke *(Betula nigra)*. Ihre Rinde blättert so stark in Grau- und Brauntönen ab, dass sie den Stamm in einen dichten Pelz zu hüllen scheint. Auch sie wird bis zu zehn Metern hoch. Für kleinere Gärten lohnt es sich, sich auf die Suche nach der ziemlich seltenen Art *Betula medwediewii* zu machen. Sie ist ein großer Strauch, der erst nach mehr als zwei Jahrzehnten allmählich baumartige Ausmaße erreicht. Seine Rinde leuchtet in der Wintersonne messingfarben. Auffallend ist, dass er sehr große Blätter hat, dicke Triebe und aufrecht stehende Blütenkätzchen – ungewöhnlich für eine Birke. Die Art stammt aus dem Kaukasus, ist vollkommen winterhart, schätzt aber ein sonniges Plätzchen.

Die meisten mittelgroßen Birken sind sehr schön als mehrstämmige Bäume, wo ihr lockerer Wuchs durch einen weiten Kronenaufbau betont wird. Außerdem hat man gleich meh-

Die braunrote Rinde des Urwelt-Mammutbaumes (Metasequoia glyptostroboides) kommt inmitten des immergrünen Bambus besonders gut zur Geltung. Die interessante Stammform ist außerdem sehenswert und wird nur bei aus Samen gezogenen Pflanzen dieser Art beobachtet. Stecklingsvermehrte Exemplare haben einen runden Stammquerschnitt.

rere kräftige Stämme, an denen die Rinde zu bestaunen ist. Diese Wuchsform ist auch bei den Ahornen ideal. Es gibt einige Sorten mit einer auffällig gefärbten Rinde. Unter den in die Tausende gehenden Kulturformen des Japanischen Fächer-Ahorns *(Acer palmatum)* begeistert 'Senkaki' mit frisch orangeroten Zweigen. Die Rinde älterer Pflanzenteile hingegen vergraut später. Besonders die wegen ihrer seltsam gezeichneten Rinde als Schlangenhaut-Ahorne bekannt Arten aus Amerika sind auch im Winter nähere Betrachtung wert. Der Rote Schlangenhaut-Ahorn *(Acer capillipes)* hat rote junge Zweige und am Stamm eine braungrüne Rinde mit weiß-grauen Längsstreifen. Die dreilappigen Blätter erinnern ein wenig an Weinlaub und sind vor dem Laubfall kräftig rot. Vergleichbar ist *Acer pennsylvanicum*, dessen Form 'Erythrocladum' weithin

sichtbare leuchtend orangerosa Zweige hat. *Acer rufinerve*, der Rostbart-Ahorn, stammt aus China, aber auch seine Rinde ist weiß und dunkelgrün gestreift. Die Lentizellen sind karoförmig, was beim genauen Hinsehen ziemlich aufregend wirkt. Alle Schlangenhaut-Ahorne entwickeln sich in nahrhaf-

Die Kupfer-Birke (Betula albosinensis) ist ein kleiner Baum, der als Hochstamm gezogen besonders schön wirkt. Die Rinde ist in Schattierungen von Creme bis Mahagoni gefärbt und hat einen rosa Hauch.

tem Boden in Sonne oder Halbschatten zu aufrecht wachsenden großen Sträuchern oder kleinen Bäumen bis fünf Meter Höhe. Sie wachsen in der Jugend zügig und sollten dann nur vorsichtig geschnitten werden, um eine schöne Wuchsform aufzubauen. Dazu werden schwache oder optisch störende Triebe am besten ganz entfernt. Ein Star unter allen Gehölzen, die im Winter ins Auge fallen, ist zweifellos der Zimt-Ahorn *(Acer griseum)*. Bereits bei kleinen Pflanzen ist zu erkennen, wie sich die dunkelrotbraune oberste Rindeschicht in kleinen Plättchen ablöst und zusammenrollt, um den Blick auf eine zimtbraune, glatte Rindenschicht freizugeben. Der Zimt-Ahorn ist im Sommer eher unscheinbar, im Herbst färben sich seine dreizähligen Blätter feurig orangerot. Diese Pflanze wurde 1901 von Ernest Wilson, einem der berühmtesten britischen Pflanzensammler, aus China eingeführt und ist seitdem ein echter Geheimtipp unter Gartenfreunden. Bei einer kleinen Pflanze braucht man nur etwas Geduld, da der Baum erst nach ungefähr zehn Jahren seine volle Schönheit zu entwickeln beginnt. Dann aber ist er wie ein guter Rotwein – er wird von Jahr zu Jahr immer besser. Da in letzter Zeit viele Menschen diese herrliche Pflanze in ihrem Garten haben wollen, sind bedauerlicherweise auch Exemplare unter diesem Namen in den Handel gekommen, die Hybriden mit *Acer triflorum* sind, einer nahe verwandten und mit Ausnahme der herrlichen

Die aus dem Himalaya stammende Birke Betula utilis ist unter den weißrindigen Bäumen eigentlich konkurrenzlos. Junge Pflanzen haben noch eine graubraune Rinde, die später abblättern wird.

Rinde fast identischen Art. Doch sie zeigen längst nicht die Merkmale eines *Acer griseum*; wer sichergehen will, sollte lieber etwas mehr investieren und eine Pflanze aussuchen, an deren Rinde eindeutig zu erkennen ist, dass es sich um einen Zimt-Ahorn handelt. *Acer triflorum*, der Dreiblütige Ahorn, ist wegen seiner Herbstfärbung auch schön, die Rinde löst sich jedoch in langen Streifen senkrecht ab und ist graubraun. Er ist eher eine Pflanze für ausgesprochene Ahorn-Liebhaber.

Aus den Städten kennt jeder die großen Platanen – meistens Alleebäume –, deren Borke sich im Frühsommer mit beginnendem Wachstum in großen Platten löst und den dicken Stämmen einen ungewöhnlichen Zweifarben-Anstrich verleiht. Platanen sind in der Regel zu groß für die meisten Gärten – es sei denn, man verwendet künstlich erzeugte Formen wie Schirm-Platanen, die durch ständigen Schnitt in Form gehalten werden. Aber man kann sich ein Gehölz mit ähnlicher Rinde zulegen, das noch ganz andere Vorzüge hat: den Eisenholz-baum *(Parrotia persica)*. Er ist ein ausladender großer Strauch mit breit wachsenden Ästen, gibt aber als Hochstamm gezogen auch einen sehr attraktiven Baum für kleine Gärten ab. Eine Parrotie wäre ideal, um sie an einem Sitzplatz als Sonnenschutz zu pflanzen. Denn das glänzend grüne Laub, das in der Form an eine Hasel erinnert, sieht nicht nur im Sommer gut aus. Im Herbst zeigt es ein Farbenspiel, das je nach Witterung und

Standort von Gelb über Orange und Rot zu tiefem Purpur wechselt. Im Winter schließlich begeistern ältere Pflanzen mit der eisgrauen Rinde, die sich in Platten ablöst. Wer genau hinsieht, wird im zeitigen Frühjahr himbeerrote Blütensterne entdecken, die an winzige Zaubernuss-Blüten erinnern. Beide Arten sind außerdem verwandt, aber der Eisenholzbaum teilt die Vorliebe der Zaubernuss für leicht saure Böden nicht und wächst mit Ausnahme stark kalkhaltiger Böden eigentlich überall ausgezeichnet. Es gibt eine ausgelesene Sorte, 'Vanessa', die schmaler bleibt und zierlicher im Wuchs ist, aber dabei alle anderen Vorzüge der Art besitzt. Da Parrotien in der Regel ziemlich breit werden, sollte man ihnen ausreichend Platz zur Verfügung stellen. Nach zehn Jahren kann eine Pflanze gut acht Meter hoch und dabei unter Umständen sechs Meter breit werden. Wie bei vielen Gehölzen mit charakteristischer Wuchsform sollte sie nicht durch Schnittmaßnahmen klein gehalten werden. Es wäre wirklich schade darum. Man kann bei jungen Pflanzen höchstens korrigierend eingreifen, um die endgültige Wuchsform den eigenen Bedürfnissen anzupassen. So könnte man selbst entscheiden, ob die Pflanze mehrtriebig wachsen darf oder nur einen starken Leittrieb erhält – in letzterem Fall würde das Längenwachstum gefördert und die Pflanze bliebe schmaler. Wer gerne zur Schere greift, ist bei jenen Hartriegel-Sorten bestens aufgehoben, deren Zweige eine leuchtend gefärbte Rinde haben. Sie sollten nämlich alle zwei Jahre sehr tief zurückgeschnitten werden, damit sich neue kräftige und gut ausgefärbte Triebe entwickeln. 'Midwinter Fire', eine Sorte des Blut-Hartriegels (Cornus sanguinea), ist der schönste dieser Sträucher. 'Winter Beauty' ist sehr ähnlich und möglicherweise sogar identisch. Die feinen Zweige sind orange und gelb überlaufen und strahlen schon von weitem, als hätte man ein Licht im Garten entzündet. Wenn die Pflanze in der oben erwähnten Art behandelt wird, wird sie nicht größer als ungefähr 1,20 Meter. Mindestens drei Pflanzen sollten gesetzt werden, da der Effekt einer einzelnen untergehen würde. Wenn diese Sträucher

aus einer Gruppe von Bergenien mit purpurfarbenem Laub aufsteigen oder mit weißen Christrosen (Helleborus niger) unterpflanzt werden, ergibt sich ein erlesenes Winterbild. Wer Freude an diesen Hartriegeln hat, kann auch auf andere Rindenfarben zurückgreifen: Olivgrün ist Cornus stolonifera 'Flaviramea', der Ausläufer und so selbst schöne Gruppen bildet. Er ist ausgesprochen tolerant gegenüber Staunässe und eignet sich sogar für verdichtete Böden, in denen empfindlichere Gewächse versagt haben. Der Weiße Hartriegel (Cornus alba 'Sibirica') hat Zweige von einem Rot, das an chinesischen Lack erinnert; von ihm gibt es auch eine Sorte mit weißbunten Blättern. Er wächst entschieden kräftiger als die beiden anderen Arten und sollte bei einer Kombination besser im Hintergrund stehen. Zu ihm würden weißbunte, immergrüne Kriechspindeln (zum Beispiel Euonymus fortunei 'Emerald Gaiety') als bodendeckende Unterpflanzung passen. Diese muss man aber mit einer Schere regelmäßig schneiden, um sie flach zu halten. Andernfalls neigen Kriechspindeln dazu, durch unterschiedlich starkes Längenwachstum ihrer vielen Triebe eine kleine Landschaft mit Hügeln und Tälern zu bilden, die zwar sehr individuell ist, aber wenig von ihrem eigentlichen Charme – und ihrer Tätigkeit als Bodendecker – offenbart.

Leider ist die Auswahl wintergrüner Stauden nicht besonders groß. Wo die Winter nicht arktisch sind, kann man mit Geflecktem Aronstab (Arum italicum 'Pictum') einen Versuch machen. Diese niedrige Waldpflanze zieht im Hochsommer nach der Blüte ein, so dass die mit orangefarbenen Beeren besetzten Fruchtkolben ganz nackt dastehen. Im Herbst erscheint dann wieder frisches, graugrün marmoriertes Laub von 20 Zentimeter Länge, das nur durch andauernde starke Fröste vernichtet wird. Der Aronstab kommt mit sehr wenig Licht aus, verträgt Sonne aber dennoch gut. Er vermehrt sich leicht und bildet schnell ansehnliche Gruppen. Ebenfalls gut wintergrün sind einige der kräftigeren Elfenblumen (Epimedium). Epimedium x perralchicum 'Frohnleiten' ist eine stark wachsende, bis

Die Papier-Birke (Betula papyrifera) wird gelegentlich als Parkbaum
gepflanzt – vielleicht ist sie deshalb im Garten nicht so häufig zu finden.
Der mittelgroße Baum ist wegen der eisgrauen Rinde empfehlenswert.

Wenn es um attraktive Rinde geht, liegt der Zimt-Ahorn (Acer griseum) ganz vorn. Um sicherzugehen, dass man keine Kreuzung mit dem Drei-blütigen Ahorn (Acer triflorum) erhält, sollte die Pflanze beim Kauf schon etwas älter sein und die typische Rindenfärbung im Ansatz zeigen.

30 Zentimeter hohe Staude, die im April hell schwefelgelbe Blü-ten an drahtigen Stängeln trägt. Das glänzend grüne Laub bildet einen guten Hintergrund für die frischen Triebe der Hartriegel. Ein bestens bewährter immergrüner Bodendecker ist Ysander *(Pachysandra terminalis)*, eine Pflanze, die auf ihr zusagendem lockerem und frischem Boden fast apfelgrüne dichte Teppiche webt. Sie ist gut für große Flächen geeignet, lässt sich im Ver-bund mit anderen Stauden wegen ihres Ausbreitungsdranges aber nur schwer einsetzen. Zu empfehlen ist sie vor allem, wenn ganze Beete – wie in einem Vorgarten oder in einer Pflasterflä-che – begrünt werden sollen. Hier könnte sie zu einem Zimt-ahorn einen starken Kontrast bilden. Das gelingt optimal, wenn der Boden humusreich ist und nicht austrocknet. Ansonsten nähme das Laub des Bodendeckers einen unschönen Gelbton an, der dem edlen Gehölz wirklich nicht zur Ehre gereichte. Gräser eignen sich gut, um schöne Winter-Gartenbilder zu ent-werfen. Es müssen nicht immer die immergrünen Arten wie die bewährten Seggen *(Carex morowii* 'Variegata'*)* sein, sondern auch solche, deren trockene Halme und Blütenstände man im Herbst nicht abschneidet. Mit ihnen können Raureif und Schnee manche herrliche Stimmung zaubern.

Unter den Gehölzen gibt es einige kleinere oder gut formbare Arten, die zu Bäumen und Sträuchern mit attraktiver Rinde eine schöne Ergänzung sind. Der Buchs 'Blauer Heinz' ist eigentlich als schwach wachsender, niedriger Einfassungs-buchs entwickelt worden, um die im Winter kupferfarben ver-färbende alte Sorte 'Herrenhausen' abzulösen. Aber er eignet sich auch sehr gut als flächige Pflanzung oder in kleiner Grup-pe mit dazwischen gesetzten Bodendeckern. Sein Laub ist blau-grün und wirkt kühl, was gerade bei Gehölzen mit grauer Rinde angemessen wäre. Größer und einem etwas sperrigen Buchs ähnelnd ist die kleine – einmal nicht stechende – Stechpalme *Ilex crenata* 'Golden Gem'. Ihr goldgelb überlaufenes Laub ist im Winter und Frühling ein echter Hingucker und könnte an sonniger Stelle mit roten *Cornus*-Zweigen harmonieren. *Ilex crenata* 'Stokes' bildet kompakte Büsche mit winzigen graugrünen Blättchen und kann sehr gut geschnitten werden. Es gibt eine bedauerlicherweise seltene Form des Kirschlorbeers *(Prunus laurocerasus)*, 'Mount Vernon', die niederliegende Triebe mit smaragdgrün glänzenden großen Blättern hat. Sie ist ziemlich extravagant, aber das Grün wirkt ungemein kräftig während der kalten Jahreszeit.

Ebenso begehrt ist eine immergrüne Staude, die sich durch ihr aufregendes Äußeres einen festen Platz in deutschen Gärten erobert hat: der Schlangenbart *Ophiopogon planiscapus* 'Nigrescens'. Er ist einer der wenigen Vertreter dieser herrlichen Gattung, die bei uns winterhart sind. Seine Blätter sind bis zu 20 Zentimeter lang, schmal riemenförmig und von inten-

Wegen der seltsam gefärbten Rinde werden einige asiatische und amerikanische Ahorne bezeichnenderweise unter dem Begriff »Schlangenhaut-Ahorne« zusammengefasst. Die Art Acer conspicuum 'Silver Vein' besticht durch die intensiv weißgrau gemaserten Zweige. Sie ist als großer Strauch am schönsten und hat auch eine schöne Herbstfärbung.

sivem Schwarzlila. Er muss dicht gepflanzt werden, 20 Pflanzen für den Quadratmeter sind sicher nicht zu viel. Dann schließt sich die Fläche durch Bildung von Ausläufern bei guter Düngung innerhalb von drei Jahren, so dass ein atemberaubend schöner Grund geschaffen wird, aus dem sich zum Beispiel der Stamm eines rotzweigigen Japanischen Fächer-Ahorns äußerst wirkungsvoll erheben kann.

Ophiopogon jedenfalls trägt im Frühsommer cremefarbene, nickende Blütchen zu mehreren an dunklen Stängeln, aus denen später teerschwarze runde Beeren werden. Einige Schneeglöckchen, bevorzugt jene Formen mit blaugrauen Blättern, ergänzen das Bild. Mit solchen Pflanzen kann jeder Gartenbesitzer beweisen, dass ein Garten auch im Winter Momente des Glücks bereithält. Man muss also die Gelegenheit nur ergreifen und bei der nächsten Pflanz- oder Planaktion auch an den Winter denken!

☀ ◐ ○ ⇧ bis 9m ✽ ⬙

ACER CAPILLIPES

Aceraceae
Rotstieliger Schlangenhaut-Ahorn

Herkunft: Japan
Belaubung: Laubabwerfend · glänzend dunkelgrün, dreilappig, Blattnerven und Stiele rötlich · Herbstfärbung leuchtend karminrot
Wuchsform: Kleinbaum oder Großstrauch, aufrecht, locker verzweigt · 7–9 m Höhe, 4–5 m Breite
Rinde | Zweige: Zweige und Stämme glänzend olivgrün mit weißen Längsstreifen
Blüte: Gelblich, in hängenden Trauben · Mai
Standortansprüche: Sonnig bis absonnig, humose, nahrhafte Böden
Schnitt: Freiwachsend
Besonderheiten: Dekoratives Rindenbild, schöne Belaubung
Geeignet für kleine Gärten: Ja

☀ ◐ ○ ⇧ bis 8m ✽ ⬙

ACER GRISEUM

Aceraceae
Zimt-Ahorn

Herkunft: Nordwestchina, Tibet
Belaubung: Laubabwerfend · frischgrün, dreizählig · Herbstfärbung leuchtend orangerot
Wuchsform: Lockerkroniger Kleinbaum oder mehstämmiger Großstrauch · 6–8 m Höhe, 4–5 m Breite
Rinde | Zweige: Zimtfarbene bis rotbraune, papierartig abrollende Rinde, ab vierjährigem Holz
Blüte: Zartgelb, rispenförmig · Mai · flügelförmige Nussfrüchte
Standortansprüche: Sonne bis Halbschatten · luftfeucht, frische bis feuchte, durchlässige, sandig-lehmige Substrate, sauer bis neutral
Schnitt: Freiwachsend, langsamwüchsig
Besonderheiten: Dekorative Rinde
Geeignet für kleine Gärten: Ja

☀ ◐ ○ ⇧ bis 7m ✽ ⬙

ACER PENNSYLVANICUM 'ERYTHROCLADUM'

Aceraceae
Streifen-Ahorn

Herkunft: Gärtnerische Kultur
Belaubung: Laubabwerfend · hellgrün, dreilappig, handgroß · Herbstfärbung gelb-orange
Wuchsform: Breit aufrechter bis eher rundkroniger mittelgroßer Baum, 5–7 m Höhe, 3–4 m Breite · locker wachsend
Rinde | Zweige: Auffallend rot-orange
Blüte: Unscheinbar, mit dem Blattaustrieb
Standortansprüche: Frische Böden auf Lehmbasis · Trockenheit und Hitze werden schlecht vertragen
Schnitt: Nicht erforderlich
Besonderheiten: Eine Sorte mit herrlicher Rindenfärbung
Geeignet für kleine Gärten: Ja

☀ ◐ ○ ⇧ bis 6m ✽ ⬙

ACER RUFINERVE 'WINTERGOLD'

Aceraceae
Rostbart-Ahorn

Herkunft: Gärtnerische Kultur
Belaubung: Laubabwerfend · mittelgrün, dreilappig · Herbstfärbung orangerot
Wuchsform: Malerischer Kleinbaum mit unregelmäßiger Krone · aufwärtsstrebend · 4–7 m Höhe, 2–4 m Breite
Rinde | Zweige: Warmer Goldton
Blüte: Unscheinbar, mit dem Blattaustrieb
Standortansprüche: Frische Böden auf Lehmbasis · Trockenheit und Hitze werden schlecht vertragen · Halbschatten möglich
Schnitt: Nicht erforderlich
Besonderheiten: Eine Sorte mit herrlicher Rindenfärbung
Geeignet für kleine Gärten: Ja

☀ ◐ ○ ⇧ bis 10m ✽ ⬙

BETULA ALBOSINENSIS

Betulaceae
Chinesische Birke, Kupfer-Birke

Herkunft: Westchina
Belaubung: Laubabwerfend · gelbgrün, unterseits heller, eiförmig · Herbstfärbung goldgelb
Wuchsform: Kleiner Baum, lockere, breit pyramidale Krone · 8–10 m Höhe, 4–6 m Breite
Rinde | Zweige: In großen Fahnen dünn abrollend, kupferfarben-glänzend bis braunorange
Blüte: Grünlichgelb, in hängenden Kätzchen · April
Standortansprüche: Sonnig · anspruchslos
Schnitt: Freiwachsend · Stamm am besten aufasten, um die Schönheit der Rinde besonders gut sehen zu können
Besonderheiten: Auffällige Rinde
Geeignet für kleine Gärten: Ja

☀ ◐ ○ ⇧ bis 15m ✽ ⬙

BETULA NIGRA

Betulaceae
Schwarz-Birke, Fluss-Birke

Herkunft: Östliches Nordamerika
Belaubung: Laubabwerfend · glänzend grün, unten grau eiförmig · Herbstfärbung leuchtend gelb
Wuchsform: Mittelgroßer Baum, trichterförmige, malerisch ausladende, offene Krone · 12–15 m Höhe, 10–15 m Breite
Rinde | Zweige: Hellrotbraun bis silbergrau, im Alter schwarzbraun, rollt sich kraus auf und verbleibt am Stamm
Blüte: Grünlichgelb, in hängenden Kätzchen · April
Standortansprüche: Sonnig bis absonnig · feuchte bis mäßig trockene Böden
Schnitt: Freiwachsend
Besonderheiten: Dekorative Rinde, verträgt zeitweilige Überschwemmung
Geeignet für kleine Gärten: Nein

BETULA PAPYRIFERA

Betulaceae
Papier-Birke

☀ ◑ ○ | ↑ bis 20 m | ✿ ◇

Herkunft: Nordamerika
Belaubung: Laubabwerfend · frischgrün, eiförmig, 5–10 cm lang · Herbstfärbung leuchtend gelb
Wuchsform: Großer Baum, pyramidale Krone · 15–20 m Höhe, 10–15 m Breite
Rinde | Zweige: Junge Triebe rotbraun, Rinde blendend weiß bis in die Wipfeläste
Blüte: Grünlichgelb, in 5 cm langen Kätzchen · April
Standortansprüche: Sonnig · alle Böden
Schnitt: Freiwachsend
Besonderheiten: Auffälliges Solitärgehölz mit weißer Rinde · Stamm am besten aufasten, um die Schönheit der Rinde besonders gut sehen zu können
Geeignet für kleine Gärten: Nein

BETULA UTILIS

Betulaceae
Weißrindige Himalaya-Birke

☀ ◑ ○ | ↑ bis 10 m | ✿ ◇

Herkunft: Westhimalaya
Belaubung: Laubabwerfend · frischgrün, herzförmig, 5–7 cm lang · Herbstfärbung goldgelb
Wuchsform: Mittelgroßer Baum, meist mehrstämmig, breitovale, locker transparente Krone · 8–10 m Höhe, 5–7 m Breite
Rinde | Zweige: Junge Triebe olivbraun, Rinde nach 6 Jahren reinweiß, dünn abrollend
Blüte: Grünlichgelb, in 12 cm langen Kätzchen · Mai
Standortansprüche: Sonnig · alle Böden
Schnitt: Freiwachsend
Besonderheiten: Auffälliges Solitärgehölz mit reinweißer Rinde
Geeignet für kleine Gärten: Ja

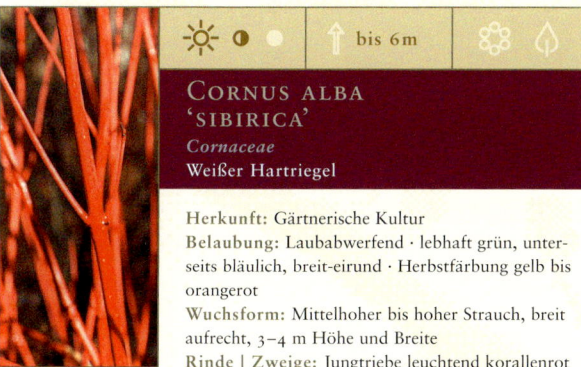

CORNUS ALBA 'SIBIRICA'

Cornaceae
Weißer Hartriegel

☀ ◑ ○ | ↑ bis 6 m | ✿ ◇

Herkunft: Gärtnerische Kultur
Belaubung: Laubabwerfend · lebhaft grün, unterseits bläulich, breit-eirund · Herbstfärbung gelb bis orangerot
Wuchsform: Mittelhoher bis hoher Strauch, breit aufrecht, 3–4 m Höhe und Breite
Rinde | Zweige: Jungtriebe leuchtend korallenrot
Blüte: Gelblichweiß in 3–5 cm großen Trugdolden · Mai · weißliche Früchte
Standortansprüche: Sonnig bis Halbschattig · anspruchslos
Schnitt: Regelmäßig stark zurückschneiden, damit sich leuchtendrote Jungtriebe bilden
Besonderheiten: Stamm manchmal mit Korkleisten
Geeignet für kleine Gärten: Ja

CORNUS STOLONIFERA 'FLAVIRAMEA'

Cornaceae
Gelbholz-Hartriegel

☀ ◑ ○ | ↑ bis 3 m | ✿ ◇

Herkunft: Gärtnerische Kultur
Belaubung: Laubabwerfend · hellgrün, eiförmig bis lanzettlich, 5–10 cm
Wuchsform: Aufrechter vieltriebiger Strauch mit dem Boden aufliegenden Zweigpartien · 1,5–3 m Höhe und Breite
Rinde | Zweige: Leuchtend gelbgrün
Blüte: Gelblichweiße Schirmrispen · Mai · Früchte weiß, rundlich 7–9 mm
Standortansprüche: Sonnig bis absonnig · anspruchslos
Schnitt: Regelmäßig stark zurückschneiden, damit sich gut ausgefärbte gelbgrüne Jungtriebe bilden
Besonderheiten: Wirkungsvolles Winterbild
Geeignet für kleine Gärten: Ja

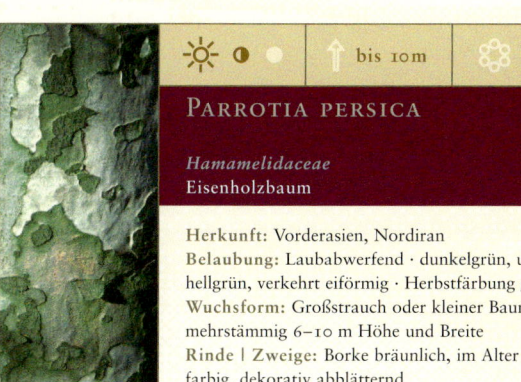

PARROTIA PERSICA

Hamamelidaceae
Eisenholzbaum

☀ ◑ ○ | ↑ bis 10 m | ✿ ◇

Herkunft: Vorderasien, Nordiran
Belaubung: Laubabwerfend · dunkelgrün, unterseits hellgrün, verkehrt eiförmig · Herbstfärbung gelb
Wuchsform: Großstrauch oder kleiner Baum, oft mehrstämmig 6–10 m Höhe und Breite
Rinde | Zweige: Borke bräunlich, im Alter oft vielfarbig, dekorativ abblätternd
Blüte: Kleine Köpfchen, Staubgefäße leuchtend rot auf filzigen sternförmigen Hochblättern, Blütenblätter fehlend, vor dem Laufaustrieb im März
Standortansprüche: Sonnig
Schnitt: Freiwachsend, langsamwüchsig
Besonderheiten: Dekorative platanenähnliche Borke, Frühblüher
Geeignet für kleine Gärten: Ja

PRUNUS SERRULA

Rosaceae
Mahagoni-Kirsche

☀ ◑ ○ | ↑ bis 9 m | ✿ ◇

Herkunft: China
Belaubung: Laubabwerfend · dunkelgrün, im Austrieb gelblichbraun, spitz elliptisch
Wuchsform: Kleinbaum oder vielstämmiger Großstrauch, Hauptäste straff aufrecht · 7–9 m Höhe, 6–7 m Breite
Rinde | Zweige: Mahagoniebraun, glänzend
Blüte: Weiß, einfach, Einzelblüte bis 2 cm breit · April bis Mai
Standortansprüche: Sonnig bis absonnig · bevorzugt frische, nährstoffreiche, sandig-lehmige Substrate, neutral bis alkalisch, anspruchslos
Schnitt: Freiwachsend
Besonderheiten: Dekorative Rindenfärbung, Belebung winterlicher Gärten
Geeignet für kleine Gärten: Ja

N⁰

IO

ALLES DRÄNGT ZUM LICHT – IN DER NATUR IST DAS OFT ÜBERLEBENS-
WICHTIG. DESHALB HABEN VIELE GEHÖLZE STRATEGIEN ENTWICKELT,
UM IN DEN GENUSS DES SONNENLICHTES ZU KOMMEN.
IM GARTEN PROFITIEREN WIR DAVON: KLETTER- UND
SCHLINGPFLANZEN MACHEN VIELE BEREICHE SCHÖNER. ÜBERALL.

FÜR KLETT

Begrünte Mauern, romantische Lauben-gänge und üppig berankte Pergolen: Mit Schling- und Kletter-pflanzen werden man-che Gartenträume wahr. Außerdem gibt es kaum eine schönere Möglichkeit, unschöne Gartenecken zu bele-ben. Mit Blüten und Blättern zugleich.

Kletterpflanzen sorgen nicht nur für die Begrünung von Hauswänden oder Sicht-schutzelementen, sie sind auch ein echter Lückenbüßer. Mit ihrem grünen Blätterkleid können sie unschöne Gartenecken überzie-hen, ein altes Gartenhaus zu einem idylli-schen Ort machen oder überalterte Bäume beranken. An Klettergerüsten, Pergolen oder Laubengängen sind sie eine blühende Zierde und damit ein wichtiger Teil der Gartenge-staltung. Einige schwächer wachsende Sor-ten wie die großblumigen *Clematis* können schließlich in Sträucher ranken, die bereits im Frühjahr blühen – dort sind ihre Blüten im Sommer dann eine willkommene Ergän-zung der Blütenpracht. Der Verwendung sind also kaum Grenzen gesetzt. Es ist wich-tig, das Wuchsverhalten der einzelnen Pflan-zen genau zu kennen, um Enttäuschungen oder bösen Überraschungen vorzubeugen. Leider sieht man oft Kombinationen, die aus Unwissenheit gepflanzt wurden: Wilder

Wein *(Parthenocissus)* passt wegen seiner unbändigen Wuchs-kraft nicht zu Kletterrosen, da er ihre Blüten innerhalb weniger Jahre völlig verdecken würde. Derartige Missgeschicke sind nicht die Schuld des Gartenbesitzers; vielmehr ist es ein Mangel an guter Beratung, der dafür verantwortlich ist. Dazu ist es wichtig, beim Kauf von Gartenpflanzen immer genau zu beschreiben, was man mit ihnen vorhat.

Eine der aufregendsten Kletterpflanzen ist sicher der Blauregen *(Wisteria)*. Diese windenden Sträucher erreichen Höhen von bis zu 20 Metern. Je nach Sorte sind die Blüten-trauben lila bis fliederfarben oder weiß und können unter Umständen eine Länge von mehr als 60 Zentimetern erreichen. Wer Wisterien kauft, sollte wissen, dass nur veredelte Sorten gute Gartenpflanzen abgeben. Steht lediglich der Artname, *Wisteria sinensis* oder *Wisteria floribunda*, auf dem Etikett,

Blauregen (Wisteria) ist eine außergewöhnlich prachtvolle Pflanze. Die intensiv duftenden Blütentrauben erscheinen bei vielen Formen vor oder während des Laubaustriebes und sind dann am besten zu bewundern. Die Pflanzen wachsen stark und man sollte bedenken, dass eine filigrane Pergola oder ein Regenrohr schnell von ihnen zerstört werden können.

handelt es sich wahrscheinlich um Sämlinge dieser Arten. Sie wachsen sehr schnell, blühen aber oft erst nach zehn oder mehr Jahren – und dann weit weniger prächtig als die Sorten. Jene von *Wisteria floribunda* wachsen nicht so stark und sind daran zu erkennen, dass ihre Triebe im Uhrzeigersinn winden; bei *Wisteria sinensis* ist es umgekehrt. Wisterien brauchen ein stabiles Klettergerüst, das dem Druck der bei alten Pflanzen armdicken Stämme standhalten kann. Ein Regenrohr wäre ungeeignet, weil es nach einigen Jahren unweigerlich zusam-mengedrückt wird. Am schönsten blühen diese Gehölze, wenn man ihre Triebe an einem Spalier oder einem Geländer lenkt und dann regelmäßig schneidet. Im Sommer sollten alle neuen Triebe bis auf vier oder fünf Triebknospen eingekürzt werden. Das fördert die Entwicklung einer reichen Blüte. Voraussetzung

ERKÜNSTE

Lonicera heckrottii 'Goldflame' ist ein sonnenliebendes Geißblatt, das eine ungewöhnliche orangerote Farbe hat. Die Blüten duften zwar nicht, sind aber willkommene Zierde an Pergolen und kleineren Rankgerüsten. Man kann sie auch in gelbe oder rosa Strauchrosen wachsen lassen.

Waldreben (Clematis) werden zwar wegen der schönen Blüten kultiviert, aber auch ihre kugeligen Fruchtstände sind attraktiv. Sie bleiben oft bis weit in den Winter an den Pflanzen, wenn der Herbst nicht warm genug war, um alle Samen reifen zu lassen.

ist dafür aber immer ein vollsonniger Standort. Das gefiederte Laub ist im Austrieb rötlich braun und sieht gut vor hellen Mauern aus. Unter den Sorten von *W. floribunda* sind wegen der extrem langen Blütentrauben die der *Macrobotrys*-Gruppe interessant. Unter dieser Bezeichnung werden mehrere unterschiedliche Formen geführt, die alle Blütenstände von mindes– tens 30 Zentimeter Länge haben. Die von *Wisteria floribunda* 'Alba' sind auch sehr lang, sie blüht rein weiß. Es existieren auch rosa Formen, aber die Farbe ist ein blasses Lilarosa und wirkt nicht sehr auffallend. Alle Wisterienblüten duften schwer und süß; wer das gerne mag, könnte diese Pflanzen an einer Mauer über einem Fenster ziehen. Dann könnte während der Blüte im Mai der Duft beim Lüften den ganzen Raum erfüllen.

Eine andere ausgesprochen prächtig blühende Kletterpflanze ist die Klettertrompete *(Campsis)*. Es gibt zwei Arten, beide tragen im Hochsommer bis neun Zentimeter lange orangerote Trompetenblüten in lockeren Büscheln und haben glänzendes, gefiedertes Laub. *Campsis radicans*, die aus dem Südosten der USA stammt, wächst am stärksten und ist in dieser Hinsicht mit *Wisteria sinensis* zu vergleichen. Sie bildet Haftwurzeln und kann sich deshalb auch ohne Kletterhilfe an Mauern zurechtfinden. Die zweite Art, *Campsis grandiflora*, ist noch schöner, braucht aber eine Stütze. Das gilt auch für die Kreuzungen beider Klettertrompeten, die als *Campsis x tagliabuana* bekannt sind. 'Madame Galen' hat orangerosa Blüten von ungewöhnlicher Leuchtkraft, die Sorte 'Flava' ist gelb. Sie kommt besonders vor roten Klinkern zur Wirkung. Klettertrompeten sind völlig winterhart, nur junge Pflanzen benötigen in kalten Gegenden einen Winterschutz. Voraussetzung für eine reiche Blüte ist neben dem Alter der Pflanze – junge Pflanzen blühen eher spärlich – vor allem ein warmer und sonniger Standort, an dem die Triebe ausreifen können. Was den Boden betrifft, ist *Campsis* nicht sehr anspruchsvoll.

Wenn es gilt, einen weniger sonnenverwöhnten Platz zu begrünen, sind die rankenden Geißblatt-Arten erste Wahl unter den Blütenpflanzen. Am häufigsten ist das Wald-Geißblatt *Lonicera periclymenum* 'Serotina', dessen cremefarbene und rötlich überlaufene Röhrenblüten in den Abendstunden einen starken Duft verströmen. *Lonicera japonica* 'Halliana' ist ähnlich, aber die Blüten sind gelbweiß und das Laub frischer grün. Etwas mehr Sonne braucht *Lonicera x tellmanniana*, das Gold-Geißblatt, mit gelborangefarbenen großen Blüten und die ausgezeichnete orangerote Sorte *Lonicera x brownii* 'Dropmore Scarlet'. Geißblätter sind Waldpflanzen und lieben es daher genau wie *Clematis*, wenn ihre Wurzeln im Schatten liegen. Der Boden sollte nicht austrocknen und nahrhaft sein. Man kann bei jüngeren Pflanzen gelegentlich die Triebe einkürzen. Das fördert die Verzweigung und einen buschigen Wuchs. Eine immergrüne Art, *Lonicera henryi*, wird gerne gepflanzt, blüht aber in den meisten Gärten nicht gerade reich. Trotzdem ist sie wertvoll als Alternative zu Efeu, wenn es um Sichtschutz geht.

An den sonnenabgewandten Seiten von Gebäuden fühlt sich auch die Kletter-Hortensie *(Hydrangea anomala ssp. petiolaris)* wohl. Sie kann mit ihren Haftwurzeln ähnlich wie Efeu in Höhen von mehr als acht Metern wachsen. Die Blüten erscheinen im Frühsommer und ähneln denen der Teller-Hortensien – die fruchtbaren Blüten sind von sterilen Blüten mit milchweißen Hochblättern umgeben. Man muss jungen Pflanzen zunächst eine Fixierung, etwa mit Klebeband, bieten, damit sie sich an der Mauer oder an einem Baumstamm befestigen können. Geschieht dies nicht, wachsen sie nur zögerlich. Auch an großen Bäumen, etwa an alten Schwarz-Kiefern, sehen Kletter-Hortensien gut aus. Dort bringt ihr mittelgrünes Laub Licht in das Dunkel des Nadelbaumes. Für Südseiten eignet sich diese Pflanze nicht, dort wird das Laub ungesund gelbgrün und kann schnell einen Hitzeschaden erleiden. Alle Triebe, die sich vom Klettergerüst ablösen, sollen entfernt werden. So können die Sträucher regelmäßig wachsen und keine unschönen grünen Wälle, zum Beispiel an der Hausmauer, bilden. Freunde von Raritäten werden vielleicht Gefallen an einer ganz ähnlichen

Efeu klettert mit seinen Haftwurzeln in der Natur an Bäumen empor. Auch im Garten sieht das schön aus, da Efeu immergrün ist und im Winter Farbe in das triste Grau bringt. Hier der großblättrige Efeu Hedera colchica 'Sulphur Heart'.

Pflanze haben: der Spalthortensie *(Schizophragma hydrangeoides)*. Im Unterschied zur Kletter-Hortensie ist das Laub etwas dunkler und sind die Blattstiele rötlich, was zwar nur eine Kleinigkeit ist, aber ganz attraktiv aussieht. Die Blütenfarbe ist eigentlich identisch, aber die sterilen Blüten tragen nur jeweils ein gestieltes, herzförmiges Hochblatt, bizarr und sehr elegant wirkend. Die Pflanze sollte häufiger verbreitet sein, da sie vollkommen winterhart ist. Es gibt auch reizvolle Sorten mit silbergrau gezeichnetem Laub wie zum Beispiel 'Moonlight'.

Eine weitere Pflanze, die sich nicht in der vollen Sonne wohl fühlt, ist die Pfeifenwinde *(Aristolochia macrophylla)*. Dieses windende Gewächs wirkt exotisch wegen der an windgeschützten Standorten bis zu 30 Zentimeter großen, herzförmigen Blätter. Sie sind sehr weich und profitieren von hausnahen Plätzen. Die Triebe sind grün gefärbt, was der Pfeifenwinde ein wenig das Aussehen einer tropischen Liane verleiht. Auch die Blüten sind ungewöhnlich, wenn man sie denn unter der üppigen Laubmasse entdeckt. Sie sind ungefähr fünf Zentimeter lang und wie eine Pfeife gebogen, wobei die Mündung netzartig braun und purpur gezeichnet ist. Ihr Anblick erinnert viele Menschen an eine insektenfressende Pflanze. *Aristolochia macrophylla* ist trotz ihres Aussehens vollkommen winterhart.

Mit Pfeifenwinden und Geißblatt könnte man einen sehr schönen schattigen Laubengang bepflanzen, zu dessen Füßen

Hosta für eine Fortsetzung der Üppigkeit sorgen. Die Kombination mehrerer Kletterpflanzen ist ohnehin eine lohnende
Angelegenheit. Auf diese Weise kann man Blattschmuckpflan-
zen und Blütenpflanzen sinnvoll ergänzen oder Blütezeiten
durch eine Abfolge mehrerer Arten verlängern. Ganz abgesehen
davon bietet sich die Möglichkeit, in gestalterischer Vielfalt
Farben und Formen zu kombinieren. Viel Raum bieten dafür
Waldreben *(Clematis)* und Efeu *(Hedera)*. Beide Gattungen
haben so viele Arten und Sorten, die im Garten gedeihen, dass
die Experimentierlust regelrecht angefacht wird. Natürlich
weiß jeder, dass eigentlich Rosen und *Clematis* ideale Partner
sind. Das trifft auch zu. Aber was ist mit Standorten, die für
eine zufrieden stellende Rosenblüte zu wenig Sonnenstunden
haben? Hauswände in Ost- oder Nordost-Lage zum Beispiel?
Da kommt der unverwüstliche Efeu als selbständiger Fassaden-
kletterer ins Spiel. Und dass Waldreben auch dort gedeihen, ist
ebenfalls bekannt. Die folgenden Kombinationen sollen nur

Ein Kunststück der Natur sind die verschiedenen Arten, Pflanzen den
Weg zum Licht zu ebnen. Bei den Clematis sind es die Blattstiele, die
sich um die Zweige anderer Gehölze winden und sich dort festhalten.

Anregungen sein; jeder hat seinen eigenen Geschmack und ein
individuelles Farbempfinden – von beidem sollte man sich bei
der Zusammenstellung leiten lassen.

Efeu bildet in allen Vorschlägen die immergrüne Basis, in
die die zarten Triebe der *Clematis* ranken können. Sie sind in
der Lage, ihre Blattstiele um zarte Anhaltspunkte wie die Blattstiele des Efeus zu winden. Das entspricht ihrer natürlichen
Angewohnheit, an Bäumen und Sträuchern empor zum Licht
zu klettern. Eine ungewöhnliche und auffallende Verbindung
wäre zum Beispiel der großblättrige Efeu *Hedera colchica*
'Sulphur Heart' mit der *Clematis* 'Etoile Violette'. Das Laub
dieses Efeus ist bis zu 20 Zentimetern lang und lackglänzend.
In der Mitte trägt jedes Blatt einen gelben Fleck, der von verschiedenen Grüntönen umgeben ist. Die *Clematis*-Sorte hinge-

gen hat tiefviolette Blüten, die im Sommer über mehrere Wochen in großer Zahl erscheinen. Sie ist eine Hybride der *Viticella*-Gruppe, das heißt, man muss die Pflanze im Frühjahr stark zurückschneiden, damit sie gut im selben Jahr blüht.

Eine weitere Traumpartner-Verbindung wäre ein weißbunter Efeu mit der *Clematis* 'Perle d'Azur', die große nickende Blüten in einem rötlich überhauchten Himmelblau trägt. Auch sie kann bei Bedarf stark zurückgeschnitten werden. Zu schlicht grünem Efeu wirken weiße Waldreben edel: 'Huldine' hat dunkle Staubgefäße und mittelgroße elfenbeinfarbene Blüten, die beliebte Standardsorte 'Marie Boisselot' (Synonym 'Mme LeCoultre') riesengroße, makellos weiße Blüten.

Efeu ist die wichtigste immergrüne Kletterpflanze. Er kann mit seinen Haftwurzeln auch an glatten Oberflächen Halt finden. Mit Ausnahme sehr heißer Plätze wächst er überall gut – und schnell. Wie bei den Kletterhortensien ist es auch bei ihm wichtig, neu gesetzte Pflanzen zu befestigen. Sonst kann es durchaus sein, dass sie den bequemen Weg als Bodendecker einschlagen, statt einen Zaun oder eine Mauer zu begrünen. Dieses Verhalten erklärt sich aus der Tatsache, dass der Efeu an seinem natürlichen Standort in Wäldern aus Lichtmangel zum Kletterer wird. Denn in den lichten Baumkronen erreicht er seine Blühreife und kann sich fortpflanzen. Ist das Lichtangebot ausreichend, gibt es keine Notwendigkeit, sich auf den Weg nach oben zu machen. Das Altersstadium aller Efeu-Sorten ist sehr schön und wird auch als Strauchform kultiviert. Blüht Efeu, klettern diese Triebe nicht mehr weiter, sondern wachsen zu kompakten und dichten Büschen heran. Wo das nicht erwünscht ist, muss man die Altersform immer herausschneiden – zum Beispiel um das grüne Kleid einer Mauer flach und dicht zu halten. Im Handel sind viele sehr schön belaubte buntblättrige Formen des Gemeinen Efeu *(Hedera helix)*; ihre Winterhärte ist oft nicht besonders groß. Ein Versuch lohnt aber immer, da sich selbst einige der als Zimmerpflanzen kultivierten Sorten mancherorts als erstaunlich hart erweisen. Sehr häu-

fig zu finden ist die kleinblättrigere Form 'Goldherz', deren Blattzentrum goldgelb ist. Sie hat aber die Angewohnheit, mit rein grünblättrigen Trieben in die Ursprungsform zurückzuschlagen. Dies passiert bei einigen buntlaubigen Formen, die durch so genannte Sports entstanden sind. Sports sind Triebe, die spontan an einer Pflanze auftreten und eine andere Laubfärbung oder auch -form aufweisen. So sind unzählige wertvolle Gartenpflanzen entstanden, aber manchmal geht die Natur den plötzlich eingeschlagenen Weg wieder zurück, so dass man mit der Schere nachhelfen muss, die neue Form in voller Schönheit zu erhalten. Bei 'Goldherz' lohnt die Mühe jedenfalls, da eine große Pflanze einen prachtvollen Anblick bietet.

Bei der Begrünung von Mauern aus porösem Material wie leichten Ziegeln oder auch Tuffstein ist Vorsicht geboten: Die Haftwurzeln dringen auch durch feine Haarrisse in das Mauerwerk ein und können es im Lauf der Jahre stark angreifen. Auch verputzte Wände werden beim Entfernen der Triebe so stark beschädigt, dass ein Neuverputzen notwendig wird. Die Entscheidung für Efeu ist also durchaus eine Entscheidung für die Ewigkeit. Kein Wunder, denn die Pflanze gilt seit der Antike als Symbol der Unvergänglichkeit.

Bei den *Clematis* ist die Auswahl noch um vieles größer: Um die 250 Wildarten zählt die Gattung bislang, Sorten sind es Tausende. In Europa kommen nur zehn Arten in der Natur vor, eine davon ist die strohgelb blühende *Clematis vitalba*, die in deutschen Wäldern ganze Bäume unter der Last ihrer Blattmassen begraben kann. Im Herbst zieren seidenweiche Fruchtstände die Pflanzen. Den Grundstock der schönsten Arten und damit auch den Ursprung der herrlichen Hybriden legten – wie könnte es anders sein – die Engländer. Ihre Pflanzenleidenschaft trieb wohlbestallte Jäger und Sammler in entlegenste Winkel der Welt. Und dort warteten immer Schätze auf ihre Entdeckung. In China, dem Himalaya und angrenzenden Regionen fanden im 19. Jahrhundert Ernest Wilson, William Purdom und Robert Fortune einige der beliebtesten *Clematis*:

Die Farbe der Staubgefäße trägt bei Clematis entscheidend zur Wirkung einer Blüte bei. Bei der Jackmannii-Sorte 'Blekitny Aniol', die auch als 'Blue Angel' bekannt ist, sind sie auffallend hell.

Die Naturformen der Waldrebe sind zum Teil sehr kraftvolle Pflanzengestalten – mit zarten Blüten. Die im Hochsommer und bis Herbst blühende Clematis rehderiana hat primelgelbe, leicht duftende Blüten.

die im Frühjahr mit Unmengen rosafarbener Blüten über kupferfarbenem jungem Laub glänzende *Clematis montana* var. *rubens* zum Beispiel.

Das enorm große Verbreitungsgebiet zwischen früh in der Gartenkultur hoch entwickelten Ländern wie China und Japan prädestinierte die kletternden Sträucher für eine beson-

dere Aufmerksamkeit: In Nippon waren bis zur Ankunft der Europäer schon zahlreiche Sorten mit prachtvollen Blüten entstanden. Da brauchten die Sammler in herrschaftlichen Gärten nur zuzugreifen, auch wenn das streng verboten war. Wohl fühlen sich *Clematis* dort, wo sie wachsen können, wie die Natur es vorgesehen hat – das gilt zumindest für die verholzen-

Einige Clematis-Sorten haben leicht nickende Blüten. So kann man auch deren kontrastreiche Unterseite bewundern. Am besten ist das möglich, wenn sich die Pflanze über eine niedrige Mauer legen kann, so dass sie sich von oben betrachten lässt.

den kletternden Arten. Sie streben mit dünnen, hohlen Trieben durch andere Gehölze zum Licht und haken sich unterwegs mit ihren Blattranken fest. Sie reagieren auf einfache Berührungsreize. Deshalb benötigen *Clematis* eine Rankhilfe, und die kann künstlich oder natürlich in Bäumen und Sträuchern sein. Im Garten lässt sich das Verhalten gut nutzen: Früh blühende Ziersträucher wie Forsythie oder Blutjohannisbeere *(Ribes sanguineum)*, später Flieder oder Pfeifenstrauch *(Philadelphus)* lassen mit passend ausgesuchten *Clematis* einen komplett neuen, zweiten Flor erwarten. Gerade Gehölze, deren Wuchsform nicht so unvergleichlich schön ist, dass sie ungestört betrachtet werden wollen, bieten sich an. Einen Pagoden-Hartriegel *(Cornus controversa)* sollte niemand mit dem Gewirr von Clematis-Trieben behelligen. Also: Gehölze, die im Frühling blühen, mit sommerblühenden Sorten kombinieren, solche, die im Hochsommer blühen, mit frühen *Clematis*, zum Beispiel der haltbaren *Clematis alpina* und ihren Varietäten in Blau, Rosa und Weiß. Bis in den Herbst hinein kann man sich an solchen Kombinationen erfreuen – dank der unermüdlichen *Clematis viticella* und ihrer zahlreichen Abkömmlinge.

Ein Beispiel für das gelungene Miteinander zweier Königinnen ist die schon erwähnte Allianz Rose & *Clematis*. Rosen, natürlich nur Strauchrosen und ebenso robust und stark wachsende Englische Rosen, schadet der blütenschöne Untermieter gar nicht. Selbst Wurzelkonkurrenz ist nicht zu befürchten: Während Rosen tief wurzeln, breiten die *Clematis* ihr dichtes Geflecht aus fleischigen Wurzeln in der obersten Bodenschicht aus. Außerdem beschattet die Rose den Fuß der Kletterpflanze – das braucht sie unbedingt. Auf stark wachsende Arten und Sorten sollte man besser verzichten – schließlich soll sich später das Bild eines harmonischen Miteinanders ergeben und nicht der Anblick eines olympischen Kräftemessens. Bei der Farbgestaltung können *Clematis* für ganz neue Töne sorgen, auf die Rosenliebhaber wohl trotz gentechnischer Bemühungen warten müssen: Blau und seine Schattierungen sowie Mischungen mit

'Lord Nevill' ist eine ausgezeichnete großblumige Clematis in einem klaren Lichtblau. Clematis kommen gut in Verbindung mit anderen Gehölzen zur Wirkung. Wenn ihre dünnen Triebe durch jene ranken können, entspricht das den natürlichen Bedingungen.

Violett sind schon eine Hausmarke der großblumigen *Clematis*. Was uns beim Anblick der herrlichen Blüten farbstark entgegenstrahlt, sind übrigens keine echten Blütenblätter (Petalen). Zumindest in dieser

Einen vollsonnigen und warmen Platz schätzen alle Clematis der Texensis-Gruppe. 'Gravetye Beauty' hat eine ungewöhnliche, karmesinrote Farbe. Die Blüten dieser Gruppe sind zart und halten lange.

Beziehung sind die aristokratischen *Clematis* schlichtweg nackt – wie alle anderen Mitglieder der Familie der Hahnenfußgewächse (Ranunculaceae) haben sie nämlich gar keine. Stattdessen locken sie Insekten und Gartenfreunde mit wirkungsvoll umgestalteten Sepalen. Einziger Feind: die Clematiswelke. Die durch Pilze verursachte Krankheit kann über Nacht eine eingewachsene Pflanze zum Erliegen bringen. Vorbeugung

'Miss Bateman' ist eine aristokratische weiß blühende Clematis aus der Patens-Gruppe. Sie kann gelegentlich einen stärkeren Schnitt vertragen, um die Wuchskraft und Blütenbildung wieder anzuregen.

gibt es keine, es ist aber von Vorteil, die Widerstandskraft der Pflanzen mit einer regelmäßigen Düngung zu stärken. Bei der Standortwahl gelten zwei Grundregeln: kein ungeschütztes Braten vor einer Südwand bei trockenem Boden, das könnten allenfalls ein paar Sonnenanbeter der *Clematis-texensis*-Gruppe aushalten; und kein tiefer Schatten, da wartet man auf Blüten vergebens. Ein Rückschnitt wirkt bei alten Pflanzen in der Regel verjüngend und rettet Opfern der Clematiswelke oft das Leben. Sie

Alle Sorten, die auf die Italienische Waldrebe (Clematis viticella) zurückgehen, können alljährlich stark zurückgeschnitten werden. Dann blühen sie besonders reich. Hier die beliebte Sorte 'Etoile Violette'.

treiben dann nach einiger Zeit aus dem Boden wieder durch. Alle Sorten der *Viticella*-Gruppe (fragen Sie beim Kauf immer danach) können im Frühjahr wie schon erwähnt bis auf wenige Augen zurückgenommen werden. Keine Angst, sie werden bis zum Hochsommer eine Trieblänge von bis zu drei Metern

Auffallend buntes Laub hat der Chinesische Strahlengriffel (Actinidia kolomikta). Eine Pflanze für leicht schattige Plätze, die einige Jahre braucht, um sich zu etablieren. Die Laubfarbe ist natürlichen Ursprungs.

erreichen. Nicht nur Blüten, sondern auch Blätter empfehlen Pflanzen für den Aufstieg nach oben. Einige sind da sogar besonders hartnäckig: Unvergänglich sind die kleinen Saugnäpfe, mit denen sich eine Art des Wilden Weines *(Parthenocissus tricuspidata)* an ihrer Unterlage festklammert. Noch nach Jahrzehnten sind sie sichtbar und keine Drahtbürste der Welt kann sie rückstandsfrei entfernen. Dennoch ist dieses stark wachsende Klettergehölz sehr beliebt. Es bietet eine flammend rote Herbstfärbung, die tatsächlich so schön ist, dass man sich kaum von dem Bewuchs trennen wollen wird. Genau so schön färbt sich der Fünfblättrige Wilde Wein *(Parthenocissus quinquefolia)*. Er rankt zaghafter und braucht manchmal in den ersten Jahren einen Halt, bis er selbst beginnt, weiterzuklettern. Einer der schönsten Kletterer ist die großblättrige Scharlach-Rebe *(Vitis coignetiae)*. Die mindestens kuchentellergroßen dreilappigen Blätter sind stark geadert und tragen auf der Unterseite einen bräunlichen Filz. Diese Rebe klettert wie der echte Wein und kann mehrere Stockwerke eines Hauses erklimmen, um dann von oben mit Kaskaden eleganter Triebe herunterzuhängen. Auch in großen alten Bäumen wächst sie hervorragend. Die Herbstfärbung ist ausgesprochen intensiv und reicht von lebhaftem Hummerrot bis zu tiefem Purpur. Am besten scheint sie an solchen Plätzen zu gedeihen, wo der Boden nicht zu nährstoffreich ist und die Wurzeln etwas beengt sind. Solche Plätze sind oft dort zu finden, wo man in Hausnähe vielleicht nur ein oder zwei Gehwegplatten entfernen kann, um

eine Kletterpflanze zu setzen. Keine Angst, wenn der Boden dort Sand und Schotter enthält – schon ein Eimer guter Gartenboden reicht der jungen Pflanze als Startpaket. Sie wird sich dann schnell ihren Weg in den Unterboden suchen. Auf diese Weise kann man aus der Not eines vermeintlich schlechten Standorts eine echte Tugend machen. Wenn man einen stark wachsenden, als Sichtschutz dienenden, Kletterstrauch benötigt, sollte diese Pflanze viel häufiger in die engere Wahl gezogen werden. Sie ist auf jeden Fall ungleich attraktiver als der nicht mehr ganz so häufig gepflanzte Schling-Knöterich *(Fallopia aubertii)*. Dieser wächst stark und ist abgesehen von der ziemlich kurzen Blütezeit keine besonders attraktive Pflanze.

Unter den Kletterpflanzen gibt es einige Schätze zu entdecken. Einer davon ist der Strahlengriffel *(Actinidia kolomikta)*. Diese Verwandte der Kiwi ist ein zarter Kletterer für sonnige bis halbschattige Plätze. Das weiche, große Laub ist im vorderen Teil rosa und weiß gefärbt, was sehr ungewöhnlich ist. Die Eigenart gehört zum Wesen der Pflanze und wurde nicht von Züchterhand herbeigeführt. Die weißen Blüten kommen im Mai und duften zart nach Maiglöckchen. Da die Pflanzen getrenntgeschlechtlich sind (Botaniker nennen das »zweihäusig«), bilden sich leider nur selten gelbe, essbare Früchte. Offensichtlich gibt es in den Gärten nämlich mehr männliche als weibliche Pflanzen. Wichtig zu wissen ist beim Kauf dieser Pflanze, dass erst nach zwei bis drei Jahren die Blätter die bunte Panaschierung zeigen. Nur in Ausnahmefällen haben junge Strahlengriffel dieses Merkmal und man muss nicht enttäuscht sein, wenn im Jahr nach der Pflanzung nur rein grüne Blätter erscheinen. Eines ist sicher: Warten wird in diesem Fall immer belohnt. Eine andere Kostbarkeit ist die Klettergurke *(Akebia quinata)*. Nun werden die gurkenförmigen und circa vier Zentimeter langen Früchte zwar selten gebildet, aber sie haben der Pflanze diesen etwas eigentümlichen Namen beschert. Viel interessanter sind die im Frühling unvermittelt an den kaum grünenden Trieben auftauchenden schokoladenbraunen Blütentrauben. Die kleinen Einzelblüten duften angenehm nach Nelkengewürz und – man glaubt es kaum – Kakao. Sie müssen aus der Nähe betrachtet werden. Später erscheinen die fünfteiligen Blätter, die ebenfalls attraktiv sind. Akebien können sich schnell um Rankgerüste oder Metallbögen schlingen und wachsen mitunter über einen Meter pro Jahr. Werden sie zu üppig, kann man im Frühsommer noch weiche junge Triebe, die aus den Blattachseln entwachsen sind, mit beherztem Zug einfach abreißen, um die Pflanze etwas auszudünnen.

Ein weiterer seltener Schlinger ist der aus Nordostasien stammende Baumwürger *(Celastrus orbiculatus)*. Es kommt selten vor, dass ein Exemplar tatsächlich den Baum erstickt, in dem es wächst – das wäre auch dumm, denn damit brächte sich die Pflanze selbst um den Platz an der Sonne. Dieser windende Strauch wird recht groß, kann aber auch gut an Spalieren wachsen. Auf den ersten Blick scheint er nicht gerade außergewöhnlich attraktiv zu sein; wer aber je die leuchtend gelbe Herbstfärbung gesehen hat, wird eines Besseren belehrt. Dann öffnen sich auch wie kleine gelbe Beeren aussehende Kapselfrüchte, um den Blick auf ihre hellroten Samen freizugeben.

Wenn Gartenbesitzer nach der Lektüre dieses Kapitels nach Plätzen im Garten und am Haus suchen, an denen vielleicht noch eine schöne Kletterpflanze wachsen kann, wäre das nur natürlich: Der Wunsch, sich mit möglichst vielen schönen Pflanzen zu umgeben, kann einfach erfüllt werden.

Lonicera periclymenum 'Serotina' wird häufig gepflanzt und gedeiht sehr gut im Halbschatten. Hier harmonieren die cremeweiß-ziegelroten Blüten mit dem alten Torbogen. In den Abendstunden duften sie stark.

ACTINIDIA KOLOMIKTA

Actinidiaceae
Strahlengriffel

Herkunft: Östliches Asien
Belaubung: Laubabwerfend · blassgrün mit auffallender Panaschierung in Rosa und Weiß
Wuchsform: Locker wachsender windender Strauch, dessen zarte Triebe mit dem großen Laub in bis zu 4 m Höhe klettern können
Rinde | Zweige: Dunkelbraun
Blüte: Reinweiß, nach dem Blattaustrieb · nach Maiglöckchen duftend
Standortansprüche: Leicht schattige Plätze auf frischen Böden · windexponierte Standorte wegen der weichen Blätter vermeiden
Schnitt: Nicht erforderlich
Besonderheiten: Junge Pflanzen haben rein grüne Blätter
Geeignet für kleine Gärten: Ja

CAMPSIS RADICANS 'FLAVA'

Bignoniaceae
Klettertrompete

Herkunft: Östliches Nordamerika
Belaubung: Laubabwerfend · mittelgrün, gefiedert · Herbstfärbung gelb
Wuchsform: Klettert mit Haftwurzeln in Höhen bis 10 m, junge Triebe müssen aber aufgebunden werden
Rinde | Zweige: Hellbraun, rissig
Blüte: Prächtige Trompetenblüten bis 8 cm lang · in Büscheln an den Triebenden · Juli bis Anfang September
Standortansprüche: Sehr anpassungsfähig, warme und trockene Plätze sind ebenso geeignet wie feuchtere Böden
Schnitt: Rückschnitt des Jahrestriebes im Frühjahr fördert Blüte
Besonderheiten: Sehr exotisch wirkende Kletterpflanze
Geeignet für kleine Gärten: Ja

CLEMATIS 'BLUE ANGEL'

Ranunculaceae
Waldrebe

Herkunft: Züchtung
Belaubung: Laubabwerfend · mittelgrün, meist dreizählig
Wuchsform: Kräftige Waldrebe, die volle Sonne oder lichten Schatten benötigt · 4 m Höhe, 1 m Breite je nach Platzangebot
Rinde | Zweige: Hellgrün, Rinde später abschilfernd
Blüte: Hellblau, von krepppartiger Textur · 8 cm breit · im Sommer über mehrere Wochen erscheinend
Standortansprüche: Leicht zu ziehen · nahrhafter Boden
Schnitt: Sollte im Frühjahr zurückgeschnitten werden, um Blüte zu fördern
Besonderheiten: Auch als 'Blekitny Aniol' im Handel
Geeignet für kleine Gärten: Ja

CLEMATIS 'ETOILE VIOLETTE'

Ranunculaceae
Waldrebe

Herkunft: Züchtung
Belaubung: Laubabwerfend · mittelgrün, meist dreizählig
Wuchsform: Kräftige Waldrebe, die volle Sonne oder lichten Schatten benötigt · 4 m Höhe, 1 m Breite je nach Platzangebot
Rinde | Zweige: Hellgrün, Rinde später abschilfernd
Blüte: Tiefviolett, von samtiger Textur · 8 cm breit · im Sommer über mehrere Wochen erscheinend
Standortansprüche: Leicht zu ziehen · nahrhafter Boden
Schnitt: Sollte im Frühjahr zurückgeschnitten werden, um Blüte zu fördern
Besonderheiten: Hybride der spätblühenden Clematis viticella-Gruppe
Geeignet für kleine Gärten: Ja

CLEMATIS 'MULTI-BLUE'

Ranunculaceae
Waldrebe

Herkunft: Züchtung
Belaubung: Laubabwerfend · dunkelgrün, meist dreizählig, metallisch glänzend
Wuchsform: Nicht sehr hoch kletternde Waldrebe, die volle Sonne schätzt · 3 m Höhe, 1 m Breite je nach Platzangebot
Rinde | Zweige: Hellgrün, Rinde später abschilfernd
Blüte: Lilablau, bis 12 cm breit · stark gefüllt · ab Juni über mehrere Wochen erscheinend · Nachblüte manchmal ungefüllt
Standortansprüche: Leicht zu ziehen · nahrhafter Boden mit schattigem Fuß
Schnitt: Sollte im Frühjahr zurückgeschnitten werden, um Blüte zu fördern
Besonderheiten: Blüten sind sehr haltbar
Geeignet für kleine Gärten: Ja

CLEMATIS REHDERIANA

Ranunculaceae
Waldrebe

Herkunft: China
Belaubung: Laubabwerfend · frischgrün, dreizählig, deutlich sichtbar geadert
Wuchsform: stark kletternde Wildform, die auch in große Bäume klettern kann · 6–8 m Höhe, 4–6 m Breite je nach Platzangebot
Rinde | Zweige: Hellgrün, Rinde später abschilfernd
Blüte: Glockenförmig, primelgelb, zu mehreren an den Kurztrieben des neuen Zuwachses von Juli bis September · nach Schlüsselblumen duftend
Standortansprüche: Leicht zu ziehen, fast alle Böden
Schnitt: Sehr schnittverträglich; Rückschnitt, wenn die Pflanze zu groß ist
Besonderheiten: Schöne Fruchtstände
Geeignet für kleine Gärten: Nein

CLEMATIS TEXENSIS 'GRAVETYE BEAUTY'
Ranunculaceae
Waldrebe

Herkunft: Züchtung
Belaubung: Laubabwerfend · bläulich grün, meist dreizählig, metallisch glänzend
Wuchsform: Wenig kletternde Waldrebe, die volle Sonne und einen warmen Standort benötigt · 2,5 m Höhe, 1 m Breite je nach Platzangebot
Rinde | Zweige: Hellgrün, Rinde später abschilfernd
Blüte: Aufrecht oder nickend, ziegelrot mit purpur Anflug · bis 8 cm lang · im Hochsommer über mehrere Wochen erscheinend
Standortansprüche: Leicht zu ziehen · durchlässiger Boden
Schnitt: Sollte im Frühjahr stark zurückgeschnitten werden
Besonderheiten: Schöne Fruchtstände
Geeignet für kleine Gärten: Ja

bis 2,5 m

HEDERA COLCHICA
Araliaceae
Kolchischer Efeu

Herkunft: Kaukasus, Iran
Belaubung: Immergrün · dunkelgrün, stark geadert, bis 20 cm lang · lackartig glänzend
Wuchsform: Stark wachsender Haftklimmer, ideal für Mauern, Pergolen oder große Bäume · bis 10 m Höhe · in der Jugend langsam wachsend
Rinde | Zweige: Hellbraun
Blüte: Altersform blüht in verzweigten Blütenständen im Herbst · duftend
Standortansprüche: Sehr anpassungsfähig, nahezu alle windgeschützten Standorte · vollsonnige und heiße Plätze vermeiden
Schnitt: Gut schnittverträglich
Besonderheiten: 'Sulphur Heart' mit gelbgrüner Panaschierung
Geeignet für kleine Gärten: Ja

bis 10 m

HYDRANGEA ANOMALA SSP. PETIOLARIS
Saxifragaceae
Kletter-Hortensie

Herkunft: Japan, Taiwan, Russland
Belaubung: Laubabwerfend · mittelgrün, herz- bis breit eiförmig · Herbstfärbung gelb
Wuchsform: Mit Haftwurzeln kletternder Strauch mit kräftigen Trieben · bis 12 m Höhe, 4–8 m Breite
Rinde | Zweige: Graubraun, rissig
Blüte: Cremeweiße Schirmrispen im Frühsommer · süß duftend mit sterilen Randblüten
Standortansprüche: Leicht saure bis neutrale Böden werden bevorzugt · nasse und schwere Böden sind ungeeignet
Schnitt: Schnittverträglich
Besonderheiten: Lässt sich beliebig am Standort erziehen
Geeignet für kleine Gärten: Ja

bis 12 m

LONICERA HECKROTTII 'GOLDFLAME'
Caprifoliaceae
Geißblatt

Herkunft: Züchtung
Belaubung: Laubabwerfend · blaugrün, eiförmig · matt glänzend
Wuchsform: Schwach windende Sorte, die auch an einem Stab oder einer Pyramide gezogen werden kann · sonst bis 4 m Höhe
Rinde | Zweige: Hellbraun, ablösend
Blüte: Im Juni, Knospen rot, Blüte kupferorange · abends duftend
Standortansprüche: Am schönsten in lehmigen Böden · bei Trockenheit Laubfall und Mehltaubefall · Schatten wird vertragen
Schnitt: Schnittverträglich
Besonderheiten: Ungewöhnliche Blütenfarbe
Geeignet für kleine Gärten: Ja

bis 4 m

PARTHENOCISSUS QUINQUEFOLIA
Vitaceae
Wilder Wein

Herkunft: Östliches Nordamerika
Belaubung: Laubabwerfend · dunkelgrün, meist fünf Fiedern · Herbstfärbung intensiv rotorange
Wuchsform: Benötigt als kleine Pflanze oft eine Kletterhilfe, später mit Ranken auch an Mauern haftend · bis 15 m Höhe und mehr
Rinde | Zweige: Graubraun, rissig
Blüte: Unscheinbar · blauschwarze Beeren im Herbst
Standortansprüche: Robust, gedeiht nahezu auf allen Böden außer auf nassen Plätzen · magerer Boden begünstigt Herbstfärbung
Schnitt: Gut schnittverträglich
Besonderheiten: Stark wachsend, nur für große Flächen geeignet
Geeignet für kleine Gärten: Ja

bis 15 m

WISTERIA FLORIBUNDA
Leguminosae/ Papilionaceae
Blauregen

Herkunft: China
Belaubung: Laubabwerfend · mittelgrün, gefiedert, bis 20 cm lang · Herbstfärbung gelb
Wuchsform: Sehr stark wachsender Schlingstrauch, Sämlinge blühen erst nach über 10 Jahren, deshalb immer verdelte Sorten wählen · 8–15 m Höhe
Rinde | Zweige: Grau, glatt
Blüte: In langen Trauben, vor oder mit dem Blattaustrieb · süß duftend
Standortansprüche: Volle Sonne ist Voraussetzung für gute Blüte · tiefgründige Böden mit gutem Nährstoffangebot sind wichtig
Schnitt: Im Hochsommer Triebe auf drei bis sechs Augen einkürzen
Besonderheiten: Blütentrauben je nach Sorte bis 1 m lang ('Macrobotrys')
Geeignet für kleine Gärten: Nein

bis 15 m

Rhododendron campanulatum ssp. aeruginosum

N°

II

Sauer macht lustig – zumindest bei den Liebhabern der so genannten Moorbeetpflanzen trifft das zu. Rhododendron, Kamelien & Co. benötigen sauren und lockeren Boden. Dann erfreuen sie mit herrlichen Blüten und in einigen Fällen auch mit attraktiven Trieben und Blättern.

FÜR SAURE BÖDEN

Einige der am weitesten verbreiteten und begehrtesten Gehölze mögen es sauer: Rhododendron und Kamelien, Lavendelheide (Pieris) und Lorbeerrose (Kalmia) benötigen Boden von saurer Reaktion (pH-Wert mindestens 7), der überdies humusreich und vor allem locker sein muss. Im Garten spielen sie überall dort eine wichtige Rolle in der Gestaltung, wo es gilt, an absonnigen Plätzen interessante und abwechslungsreiche Pflanzenkombinationen zu schaffen.

Sie alle bilden ein dichtes Geflecht von Faserwurzeln, die schweren Boden nicht durchdringen können. Das macht sie auch empfindlich gegenüber Trockenheit. Mulchen mit Laub oder Rasenschnitt im Wechsel ist deshalb wichtig für gutes Gedeihen all dieser herrlichen Pflanzen. Zwar vertragen die meisten Moorbeetpflanzen – so nennt man die Gruppe wegen der Vorliebe für sauren, torfigen Boden – bei ausreichender Feuchtigkeit auch volle Sonne. Aber die intensiven Farben ihrer Blüten kommen in einem Wechselspiel von Licht und Schatten wesentlich besser zur Geltung. Unter lichten Bäumen oder im Schatten von Gebäuden finden sich ideale Standorte.

Gärtnern mit Gehölzen ist auch eine Frage der persönlichen Auffassung. Jeder hat seine Lieblinge unter den Pflanzen – und oft genug gibt es auch ein paar darunter, die man auf gar keinen Fall in seinem Garten haben möchte. Rhododendren scheinen zu ihnen zu gehören. Gerade jüngere Menschen sehen in ihnen oft Großmutter- oder Friedhofspflanzen und treffen dabei fast den Kern: Ältere Gärtner schätzen die immergrünen und laubabwerfenden Blütensträucher als robuste Geschöpfe, die in ihrer fast universellen Verwendbarkeit – als Sichtschutz

oder Bodendecker, als Gruppenpflanzung in Sonne und lichtem Schatten – seit fünf Jahrzehnten zur Erstausstattung fast jedes Gartens gehören. Dann plötzlich gab es Vorbehalte. Da die Rhododendren als Mitglieder der Heidekrautgewächse (Ericaceae) sauren und lockeren Boden benötigen, wurde stets Torf in das Pflanzloch gegeben, was wiederum einer Generation von zunehmend umweltbewussten Gartenfreunden wenig behaglich war. Inzwischen gibt es allerdings Unterlagen, die auch weniger günstige pH-Werte akzeptieren, auf die viele Sorten veredelt werden. So bleibt der Torf im Moor und der *Rhododendron* im Garten. Und

Immergrüne Rhododendren und laubabwerfende Azaleen gehören zu den beliebtesten Gartengehölzen. Moderne Züchtungen und historische Sorten sorgen für eine immense Farbpalette, die für jeden Geschmack Pflanzen bereithält. Alle aber benötigen einen sauren und vor allem lockeren Boden. Sie sind Flachwurzler, die viel Feuchtigkeit benötigen.

auch wenn heute wieder Millionen Vertreter der variationsreichen Gattung gekauft werden, ist es doch Zeit für ein kleines Plädoyer. Zumal Deutschland in der Züchtung dieser Pflanzen zur Weltspitze gehört. Besonders die Familien Hachmann und Hobbie haben sich durch zahlreiche Sorten hervorgetan, die international Berühmtheit erlangten. Auch in England gibt es ein riesiges Sortiment, das aber in erster Linie aus historischen Sorten besteht. Denn gerade im viktorianischen England begann ein regelrechter Boom auf die aus Asien stammenden Pflanzen und viele Züchtungen der Häuser Wate-

– BLÜTENPRACHT

rer, Millais und de Rothschild sind bis heute unverändert gefragt, klangvolle Sortennamen künden davon: 'Mrs. Lionel de Rothschild', 'Gomer Waterer' und andere. Die Unterschiede zur kontinentalen Züchtung sind wichtig, weil jede Sorte ein bestimmtes Erscheinungsbild hat. In England war viel Platz und die klimatischen Verhältnisse sind günstiger als hierzulande. So konnten Arten zur Züchtung verwendet werden, deren Winterhärte geringer ist, unter ihnen die herrlichen rot blühenden Arten *Rhododendron strigillosum* und *R. griersonianum*. Wichtig ist in England bis heute in erster Linie eine Blüte mit Stil. Der lockere Aufbau des Blütenstutzes, ein sparriges und im

Nicht nur die Blüten machen Rhododendren so beliebt. Auch der Austrieb vieler Sorten und der Naturformen sieht schön aus. Während dieser Zeit sollte Trockenheit unbedingt vermieden werden.

Alter von unten verkahlendes Wuchsbild tun der Schönheit keinen Abbruch. In Deutschland aber galt es, andere Zuchtziele zu verfolgen. Kleinere Gärten erfordern kompakte Pflanzen; und wer wenig Platz hat, benötigt Sorten, die auch nach der Blüte schön sind, weil sie dicht und gesund belaubt sind. Alle modernen Sorten erfüllen diese hohen Ansprüche, und besonders die zahlreichen Sorten klein bleibender Rhododendren haben die Beliebtheit enorm vergrößert. Die Hybriden von *Rhododendron repens*, *R. williamsianum* und *R. yakushimanum* vertragen auch mehr Sonneneinstrahlung als die großblättrigen Sorten und brauchen sie sogar, um einen guten Knospenansatz zu zeigen. Bei der Auswahl von Rhododendren für sonnige Standorte können neben der Sortenwahl aus den genannten Arten auch zwei Eigenschaften der Pflanze helfen:

Eine rhododendron-Blütenknospe ist schon ein echtes Kunstwerk natürlicher Architektur. Die dachziegelartig übereinander liegenden Knospenschuppen schützen die kommende Blüte erfolgreich gegen Wetterunbill.

Sind die Blätter im Austrieb stark filzig oder von einem die Verdunstung mildernden Pelz überzogen oder ist die Oberfläche der ausgewachsenen Blätter stark glänzend, um die Sonneneinstrahlung zu reflektieren, deutet dies darauf hin, dass die Pflanzen sich an sonnige Lagen angepasst haben. In der Natur wachsen solche Formen oft an sonnigen Hängen, wo sie niedrige und kompakte Büsche bilden. Im Gegensatz dazu sind die Ursprungsarten der meisten großblumigen Züchtungen an bewaldete Regionen mit entsprechend weniger Sonnenintensität und höherer Luftfeuchtigkeit gewöhnt. Zur Züchtung wurden in erster Linie die bei uns sehr winterharten Arten *Rhododendron catawbiense*, *R. caucasicum*, *R. ponticum* und in neuerer Zeit auch *R. insigne*, *R. griffithianum* und die spät blühende und sehr groß werdende Art *R. fortunei* verwendet. Das begehrte Gelb stammt vom kompakten *Rhododendron wardii* und *R. campylocarpum*. Am bekanntesten sind sicher noch immer die Standardsorten 'Cunningham's White' (weiß), 'Catawbiense Grandiflorum' (flieder), 'Nova Zembla' (rosarot). Doch gerade neuere Züchtungen überraschen durch außergewöhnliche Farbkombinationen. Man kann hier aus Hunderten von Sorten auswählen und sollte dies am besten während der Blüte tun. Da absolut reine Farben hier selten sind, ist es wichtig, die Töne persönlich in Augenschein zu nehmen, damit zumindest anspruchsvolle Gartenfreunde später nicht enttäuscht werden. Gerade die verschiedenen Rosa- und Lilatöne sind durch kontrastreiche Zeichnungen im Inneren der Blüte oft sehr delikat und fein nuanciert. Auch die Farbe des Laubes spielt für den Gesamteindruck der Pflanze eine große Rolle. Helles Grün wirkt zu violetten Tönen frischer, kann aber die weiß blühenden Sorten der Pflanze regelrecht farblos und blass erscheinen lassen. Angesichts dieser enormen Bandbreite im

Sortiment, in dem Deutschland wohl konkurrenzlos ist, kann schnell der Wunsch entstehen, eine Sammlung dieser herrlichen Blütengehölze aufzubauen. Bei der richtigen Sortenwahl lässt sich dabei eine Blütezeit von Mitte März bis Ende Juni erreichen. Eine wichtige Rolle spielen dabei die früh blühenden kleinen *Rhododendron*-Sorten. Ihr Laub ist wesentlich kleiner als das der großblumigen Sorten und der Aufbau fast immer sehr dicht. 'Praecox' eröffnet mit seiner helllila Blüte bereits ab Ende Februar

Gelb ist bei Rhododendron-Arten keine seltene Farbe – sie ist nur selten im Garten zu finden. Aus der Art Rhododendron wardii entstanden viele moderne Züchtungen, die kompakt bleiben und dicht wachsen.

den Blütenreigen, *Rhododendron dauricum* folgt mit attraktiv braunrot gefärbtem Winterlaub. Die Zwergformen des *R. impeditum* mit blauen Blüten passen gut in den Steingarten.

Auch lassen sich Rhododendren vom Bodendecker bis zur baumartigen Form entdecken. Hier finden auch Liebhaber von Naturformen, das heißt züchterisch nicht veränderten Arten, ein reiches Betätigungsfeld. Baumartig und mit großem Laub ist vor allem *Rhododendron fortunei*, dessen recht späte Blüte blassrosa ist und zart duftet, und die früh blühenden Arten *R. calophytum* und *R. sutchuenense*. Letzere haben sich auch in Norddeutschland als sehr winterhart erwiesen, obwohl die sehr frühe Blüte in den meisten Fällen Frösten zum Opfer fällt. Dennoch lohnt eine Anpflanzung, weil das schmale Laub bis zu dreißig Zentimeter lang werden kann und bei entsprechender Beglei-

Die großblumigen Rhododendron-Hybriden sind vor der Rosenblüte stets eine Attraktion. Viele sind selbst kurz vor dem Verblühen schön, wenn die Farben langsam verblassen. Hier 'Furnwall's Daughter'.

tung durch Bambus zum Beispiel für eine dschungelartige Atmosphäre sorgt. Die großwüchsigen Arten blühen meistens erst ab einem Alter von ungefähr zehn Jahren und einer Höhe von zwei Metern, so dass man nicht zu kleine Pflanzen kaufen sollte – oder man hat entsprechende Geduld. Dann aber entschädigen sie durch atemberaubende Effekte. Reizvoll ist auch das schmale und zugespitzte Laub der sonnenverträglichen kompakten Art *Rhododendron makinoi*, das sich auch in einigen ihrer Hybriden ähnlich erhalten hat: 'Diamant' zum Beispiel ist eine Kombination aus Blatt- und Blütenpflanze mit rein rosa Blüten von großer Leuchtkraft. Riesige, bis 40 Zentimeter lange und fast schwarzgrüne Blätter hat die Großblattart *Rhododendron rex*, die mit ihren Unterarten *ssp. arizelum* und *ssp. fictolacteum* ebenfalls recht hart ist, wegen der großen Blätter aber unbedingt einen windgeschützten Standort erhalten sollte. Alle großstrauchigen Arten haben die Eigenschaft, mit zunehmendem Alter von unten her zu verkahlen. Dies ist ein ganz natürlicher Vorgang und kann gestalterisch sogar genutzt werden. Eine Unterpflanzung mit Stauden oder schattenverträglichen Kleingehölzen lässt einen waldartigen Charakter entstehen.

Wenn die klein bleibenden Japanischen Azaleen blühen, ist kaum noch etwas von dem Laub zu sehen. Sie eignen sich für Gruppenpflanzungen. Die Leuchtkraft der Blüten ist im Halbschatten am größten.

Hierzu eignen sich auch die immergrünen und laubabwerfenden Azaleen. Auch sie gehören zur Gattung Rhododendron. Gerade die sommergrünen Azaleen erweitern das Farbspektrum um die gesuchten Orange- und Gelbtöne. Diese Pflanzen gehören zur Gruppe der *Mollis*-, Knap Hill- und Exbury-Azaleen und sind schon von ihrer Entstehung her etwas Besonderes: In der englischen Baumschule Knap Hill, Sussex, beschäftigte sich die berühmte Rhododendronzüchter-Familie Waterer in der ersten Hälfte des 20. Jahrhunderts intensiv mit der Entwicklung leuchtender Blütenfarben und guter Düfte bei diesen Pflanzen. Später führte Lionel de Rothschild in Exbury diese Arbeit fort. Heute gibt es weitere und farblich noch intensivere Züchtungen aus Deutschland. Laubabwerfende Azaleen bilden mit den Jahren Sträucher von mehr als zwei Meter Höhe und Breite, die besonders an sonnigen Gartenplätzen eine sehr schöne gelbe bis purpurrote Herbstfärbung ausbilden. Sie kommen auch mit etwas schwereren Böden als die immergrünen Arten

zurecht. Immergrüne Azaleen gibt es ebenfalls. Hier sind gerade die kleinen Japanischen Azaleen und die besonders niedrigen Diamant-Azaleen beliebt. Sie passen hervorragend in asiatisch anmutende Gärten, wo sie vor allem in Wassernähe mit ihren blitzenden Blüten einen herrlichen Anblick bieten. Sagt ihnen der Platz zu, blühen sie alljährlich so reich, dass kaum ein Blatt unter der Pracht zu sehen ist. Die Farben sind hier auf Weiß, Rot und Rosa mit allen Nuancen bis hin zu Violett beschränkt. Gelb kommt nicht vor, auch blauviolette Töne sind bislang nicht zu erreichen.

Lavendelheiden sind früh blühende Gehölze, deren junger Austrieb schnell durch Spätfröste zerstört werden kann. Deshalb benötigen sie einen geschützten Standort. 'Forest Flame' hat einen mehrfarbigen Trieb.

Zu all dieser Pracht bieten andere immergrüne Heidekrautgewächse sanfte Ergänzungen. Lavendelheide *(Pieris)* zum Beispiel, deren cremeweiße Blütenglöckchen in Trauben an den Triebenden stehen. Es gibt auch hier Zwerge und groß werdende Arten. *Pieris japonica* 'Little Heath Green' ist als Gruppenpflanzung im Vordergrund geeignet, blüht aber nur wenig. Weißbuntes Laub hat 'Little Heath'. Die größeren Sorten erreichen bis zu drei Meter Höhe, wachsen aber recht langsam. Starke Triebe können bei Bedarf eingekürzt werden, was ein buschiges Wachstum fördert. *Pieris japonica* und *P. formosa* benötigen trotz der guten Winterhärte einen Schutz vor Spätfrösten, da der frühe Austrieb keine Minustemperaturen verträgt. Wird er vernichtet, treibt die Pflanze wenige Wochen später erneut aus. Die jungen Triebe sind meistens rötlich gefärbt, bei der Sorte 'Forest Flame' aber sind sie leuchtend gelb, orange und rot, was sehr spektakulär wirkt.

Pieris japonica wartet auch mit einigen rosa blühenden Sorten auf: 'Valley Rose' und die noch dunklere 'Valley Valentine' sind auch wegen der dunklen Blütenstiele schön. Wenn die Temperaturen während der Blüte höher sind, ist auch – bei entsprechender Menge – ein zarter Duft wahrnehmbar. Viel später

*Die Blüten der Lavendelheide duften angenehm nach Maiglöckchen –
zumindest nach Meinung vieler Gartenfreunde. Wie viele strauchige
Heidekrautgewächse (Ericaceae) schätzen diese Gehölze einen Standort,
der halbschattig und nicht exponiert ist. In der vollen Sonne leiden die
Pflanzen oft unter Hitze: das Laub bleibt dort meistens kleiner.*

als *Pieris* blühen Lorbeerrosen *(Kalmia)* dann im Juni. Sie gehören zu den schönsten im Frühsommer blühenden Sträuchern und sind in Deutschland nicht sehr bekannt. Wirklich wichtig ist für den Garten *Kalmia latifolia*, mit dichten Büscheln meistens rosafarbener Blüten. Die Knospen sind fast immer dunkler, so dass sich ein schöner Bicolor-Effekt ergibt. Unter den Dutzenden von Sorten gibt es ganz außergewöhnliche Blütenfarben, leider sind sie mit Ausnahme der schon in

Kamelien sind an geschützten Standorten trotz ihrer exotischen Blütenpracht erstaunlich winterhart. Die rotweiße 'General Colletti' ist eine um 1850 in Belgien entstandene Sorte von Camellia japonica.

den fünfziger Jahren in den USA entstandenen Sorte 'Ostbo Red' nicht in großem Umfang erhältlich. Das wird sich aber bald ändern, so dass Kalmien sich in ihrer Vielfalt einen festen Platz in deutschen Gärten erobern werden. Sie wachsen langsam zu bis zu drei Meter hohen, schmal aufrechten Sträuchern heran, die aus der Ferne einem kleinblättrigen *Rhododendron* ähneln. Der Standort sollte nicht zu schattig sein, weil die Pflanzen dann nicht sehr reich blühen.

Eine echte Rarität haben die Gehölze unter den Heidekrautgewächsen ebenfalls zu bieten: den Sauerbaum *(Oxydendrum arboreum)*. Er ist in Raritätengärtnereien zu haben und gehört mit Sicherheit zu den begehrenswertesten Gehölzen überhaupt. Der Name weist auf den angenehm säuerlichen Geschmack der Blätter hin und gibt einen Hinweis auf die Standortansprüche: *Oxydendrum* braucht unbedingt sauren und lockeren Boden, in dem er sich zu einem mehrstämmigen Baum oder großen Strauch entwickelt. Die Blüten gleichen denen von *Pieris*, sind aber größer und erscheinen erst im Spätsommer in langen Trauben. Eine wirkliche Attraktion aber ist die bei sonnigem Plätzchen leuchtend rote und purpurne, sehr zuverlässige Herbstfärbung. *Oxydendrum* kam bereits 1752 aus dem Osten der USA nach Europa und verdient, aus seinem Dornröschenschlaf geweckt zu werden. Die Pflanze jedenfalls bietet keinerlei Anlass für eine so sträfliche Vernachlässigung.

In der Pflege sind alle in diesem Kapitel beschriebenen Pflanzen einfach, wenn die Bodenansprüche berücksichtigt werden. Wegen der feinen Faserwurzeln ist eine Pflanzung in lockeren Boden wichtig. Schwere Lehmböden sind ungeeignet und müssen mit viel organischem Material wie Rindenhumus oder auch Laubabfällen angereichert werden. Nach eigenen Erfahrungen eignet sich sogar Eichen- und Buchenlaub in Maßen hervorragend als Beimischung, weil es relativ langsam zersetzt wird und den Boden so luftig hält. Nach der Pflanzung ist regelmäßiges Mulchen von Vorteil, weil es die Gefahr des oberflächlichen Austrocknens verringert. Vorsicht ist nur bei

nicht verrottetem Rindenmulch gegeben.
Seine Umsetzung entzieht dem Boden Stick-
stoff, der aber einer der wichtigsten Nährstoffe für das Pflanzenwachstum ist. Deshalb muss dieser Nährstoffverlust mit einem
langsam wirkenden organischen Dünger
(auch Hornspäne in geeigneter Menge) aus-
geglichen werden. Geschieht dies nicht, sind

Zuverlässig winterhart sind an geeigneten Standorten die Sorten der Kreuzung Camellia x williamsii. Die aus Neuseeland stammende Sorte 'Jury's Yellow' kommt der begehrten gelben Blütenfarbe schon nahe.

anämisch wirkende Pflanzen mit geringem
Jahreszuwachs die Folge; das wird bei
Flachwurzlern wie *Rhododendron* schneller
sichtbar als bei tief wurzelnden Gehölzen
oder Rosen. Zu groß gewordene Exemplare
können auch stark bis ins alte Holz zurückgeschnitten werden, brauchen aber zwei bis
drei Jahre, um wieder einen kompakten
Busch zu bilden.

Die Regenerationsfähigkeit falsch
gepflanzter oder vernachlässigter Rhododendren bei einem Wechsel an zusagende Standorte ist bemerkenswert. Schon der erste
Neutrieb wächst gesund und nach späte-
stens zwei Jahren kann eine jämmerliche
Pflanze wieder ein Musterbeispiel gärtnerischer Zuwendung sein. Nur bei starkem
Befall mit *Phytophtora*, einem Pilz, der
plötzliches Welken ganzer Triebe zur Folge
hat, sollte die Pflanze sofort ausgegraben
und vernichtet werden. Einzelne befallene
Triebe können zunächst noch tief herausgeschnitten werden, wobei vor erneuten

Schnittmaßnahmen an gesunden Gehölzen die Schere gründlich zu desinfizieren ist. Das gefürchtete Knospensterben des Rhododendrons wird durch einen Pilz verursacht, dessen Sporen durch die Saugtätigkeit der Rhododendronzikade übertragen werden. Deshalb muss dieser Schädling im Sommer mit Gelbtafeln im Zaum gehalten werden. Das Absammeln aller befallenen Knospen ist ebenfalls nötig. Dann wird man lange Freude an *Rhododendron* und verwandten Gattungen haben.

Zu den schönsten Gehölzen, die leicht sauren Boden bevorzugen, gehören die Kamelien. In vielen Gegenden Deutschlands haben sie etliche Winter schadlos überstanden. Wirklich ungeeignet sind sehr kalte Gegenden, in denen die Temperaturen wochenlang unter -15 °C liegen und wo Kahlfröste ohne schützende Schneedecke häufig sind. Gegen Ende Februar beginnen je nach Wetterlage die ersten Sorten der zu den Teestrauchgewächsen zählenden Kamelien (Theaceae) mit der Blüte. Und die ist spektakulär: So früh im Jahr so große Blüten in kräftigen Rot- und Rosatönen oder edlem Weiß zu sehen, ist schon ungewöhnlich. Wochenlang hält die Farbenpracht an, und selbst schneebedeckte Blüten sind in dieser Zeit nicht selten zu sehen. Ernsthaften Schaden nehmen bei anhaltenden Frösten nur die bereits geöffneten Blüten. So üppige Pracht im zeitigen Frühling kennen Gartenfreunde hierzulande sonst nur von Magnolien. Deren kälteempfindlicher Blütenpracht hat die Kamelie mehr Standhaftigkeit entgegenzusetzen. Neben den Sorten der *Camellia x williamsii*, einer Kreuzung der 1924 in England aus Westchina eingeführten und ausgesprochen winterharten *Camellia saluenensis* mit *Camellia japonica*, eignen sich für Einsteiger in Sachen Kamelien unter anderem die langsam wachsende perlmuttfarbene 'Hagoromo' und 'San Dimas'. Deren große Blüten wirken mit goldenen Staubgefäßen auf dunkelroten Blütenblättern besonders luxuriös.

Neues für den Liebhaber winterharter Kamelien wird es in den nächsten Jahren aus den USA geben: William L. Ackerman von der Baumsammlung National Arboretum in Washington, D.C. hat mit der dort als härteste Art geltenden *Camellia oleifera* Hybriden gezüchtet. In Deutschland harren sie noch der weiteren Verbreitung, und nur in wenigen Gärtnereien sind sie in kleinen Stückzahlen erhältlich.

Die Pflege der Sträucher ist denkbar einfach: Alle Kamelien brauchen einen leicht sauren und vor allem lockeren, humusreichen Boden. Lehmböden sind, wenn sie mit viel Laubkompost angereichert werden, ideal für Kamelien, weil sie lebenswichtige Bodenfeuchtigkeit für die Flachwurzler garantieren. Wegen dieser Ansprüche sind auch *Rhododendron*, Lorbeerrosen *(Kalmia)* und Lavendelheide *(Pieris)* gute Pflanzpartner. Wie diese mögen Kamelien pralle Mittagssonne nicht. Ein Platz unter tief wurzelnden, höher wachsenden Gehölzen ist das Nonplusultra, da die Standorte dort luftfeucht und teilweise verschattet sind. Schneiden sollte man Kamelien nur, um die natürliche Wuchsform zu betonen. Das fördert den Knospenansatz. Da die Knospen nach dem Triebabschluss im Sommer angesetzt werden, darf die Pflanze in dieser Zeit nie unter Trockenheit leiden. Das könnte Knospenfall hervorrufen. Er hat den Sträuchern den Ruf eingetragen, heikel zu sein. Dabei sind sie es keineswegs – vorausgesetzt, man lässt ihnen ihre Freiheit und pflanzt sie an geeignetem Standort aus.

Wichtig beim Kauf ist es, die Sorte genau zu kennen, um die Winterhärte der Kamelie wirklich beurteilen zu können. Wichtig ist auch, nicht zu kleine Exemplare einer robusten Sorte anzupflanzen, und zwar möglichst im Windschatten des Hauses oder einer Mauer. Je größer die Pflanze zum Zeitpunkt der Pflanzung ist, desto besser kann sie die ersten Winter überstehen. Spätfröste können zwar während der Blüte größeren Schaden anrichten, doch auch der ist zu verschmerzen, weil geschlossene Knospen sich bei milderem Wetter öffnen. Selbst wenn um die Eisheiligen der junge Austrieb Schaden nimmt, regenerieren sich die Pflanzen durch einen zweiten Trieb im Sommer. Dann sollte bei Trockenheit gewässert werden, damit die Verspätung im Wachstumszyklus kompensiert werden kann.

Im zeitigen Frühling so exotische Blüten im Garten zu erleben, ist ein Ereignis, das auch bei erfahrenen Kamelienfreunden alljährlich für Hochstimmung sorgt. Hier Camellia japonica 'Mrs Tingley'.

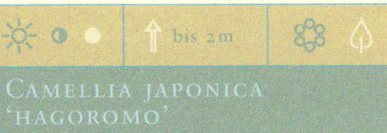

☀ ◐ ○ ↑ bis 2 m ✿ 🍃

CAMELLIA JAPONICA 'HAGOROMO'
Theaceae
Kamelie

Herkunft: Japan
Belaubung: Immergrün · dunkelgrün, oberseits stark glänzend· elliptisch und gezähnt
Wuchsform: Kompakte alte Sorte, die auch unter dem Synonym 'Magnoliaeflora' im Handel ist · bis 2 m Höhe; 1,5 m Breite · langsam wachsend
Rinde | Zweige: Graubraun
Blüte: Zartrosa bis milchweiß, halbgefüllt · im Frühling · circa 7 cm breit
Standortansprüche: Saurer, lockerer Boden, der nicht austrocknet · geschützt vor kalten Winden und Wintersonne, um Laubschäden zu vermeiden
Schnitt: Zu lange Triebe einkürzen, um buschigen Wuchs zu fördern
Besonderheiten: Nur für geschützte Standorte · winterhart
Geeignet für kleine Gärten: Ja

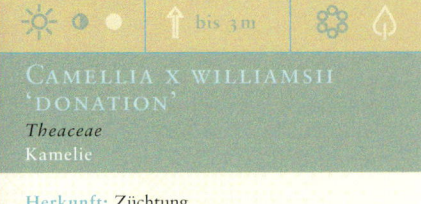

☀ ◐ ○ ↑ bis 3 m ✿ 🍃

CAMELLIA X WILLIAMSII 'DONATION'
Theaceae
Kamelie

Herkunft: Züchtung
Belaubung: Immergrün · dunkelgrün, matt glänzend und geadert· elliptisch und gezähnt
Wuchsform: Sehr winterharte Sorte, die zu den bekanntesten Kamelien überhaupt zählt · bis 3 m Höhe, 2 m Breite · rasch wachsend
Rinde | Zweige: Graubraun
Blüte: Leuchtend Rosa mit dunklen Adern, halbgefüllt · im Frühling · bis 10 cm
Standortansprüche: Saurer, lockerer Boden, der nicht austrocknet · geschützt vor kalten Winden und Wintersonne, um Laubschäden zu vermeiden
Schnitt: Zu lange Triebe einkürzen, um buschigen Wuchs zu fördern
Besonderheiten: Nur für geschützte Standorte · winterhart
Geeignet für kleine Gärten: Ja

☀ ◐ ○ ↑ bis 2 m ✿ 🍃

KALMIA LATIFOLIA 'OSTBO RED'
Ericaceae
Berglorbeer

Herkunft: Züchtung
Belaubung: Immergrün · dunkelgrün, elliptisch bis lanzettlich · bis 10 cm lang
Wuchsform: Zunächst kompakter Strauch ähnlich einem Rhododendron, im Alter bizarrer sparriger Großstrauch · 2 m Höhe; 1–1,5 m Breite
Rinde | Zweige: Graubraun
Blüte: In Doldentrauben, bis 2 cm groß · Knospe karminrot, geöffnet hellrosa
Standortansprüche: Saurer, lockerer Boden, der nicht austrocknet · regelmäßig mulchen · volle Sonne ist ungeeignet
Schnitt: Nicht erforderlich
Besonderheiten: Es gibt viele attraktive Sorten des Berglorbeers
Geeignet für kleine Gärten: Ja

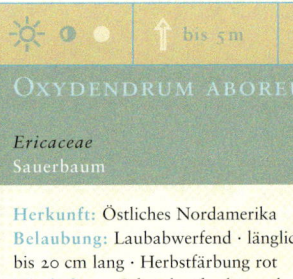

☀ ◐ ○ ↑ bis 5 m ✿ 🍃

OXYDENDRUM ABOREUM
Ericaceae
Sauerbaum

Herkunft: Östliches Nordamerika
Belaubung: Laubabwerfend · länglich lanzettlich, bis 20 cm lang · Herbstfärbung rot
Wuchsform: Schmal aufrecht wachsender bis konischer großer Strauch oder kleiner Baum, 3–5 m Höhe, 2–3 m Breite
Rinde | Zweige: Schwarzbraun
Blüte: Ca. 20 cm lange Rispen wie Lavendelheide · Spätsommer bis Herbst
Standortansprüche: Feuchte und saure Böden, wächst am Naturstandort auch an den Ufern der Flüsse · winterhart
Schnitt: Sollte nicht geschnitten werden
Besonderheiten: Ein seltenes Gehölz mit spektakulärer Herbstfärbung
Geeignet für kleine Gärten: Ja

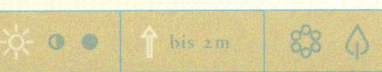

☀ ◐ ○ ↑ bis 2 m ✿ 🍃

PIERIS JAPONICA 'FOREST FLAME'
Ericaceae
Lavendelheide

Herkunft: Züchtung
Belaubung: Immergrün · dunkelgrün, lanzettlich · bis 8 cm lang · auffallend bunter Austrieb
Wuchsform: Kompakter Strauch mit aufrechten Trieben, im Alter bizarrer sparriger Großstrauch · 2 m Höhe, 1,5 m Breite
Rinde | Zweige: Hellbraun
Blüte: In nickenden Rispen · reinweiße winzige Glöckchen · leicht duftend
Standortansprüche: Saurer, lockerer Boden, der nicht austrocknet · regelmäßig mulchen · volle Sonne ist ungeeignet
Schnitt: Nicht erforderlich
Besonderheiten: Es gibt zahlreiche schöne Sorten der Lavendelheide
Geeignet für kleine Gärten: Ja

☀ ◐ ○ ↑ bis 3 m ✿ 🍃

RHODODENDRON 'BLUE PETER'
Ericaceae
Großblumiger Rhododendron

Herkunft: Züchtung
Belaubung: Immergrün · dunkelgrün, Spitze nach unten gebogen · bis 20 cm lang
Wuchsform: Ausladende alte Sorte, die einen eher sparrig-lockeren Wuchs im Alter zeigt · 2–3 m Höhe, 2–3 m Breite
Rinde | Zweige: Graubraun
Blüte: In großen Blütenstutzen im Frühsommer · auffallend lilablau mit kontrastierender Zeichnung im Blüteninneren
Standortansprüche: Saurer und lockerer Boden · Trockenheit vermeiden
Schnitt: Frei wachsend als Hintergrund-Sorte am schönsten
Besonderheiten: Beliebt wegen der seltenen Farbe
Geeignet für kleine Gärten: Ja

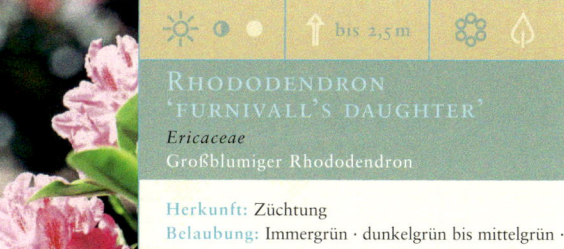

RHODODENDRON CALOPHYTUM

Ericaceae
Großblatt-Rhododendron

Herkunft: China, Tibet
Belaubung: Immergrün · blaugrün, nur an den Triebenden · bis 30 cm lang
Wuchsform: Ausladende Wildart, die einen eher schirmförmigen Wuchs im Alter zeigt · bis 5 m Höhe, 3–5 m Breite
Rinde | Zweige: Graubraun, kräftig
Blüte: In großen Blütenstutzen im Vorfrühling · weißlich rosa bis hellrosa
Standortansprüche: Saurer und lockerer Boden · volle Sonne vermeiden
Schnitt: Frei wachsend unter hohen Bäumen am schönsten
Besonderheiten: Sehr winterhart, allerdings verfriert die frühe Blüte oft · viele Formen, da die Art sehr variabel ist und mit R. sutchuenses hybridisiert
Geeignet für kleine Gärten: Nein

RHODODENDRON 'FURNIVALL'S DAUGHTER'

Ericaceae
Großblumiger Rhododendron

Herkunft: Züchtung
Belaubung: Immergrün · dunkelgrün bis mittelgrün · bis 20 cm lang
Wuchsform: Buschige Sorte, die einen dichten Wuchs im Alter zeigt · 2–3 m Höhe, 2–3 m Breite
Rinde | Zweige: Graubraun
Blüte: In kuppelförmigen großen und sehr dichten Blütenstutzen im Frühsommer · frisches und kräftiges Rosa mit einer auffallenden roten Zeichnung
Standortansprüche: Saurer Boden · Trockenheit vermeiden
Schnitt: Nicht erforderlich
Besonderheiten: Eine der beliebtesten großblumigen Rhododendren
Geeignet für kleine Gärten: Ja

RHODODENDRON 'KOKARDIA®'

Ericaceae
Großblumiger Rhododendron

Herkunft: Züchtung
Belaubung: Immergrün · intensiv dunkelgrün · bis 15 cm lang
Wuchsform: Kompakte und dicht wachsende Sorte, die einen eher sparrig-lockeren Wuchs im Alter zeigt · 2–3 m Höhe, 2–3 m Breite
Rinde | Zweige: Graubraun
Blüte: In großen Blütenstutzen im Frühsommer · violett mit einer sehr großen, dunkelroten Zeichnung.
Standortansprüche: Saurer und lockerer Boden · Trockenheit vermeiden
Schnitt: Nicht erforderlich
Besonderheiten: Beliebt wegen der seltenen Farbe
Geeignet für kleine Gärten: Ja

RHODODENDRON 'PERSIL'

Ericaceae
Laubabwerfende Azalee

Herkunft: Züchtung
Belaubung: Laubabwerfend · dunkelgrün, behaart · Herbstfärbung gelb bis orange und rot
Wuchsform: Kompakter und im Alter breit wachsender mittelgroßer Strauch; 1,5–2 m Höhe, bis 2,5 m Breite
Rinde | Zweige: Hellbraun
Blüte: Weiß mit leuchtend gelber Zeichnung · duftend
Standortansprüche: Saurer und lockerer Boden · Trockenheit vermeiden · laubwerfende Azaleen können sehr gut sonnig stehen
Schnitt: Nicht erforderlich
Besonderheiten: Noch immer eine der besten Azaleen-Sorten
Geeignet für kleine Gärten: Ja

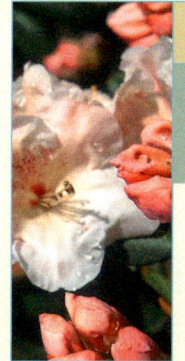

RHOD. WILLIAMSIANUM 'GARTENDIREKTOR RIEGER'

Ericaceae
Großblumiger Rhododendron

Herkunft: Züchtung
Belaubung: Immergrün · dunkelgrün, eiförmig · bis 12 cm lang
Wuchsform: Zunächst kompakt wachsende Sorte, die im Alter einen sparrig-lockeren Wuchs zeigt · 2 m Höhe, 2–3 m Breite
Rinde | Zweige: Graubraun
Blüte: In großen Blütenstutzen im Spätfrühling · cremeweiß mit kontrastierender Zeichnung im Blüteninneren, in der Knospe aprikosenfarben
Standortansprüche: Saurer und lockerer Boden · Trockenheit vermeiden
Schnitt: Nicht erforderlich
Besonderheiten: Beliebt wegen der frühen und sehr großen Blüten
Geeignet für kleine Gärten: Ja

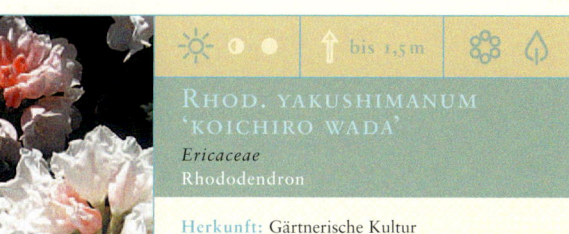

RHOD. YAKUSHIMANUM 'KOICHIRO WADA'

Ericaceae
Rhododendron

Herkunft: Gärtnerische Kultur
Belaubung: Immergrün · graugrün · bis 12 cm lang · junger Austrieb silberfarben beflockt
Wuchsform: Die beste Form dieser kompakt wachsenden Art, die einen dichten und breitrunden Wuchs hat · 1,5 m Höhe, 2 m Breite
Rinde | Zweige: Graubraun
Blüte: Blüte ist im Aufblühen rosaweiß, später reinweiß verblühend · Knospe rötlich · im Frühling
Standortansprüche: Saurer, lockerer Boden · volle Sonne
Schnitt: Nicht erforderlich
Besonderheiten: Erstklassige Pflanze für sonnige Standorte
Geeignet für kleine Gärten: Ja

Indigofera heterantha

n°

12

Riesenblätter und Lianen, leuchtende Farben und seltsame Formen – der Charme exotischer Pflanzengesellschaften faszniert auch hierzulande immer mehr Menschen.
Mit ein wenig Geschick lassen sich ungewöhnliche Gartensituationen auch in Mitteleuropa schaffen.

FÜR DAS DSC

Wo ist die Natur am gewaltigsten? Im Urwald. Ganz gleich ob in den Tropen oder in den gemäßigten Zonen: die dichte Vegetation fasziniert uns durch ihre unbändige Wachstumskraft und Üppigkeit. Hier fühlt man sich als Mensch ganz klein angesichts dieser Urkraft der Pflanzen. Auch hierzulande lässt sich dieses Gefühl im Garten erleben.

Nun ist es nicht gerade ein Kunststück, in Australien oder im sonnenverwöhnten Kalifornien Gärten mit tropischen Pflanzen anzulegen. Hier gedeihen Palmen, Baumfarne, Strelitzien und Aronstabgewächse mühelos. In unseren Breiten ist es schwieriger: Wir müssen einen wirkungsvollen Ersatz für stark wachsende Tropenpflanzen suchen. Mit winterharten Gehölzen ist es durchaus möglich, wenn man weiß, welche Arten geeignet sind. Einige muss man einer Schnittbehandlung unterziehen, die allerdings nichts für zartbesaitete Gartenbesitzer ist, die Manipulationen ihrer Gehölze nur ungern vornehmen und lieber alles ungestört wachsen lassen. Die wichtigsten Gehölze für einen exotisch wirkenden Garten – den Dschungel in der Großstadt sozusagen – sind einige wenige großblättrige Bäume.

Allen voran der Blauglockenbaum (*Paulownia tomentosa*); dieser starkwüchsige mittelgroße Baum trägt große, samtig behaarte Blätter und blüht nach milden Wintern violettblau – wenn man ihn wachsen lässt. Nicht ganz so großes Laub besitzt der Trompetenbaum (*Catalpa bignonioides*), der ebenfalls schöne Blüten zeigt, die aber erst im Hochsommer über den Blättern erscheinen. Es gibt für abwechslungsreiche Pflanzungen auch eine gelblaubige Sorte ('Aurea'). Unbedeutende Blüten, aber bis zu 80 Zentimeter lange Fiederblätter hat der Götterbaum (*Ailanthus altissima*). Er ist als industriefester und langlebiger Straßenbaum bekannt, sollte wegen der starken und weitstreichenden Ausläuferbildung aber im Garten dringend im Zaum gehalten werden.

Diese drei Riesen kann man in bis zu drei Meter hohe Tropenkinder verwandeln, wenn man die Pflanzen alljährlich, mindestens aber alle zwei Jahre auf den Stock zurücksetzt. Das heißt, sie werden ähnlich wie überalterte Ziersträucher auf einer Höhe von 30 bis 50 Zentimetern gekappt. Das geschieht am besten im Frühjahr. Danach bilden die Pflanzen innerhalb der Saison sehr kräftige Triebe und besonders große Blätter aus. Die der *Paulownia* können schon ohne weiteres einen

Leuchtend gelbes Laub haben vor allem die jungen Triebe des Trompetenbaumes (Catalpa bignonioides 'Aurea'). Schneidet man das Gehölz alljährlich sehr stark zurück, werden die Blätter besonders groß.

Durchmesser von bis zu einem halben Meter erreichen. Voraussetzung ist allerdings ein windgeschützter und warmer Platz, an dem die Gehölze viel Wasser und eine gute Düngung erhalten. Ideal sind Gärten in lichtdurchfluteten Innenhöfen mitten in der Stadt, die ein vorteilhaftes Mikroklima bieten können.

Für eine tropische Wirkung kann man diese gerüstbildenden Arten mit echten Exoten vergesellschaften. Vorgemacht haben es uns einmal mehr die Briten. Blumenrohr (*Canna*) ist mit den leuchtenden Blütenfarben von Gelb über Orange bis zu feurigen Rottönen und den rotblättrigen oder gestreiften Sorten

HUNGEL-FEELING

Die gelappten Blätter der robusten Eichblatt-Hortensie (Hydrangea quercifolia) werden bis zu 20 Zentimeter lang und färben sich im Herbst.

Ein echter Gigant ist der Blauglockenbaum (Paulownia tomentosa) – es gibt kaum ein winterhartes Gehölz, das größere Blätter hat.

Der Chinesische Gewürzstrauch (Sinocalycanthus sinensis) hat stark geaderte glänzende Blätter. Er ist vollkommen winterhart.

besonders dazu angetan, exotische Kombinationen zu bereichern. Auch hoch wachsende Gräser wie das nicht blühende Riesen-Chinaschilf oder die breitblättrigen Bambus-Arten wie *Sasa palmata* können das Bild ergänzen. Hier sollte aber eine professionell angelegte Wurzelsperre im Erdreich dafür sorgen, dass sie am Platz bleiben und nicht unkontrolliert wuchern.

Unter den eher breiter als hoch werdenden Sträuchern hat sich die Eichblatt-Hortensie *(Hydrangea quercifolia)* in den letzten Jahren als winterhart und exotisch bewährt. Sie gehört zu den Rispenhortensien, besticht aber durch das auffallende Laub und eine schöne Herbstfärbung in gedeckten Purpurnuancen. Die Samt-Hortensien (im Handel als *Hydrangea aspera* und *Hydrangea sargentiana*) bilden dagegen bis drei Meter hohe, ausladende Sträucher mit etwas düster wirkenden, lila überhauchten großen Blättern. Ihre Blütenteller sind ein echter Bonus zur ohnehin reizvollen Gestalt.

Ein vielversprechender Großstrauch ist der Chinesische Gewürzstrauch *(Sinocalycanthus sinensis)*, der große hellgrüne Blätter besitzt, die oberseits auffallend geadert sind und stark glänzen. Den Sommer über erscheinen bis sieben Zentimeter breite porzellanweiße und rosa überhauchte Blüten, die denen einfach blühender Kamelien ähneln.

Eigentlich kann man viele ungewöhnliche Gehölze in exotischen Gartenkonzepten verwenden: Anders als sonst gilt hier der Grundsatz, dass ein Mehr auch effektvoller ist. Anhänger der »Weniger ist mehr«-Regel werden hier sicher nicht erfolgreich sein. Genau wie im Regenwald kann eine Vielzahl von Pflanzen nebeneinander wachsen. Die fast unübersehbare Fülle ist ein wesentliches Merkmal solcher exotischer Gärten, aber man darf nicht die Kontrolle über die Pflanzen verlieren. Einzelne Kontraste in Farbe und Form treten demgegenüber deutlich in den Hintergrund. So kann jeder Gartenbesitzer in eine fremde Welt eintauchen, die sich dennoch ohne größeren Aufwand realisieren lässt. Wer allerdings experimentierfreudiger ist, kann auch einen Versuch mit nur bedingt winterharten

Arten versuchen. In milden Gegenden werden seit Jahren vereinzelt immergrüne Magnolien *(Magnolia grandiflora)* oder Chilenische Feuerbüsche *(Embothrium coccineum)* ebenso wie einige Hanf-Palmen *(Trachycarpus-Arten)* oder robuste Bananen-Sorten (die aber keine Gehölze, sondern Stauden sind) mit Erfolg und Winterschutz kultiviert. Ein Versuch lohnt überall dort, wo die Winter nicht zu kalt sind und ein günstiges Kleinklima herrscht. Winterhärteangaben in der Literatur sind oft wenig hilfreich, da das Überleben dieser Gehölze von sehr vielen Faktoren abhängt: Minusgrade bis -10 °C sind nicht dramatisch, wenn es windstill ist. An exponierten Standorten können

Der aus Chile stammende Feuerbusch (Embothrium coccineum) kann einige Minusgrade ertragen und überlebt in milden Gegenden.

Exemplare schon bei geringerer Kälte Schaden erleiden. Auch die Bodenfeuchtigkeit spielt eine Rolle. Zuviel Feuchtigkeit in schweren Böden ist ungünstig. Abhilfe schafft eine dichte Mulchabdeckung aus Eichen- oder Buchenlaub oder Stroh. Mut zum Experiment sorgt oft für unvergessliche Gartenerlebnisse – und schöne Gärten.

☀ ◐ ○ ⬆ bis 25 m ✿ ◊

AILANTHUS ALTISSIMA

Simaroubaceae
Götterbaum

Herkunft: Ost- und Südasien
Belaubung: Laubabwerfend · dunkelgrün, glänzend, unpaarig gefiedert
Wuchsform: Breit rundkronig, mitunter mehrstämmig, mittelgroß · 18–25 m Höhe, 10–15 m Breite
Rinde | Zweige: Graubraun, weißstreifig
Blüte: Meist zweihäusig, unscheinbar · Juni
Standortansprüche: Sehr anpassungsfähig, nahezu alle Standorte, bevorzugt sonnige, warme Lagen · sorgfältig platzieren wegen starker weitstreichender Ausläuferbildung
Schnitt: Freiwachsend · ideal für besonderen Schnitt (s. Text)
Besonderheiten: Große gefiederte Blätter mit tropischer Anmutung
Geeignet für kleine Gärten: Nein

☀ ◐ ○ ⬆ bis 5 m ✿ ◊

ARALIA ELATA

Araliaceae
Japanische Aralie

Herkunft: Ostasien
Belaubung: Laubabwerfend · frischgrün, doppelt gefiedert · Herbstfärbung gelb bis orange
Wuchsform: Großstrauch bis mehrstämmiger Kleinbaum, schirmförmig · 3–5 m Höhe, 3 m Breite
Rinde | Zweige: Graubraun, rissig
Blüte: Weiße, doldenähnliche, fedrige Blütenstände · August bis September
Standortansprüche: Sonne bis Halbschatten · Frische bis feuchte Standorte, nährstoffreiche, lehmige oder sandig-lehmige Substrate
Schnitt: Freiwachsend
Besonderheiten: Blätter bis 1 Meter Länge
Geeignet für kleine Gärten: Ja

☀ ◐ ○ ⬆ bis 8 m ✿ ◊

CATALPA BIGNONIOIDES 'AUREA'

Bignoniaceae
Trompetenbaum

Herkunft: Gärtnerische Kultur
Belaubung: Laubabwerfend · im Austrieb goldgelb, später hellgrün, herzförmig · Herbstfärbung hellgelb
Wuchsform: Rundkronig, klein · 6–8 m Höhe, 5–8 m Breite
Rinde | Zweige: Hellbraun, dünn, längsrissig
Blüte: Rispen, Einzelblüten weiß mit kontrastierendem hellgelbem Schlund · Juni bis Juli
Standortansprüche: Sonne bis lichter Schatten · benötigt frische bis feuchte Böden, bevorzugt tiefgründige, nährstoffreiche, lehmige Substrate
Schnitt: Gut schnittverträglich · ideal für besonderen Schnitt (s. Text)
Besonderheiten: Gelbblättrige Sorte des auffallenden Blütenbaums
Geeignet für kleine Gärten: Ja

☀ ◐ ○ ⬆ bis 6 m ✿ ◊

EMBOTHRIUM COCCINEUM

Proteaceae
Chilenischer Feuerbusch

Herkunft: Chile
Belaubung: In milden Lagen immergrün · dunkelgrün, schmal lanzettlich
Wuchsform: Sparriger Großstrauch · 2–3 m Höhe, 2 m Breite
Rinde | Zweige: Graubraun, rissig
Blüte: Orangerot, schmal röhrenförmig
Standortansprüche: Durchlässiger Boden, neutral bis schwach sauer · vor kalten Winden und starken Frösten schützen
Schnitt: Freiwachsend
Besonderheiten: Winterhart nur in milden Gegenden, empehlenswert ist die Form var. lanceolatum 'Norquinco'
Geeignet für kleine Gärten: Ja

☀ ◐ ○ ⬆ bis 2 m ✿ ◊

HYDRANGEA QUERCIFOLIA

Hydrangeaceae
Eichenblättrige Hortensie

Herkunft: Östliches Nordamerika
Belaubung: Laubabwerfend · graugrün, eichenblattähnlich gelappt · Herbstfärbung orangerot
Wuchsform: Mittelgroßer Strauch, locker unregelmäßig · 1–2 m Höhe und Breite
Rinde | Zweige: Graubraun, rissig
Blüte: Cremeweiße 10–20 cm große Rispen · Ende Juni bis August · zart duftend
Standortansprüche: Absonnig bis Halbschatten · mäßig frosthart, frische bis feuchte, humose bis sandig-lehmige Böden
Schnitt: Nicht erforderlich
Besonderheiten: Gehölz mit spektakulärer Blüte und Herbstfärbung
Geeignet für kleine Gärten: Ja

☀ ◐ ○ ⬆ bis 2 m ✿ ◊

INDIGOFERA HETERANTHA

Leguminosae/ Papilionaceae
Indigostrauch

Herkunft: Nordwestlicher Himalaya
Belaubung: Laubabwerfend · frischgrün, unpaarig gefiedert, bis 10 cm, farnartig grazil
Wuchsform: Reich verzweigter Halbstrauch · 1,2 bis 2 m Höhe und Breite
Rinde | Zweige: Triebe rutenartig, kantig, behaart
Blüte: Purpurrosa, 7 bis 15 cm lange, aufrechte Trauben · Juli bis September
Standortansprüche: Sonne · trockene bis frische, gut durchlässige, schwach saure bis leicht alkalische, sandig-lehmige Böden
Schnitt: Halbstrauch, friert bis auf den Boden zurück
Besonderheiten: Farnartiges Laub und purpurrosafarbene Blütentrauben
Geeignet für kleine Gärten: Ja

MAGNOLIA MACROPHYLLA

Magnoliaceae
Großblatt-Magnolie

Herkunft: Nordamerika
Belaubung: Laubabwerfend · mittelgrün, elliptisch · Herbstfärbung gelb
Wuchsform: mehrstämmiger Großstrauch bis sparrig wachsender Kleinbaum · 3–6 m Höhe, 3 m Breite
Rinde | Zweige: Graubraun, glatt
Blüte: groß, weiß mit rotem Zentrum
Standortansprüche: Frische feuchte, leicht saure Böden · nur windgeschützte Standorte
Schnitt: Freiwachsend
Besonderheiten: Blätter bei jungen Pflanzen bis 60 cm lang · in den ersten Jahren vor starken Frösten schützen
Geeignet für kleine Gärten: Ja

MAHONIA X MEDIA

Berberidaceae
Mahonie

Herkunft: Züchtung
Belaubung: Immergrün · dunkelgrün, ledrig, gefiedert, 30–40 cm lang, Blättchen dornig gezähnt
Wuchsform: Steif aufrechter, wenig verzweigter Strauch · 2–4 m Höhe; 1,5–3 m Breite
Rinde | Zweige: dicke starre Triebe, graubraun
Blüte: Hellgelb, duftend in Trauben · März bis April
Standortansprüche: Lichter Schatten bis Schatten · nahrhafte, humose, gleichbleibend frische bis feuchte, lockere Böden, sauer bis leicht alkalisch, frostempfindlich
Schnitt: Freiwachsend
Besonderheiten: Auffallend große Blätter, Blüten- und Fruchtschmuck
Geeignet für kleine Gärten: Ja

PAULOWNIA TOMENTOSA

Scrophulariaceae
Blauglockenbaum

Herkunft: China
Belaubung: Laubabwerfend · hellgrün, an Langtrieben, drei- bis fünflappig, 30–40 cm lang, behaart, unterseits graufilzig
Wuchsform: Mittelgroßer Baum, breite lockere Krone, 12–15 m Höhe und Breite
Rinde | Zweige: Graubraun, junge Triebe behaart
Blüte: Vor dem Laubaustrieb, in 20–30 cm langen Rispen, Einzelblüten fingerhutähnlich, violettblau, Schlund innen gelb, duftend
Standortansprüche: Sonnig, warm und geschützt, anspruchslos
Schnitt: Freiwachsend · ideal für besonderen Schnitt (s. Text)
Besonderheiten: Auffällig blau blühender Baum
Geeignet für kleine Gärten: Ja

RHUS TYPHINA

Anacardiaceae
Essigbaum

Herkunft: Östliches Nordamerika
Belaubung: Laubabwerfend · glänzendgrün, unpaarig gefiedert, auffallend groß, bis 50 cm lang · Herbstfärbung leuchtendorange bis rot
Wuchsform: Großstrauch bis Kleinbaum, breit aufrecht, oft mehrstämmig · 4–6 m Höhe und Breite
Rinde | Zweige: Zweige geweihartig, Triebe rundlich, braunsamtig, behaart, alte Borke braun, dünn
Blüte: Grünlich, in 15–20 cm langen Rispen · Juni bis Juli
Standortansprüche: Sonnig · sehr anpassungsfähig, nahezu alle Standorte
Schnitt: Freiwachsend
Besonderheiten: Dekoratives Solitärgehölz, Ausläuferbildung
Geeignet für kleine Gärten: Ja

SINOCALYCANTHUS CHINENSIS

Calycanthaceae
Weißblütiger Gewürzstrauch

Herkunft: China
Belaubung: Laubabwerfend · frischgrün, glänzend, elliptisch, 10–15 cm lang, 5–8 cm breit
Wuchsform: breitbuschig aufrechter Strauch · 1,2–3 m Höhe und Breite
Rinde | Zweige: Graubraun, rissig
Blüte: 6,5 cm breite, leicht cremeweiße Schalenblüten, fleischig schwer · ab Anfang Juni · birnenförmige Früchte
Standortansprüche: Sonnig bis halbschattig · humoser, gut durchlässiger, neutral bis schwach saurer Boden
Schnitt: Freiwachsend
Besonderheiten: Neuentdeckung aus China
Geeignet für kleine Gärten: Ja

VIBURNUM RHYTIDOPHYLLUM

Caprifoliaceae
Immergrüner Großblatt-Schneeball

Herkunft: China
Belaubung: Immergrün · runzelig, oberseits dunkelgrün, glänzend, unterseits dicht braunfilzig behaart, länglich eiförmig bis elliptisch
Wuchsform: Steif aufrechter, breitbuschiger, monumentaler Großstrauch · 3–5 m Höhe, 2–4 m Breite
Rinde | Zweige: Graubraun
Blüte: Cremeweiß, in bis zu 20 cm breiten, flachen Schirmrispen · Mai, Juni
Standortansprüche: Sonnig bis schattig · frische bis feuchte, nährstoffreiche, humose Substrate, sauer bis alkalisch
Schnitt: Freiwachsend
Besonderheiten: Markantes immergrünes Gehölz
Geeignet für kleine Gärten: Ja

Cornus kousa 'Goldstar'

nº

13

Schöne Laubfarben sind gefragt. Aber nicht nur im Herbst können bunte Blätter entzücken. Durch den Einfallsreichtum der Natur warten viele Gehölze mit farbigem Laub auf. Rot, Gelb, Silbergrau und Weissbunt sind die Farben des Sommers. Mit ihnen kann man vieles ausprobieren.

Für Farbenspiele

Grün ist Leben – bunt
ist Kunst. So könnte
man das Arbeiten mit
unterschiedlichen
Laubfarben im Garten
treffend zusammen-
fassen. Natürlich ist
bereits Grün nicht
gleich Grün. Malen wir
also ganz neu mit den
Laubfarben der Natur.

Es gibt so viele Grüntöne, dass man sie
kaum auch nur annähernd erfassen kann.
Viele entstehen nicht nur durch Unterschiede in der Pigmentierung eines Blattes, sondern auch durch dessen Oberflächenstruk-
tur: feine Härchen können ein dunkelgrünes
Blatt heller erscheinen lassen, glänzende
Oberflächen reflektieren die Sonneneinstrahlung und eine matte Bereifung dämpft frisches Grün. Im Grunde ist die Auswahl an
Gartenpflanzen ein unerschöpfliches
Musterbuch der Natur. Wir müssen uns nur
entscheiden, was wir wo sehen möchten.

Das ist natürlich grob vereinfacht, da
nicht nur Farbe und Struktur, sondern auch
die Form den Eindruck bestimmt, den eine
Pflanze vermittelt. Aber es ist eine gute Basis
für den Umgang mit all jenen Pflanzen, die
eben nicht nur grün sind. Hier kann man
zwei Gruppen unterscheiden: Erstens all
jene Bäume und Sträucher, deren Laub während der Wachstumsperiode (also nicht ausschließlich vor dem herbstlichen Laubfall)
einfarbig nicht grün ist. Hier stehen rot- und

gelblaubige Arten und Sorten zur Verfügung. Zweitens gibt es
die Pflanzen, deren Laub mehrfarbig ist. Dabei kann sich die
Verteilung der anderen Farben auf den Blattrand oder die
Blattmitte deutlich abgegrenzt konzentrieren, es gibt aber auch
eine band- oder fleckförmige Zeichnung. Diese Art der Bunt-
laubigkeit nennt man Panaschierung. In der Regel entstehen
panaschierte Pflanzen durch spontane Mutationen. Ein Beispiel: Der Spitz-Ahorn (Acer platanoides) hat grüne Blätter; an
einer Pflanze tauchte eines Tages ein Trieb auf, dessen Blätter
einen unregelmäßigen cremefarbenen Rand zeigten.

Wenn man diese Mutation vegetativ, in diesem Fall
durch Veredelung, vermehrt, ist eine neue Sorte geboren. Die
so entstandene Pflanze ist heute unter dem Sortennamen
'Drummondii' erhältlich. Manchmal nimmt die Natur auch
den umgekehrten Weg. 'Drummondii' schlägt häufig in die rein
grüne Ausgangsform zurück. Da panaschierte Formen in der
Regel wegen des teilweise fehlenden Chlorophylls weniger
stark wachsen, müssen in die Ausgangsform zurückmutierende
Triebe sofort entfernt werden; sie stören das Wuchsbild und
würden schnell die Oberhand gewinnen. Andere Pflanzen sind
aber von Natur aus mehrfarbig: Viele Stauden wie die Gefleckte Taubnessel (Lamium maculatum) haben immer hübsch
gezeichnetes Laub, das typisch für die Art ist.

Mit buntlaubigen Gehölzen einen Garten zu gestalten,
erfordert besonderes Fingerspitzengefühl. Sie bieten unschätz-
bare Möglichkeiten, durch Abstufung unterschiedlicher Laubfarben eine ganz andere Raumwirkung zu suggerieren. Spielt
man mit Farben von dunklem Grün zu hellem Gelbgrün oder
Goldtönen, kann die Tiefe einer Bepflanzung ganz anders emp-
funden werden. Bevor man jedoch mit dieser zugegeben sehr
schwierigen Aufgabe beginnt, ist es von Vorteil, sich klarzuma-
chen, dass es zunächst einmal unendlich viele verschiedene
Grüntöne gibt. Um das zu erkennen, muss man keineswegs
bereits einen eigenen Garten besitzen; es genügt, mit offenen
Augen durch die Nachbarschaft zu gehen und die Pflanzen zu

Gehölze mit gelbem und rotem Laub sind in diesem Gartenteil
wirkungsvoll in Szene gesetzt. Sie verleihen der Anlage Struktur und
geben ihr zusätzliche Tiefe. Am Spalier wurde der rotlaubige Kanadische Judasbaum (Cercis canadensis 'Forest Pansy') sorgfältig gezogen.

beobachten. Sie werden schnell feststellen, dass es das düstere Moosgrün des Bergahorns gibt, das matte Grün der Liguster-Hecken, das leuchtende Grasgrün eines geschlitztblättrigen Japanischen Fächer-Ahorns – und viele andere mehr.

Natürlich ist auch hier wie in anderen Bereichen des Gärtnerns das subjektive Empfinden entscheidend. Auch wenn viele Menschen es für nötig halten, anderen genau vorzuschreiben, welche Kombinationen auf gar keinen Fall gepflanzt werden dürfen, ist es doch besser, lieber originell zu sein. Zudem wird mancher geschmackliche Fauxpas von gestern vielleicht schon morgen zu einem echten Trend. Vor einiger Zeit galt es in Rabatten zum Beispiel noch als unschicklich, Rosa und

Ein schöner Kontrast zwischen Gehölzen und Stauden: Ein roter Perückenstrauch harmoniert mit einer mächtigen silberlaubigen Artischocke. Bunte Blüten wären in dieser Kombination nur störend.

Orange zueinander zu bringen. Inzwischen tun Floristen das täglich viele tausend Male und man hat allgemein begriffen, dass an der Verbindung zweier Mischfarben ganz und gar nichts unschicklich ist. Ebenso ist es bei der Verwendung buntlaubiger Gehölze im Garten.

Angesichts ihrer Vielfalt gibt es einige Gartenbesitzer, die regelrecht »panascheeverliebt« sind, wie es Margery Fish, die große englische Gärtnerin – übrigens auch eine talentierte Autodidaktin – einmal ausdrückte. Sie können gar nicht genug buntlaubige Pflanzen in ihrem Garten haben und verfallen der Sammelleidenschaft rettungslos. Hier muss man sich dann entscheiden, ob ein Garten eine Sammlung sein oder optisch ein harmonisches Bild ergeben soll. Im letzteren Fall ist ein Zuviel an Buntlaubigen von Übel, weil es für Unruhe sorgt. Tatsächlich kommen die schönsten Panaschierungen nur dann zur Geltung, wenn man sie inmitten einer ruhigen Nachbarschaft in Szene setzt. Das gilt besonders für Pflanzen, deren Blätter mehrfarbig gesprenkelt sind – wie die Aukube *(Aucuba japonica* 'Crotonifolia'*)*. Das Laub dieses großblättrigen immergrü-

nen Strauches ist glänzend grün und mit unregelmäßigen gold-
gelben Flecken übersät. Diese Art der Zeichnung ist so extravagant, dass sie nur in Gesellschaft beschwichtigender Nachbar-
pflanzen schön wirkt. Der beste Beweis dafür ist, dass die
Aukube sehr häufig gepflanzt, aber nur selten als schön wahr-
genommen wird. Anders als solche Gehölze mit mehrfarbigen
Blättern sind jene mit roten oder gelben Blättern einfacher zu

*Eine panaschierte Zerr-Eiche (Quercus cerris 'Variegata'). Diese Kost-
barkeit braucht Jahrzehnte, um zu einem stattlichen Baum heranzuwach-
sen. In der Sonne wird der Blattrand bedauerlicherweise hellbraun.*

behandeln. Aber auch hier gilt, sie möglichst mit anderen
Pflanzen zu vergesellschaften und nicht allein auf weiter Flur –
oder im Garten – stehen zu lassen. Denn in diesem Fall wirken
sie schnell als Fremdkörper und büßen viel von ihrer natürlichen Schönheit ein. Diese ist ihnen nämlich zweifellos zu Eigen,
auch wenn der Reiz dieser Formen in der Kontrastwirkung zu
anderen Gartenpflanzen liegt.

Einige der gefragten Gartengehölze sind darunter: Allen
voran die rotlaubigen Formen der Japanischen Fächer-Ahorne
(Acer palmatum), die bereits an anderer Stelle dieses Buches
ausführlicher behandelt wurden. Ihnen folgen sicher die roten
Formen des Perückenstrauches (Cotinus coggygria). Eine altbe-
währte Form ist 'Royal Purple', die matt glänzendes Laub
trägt, dessen Farbe an die alter französischer Rotweine erinnert. Eine noch dunklere Sorte, deren Farbe sehr stabil ist und

*Etwas für Liebhaber exquisiter kleiner Sträucher ist der Falsche Jasmin
Philadelphus coronarius 'Variegatus'. Die weiß gerandeten Blätter sind
graugrün. Seine einfachen Blüten duften stark nach Orangenblüten.*

witterungsunabhängig bleibt, ist 'Velvet Cloak'. Perückensträu-
cher tragen ihren Namen von den fedrigen Fruchtständen, die
im Spätsommer über dem Laub stehen und eine angenehm
rosa-bräunliche Farbnuance ins Spiel bringen. Man kann die
Sträucher frei wachsen lassen, wenn sie eine Höhe von vier und

Der weißbunte Eschen-Ahorn (Acer negundo 'Flamingo') ist ein schnell wachsender mittelgroßer Baum, der in Gesellschaft anderer Bäume seinen Charme versprüht. Er hellt das Gartenbild deutlich auf.

mehr Metern erreichen dürfen. Am schönsten sind sie aber, wenn sie in gemischten Rabatten im Hintergrund oder in der Mitte Akzente setzen. Hier wären mehr als zwei Meter Höhe ungünstig, weshalb sich ein starker Rückschnitt alle zwei bis drei Jahre empfiehlt. Sind die Wachstumsbedingungen sehr günstig, kann diese Radikalkur auch jedes Jahr im zeitigen Frühjahr durchgeführt werden.

Eines der noch unbekannten rotlaubigen Gehölze ist die Sorte 'Forest Pansy' des Kanadischen Judasbaumes *(Cercis canadensis)*. Das manchmal sogar fast herzförmige Laub hat einen intensiven blutroten Ton, der im Gegenlicht eine unglaubliche Leuchtkraft entwickelt. Der opulente Eindruck wird noch durch die fast schwarzrindigen Zweige verstärkt. Der Kanadische Judasbaum mag durchlässige Gartenböden und warme, sonnige Standorte. Im Winter sollte der Boden nicht zu nass und kalt sein, weshalb schwere Lehmböden in offener Lage denkbar ungeeignet sind.

An solche Plätzen kommt eine in letzter Zeit sehr modern gewordene Pflanze zur Geltung: der Holunder *(Sambucus nigra)*. Einige Sorten haben braunrotes bis schwarzrot erscheinendes Laub, zu dem in der Regel cremefarbene Blütenteller kommen. 'Guincho Purple' ist die berühmteste Sorte, 'Black Beauty' soll noch dunkler im Laub sein. Überhaupt gibt es nicht nur von *Sambucus nigra* auch gelblaubige ('Aurea') oder weiß panaschierte Sorten ('Madonna'), sondern auch vom heimischen Trauben-Holunder *(Sambucus racemosa)*. Wegen des stark geschlitzten Laubes ist die schwach wachsende 'Plumosa Aurea' besonders empfehlenswert.

Eine eher braunrot bis aubergine erscheinende Farbe zeigt die Blasenspieren-Sorte *Physocarpus opulifolius* 'Diabolo'. Sie kann bis zu zwei Meter hoch werden und bildet einen kompakten Busch, der im Mai cremerosa Blütenstände zeigt. Die Farbe und die Laubgröße sind besser, wenn man die Pflanze wie eine Staude behandelt und alljährlich knapp über dem Boden abschneidet. Zwar gibt es dann keine Blüten, aber wir

Einer der herrlichsten weiß panaschierten Sträucher ist die Sorte 'Variegata' des Pagoden-Hartriegels (Cornus controversa). Der typische
etagenförmige Aufbau des Gehölzes zeigt sich bereits im Jugendstadium.

Die gelblaubige Spierstrauch-Sorte 'Goldmound' macht sich am Fuße eines weißen Birkenstammes besonders gut. In der vollen Sonne könnte das Laub auch unschöne Verbräunungen zeigen.

schätzen sie schließlich in erster Linie wegen des Laubes. Das gilt genauso für 'Dart's Gold', eine gelblaubige Blasenspiere. Sie wächst etwas weniger stark und kann in voller Sonne einen unschönen, eher gelb-weißen Ton annehmen. Einige Stunden Morgen- oder Abendsonne sind ideal, um der Pflanze ihre beste goldgelbe Farbe mit einem Hauch hellen Grüns zu entlocken. Die gelbe Laubfarbe bei Gehölzen entsteht übrigens durch die hier dem grünen Blattfarbstoff Chlorophyll überwiegenden Carotinoide. Dagegen sind es bei den rotlaubigen Sträuchern und Bäumen die Anthocyane, die das lebenswichtige Chlorophyll überdecken. Anders ist das bei der dritten Farbgruppe, die sich gestalterisch enorm nutzen lässt: den grau- oder silberlaubigen Gehölzen. Ihre Blätter sind stets grün, aber tragen entweder eine schützende Wachsschicht oder sind behaart. Sie stammen meistens aus Klimazonen, die solche Maßnahmen des Verdunstungsschutzes erforderlich machen. Plätze mit starker Sonneneinstrahlung und durchlässigem Boden sind es dann auch, die ihnen während ihres Gartendaseins ebenfalls zusagen.

Ihre Farben wirken immer edel und dezent. Grau und Silber nehmen sich zurück und sollten nur mit ähnlich klaren Farben zusammengebracht werden. Das macht sie so flexibel und anpassungsfähig. Herrliche kleine Bäume sind die Weidenblättrige Birne *(Pyrus salicifolia)* mit ihren elegant herabhängenden silbrig belaubten Zweigen und die größer werdenden Ölweiden *(Elaeagnus)*. Letztere brauchen einen vollsonnigen Platz, der auch trockener sein darf. Ihre Blattoberfläche reflektiert das Sonnenlicht stark, so dass sie unvergleichlich glänzen. Das tun sie wegen ihrer Unempfindlichkeit ohnehin. Einziger Nachteil: Extremwinter mit eisigen Winden können eine Ölweide unter Umständen stark schädigen.

Die panaschierten Gehölze, denen die Mehrfarbigkeit eigen ist, erfordern immer eine besondere Behandlung bei der Standortwahl. Durch das Fehlen von Chlorophyll in weißbunten oder gelbbunten Blättern sind diese besonders anfällig für Verbrennungen durch intensive Sonneneinstrahlung. Auch ist solches Laub etwas empfindlich gegen austrocknende Winde, weshalb geschützte Plätze immer von Vorteil sind. Trotzdem sind diese Pflanzen keineswegs heikel. Einige, wie die bunten Formen des Eschen-Ahorns *(Acer negundo)*, sind ebenso wenig wählerisch, was die Bodenqualität betrifft, wie die reine Art.

Die Verwendung buntlaubiger Gehölze bietet also ein weites Betätigungsfeld für Gartenbesitzer und sollte von Gartenplanern noch mehr berücksichtigt werden. Auch wenn einzelne Arten und Sorten vielleicht nicht besonders attraktiv für sich alleine sein sollten, ergänzen sie die Palette der Laubfarben um zahlreiche Töne und bieten im Zusammenspiel eine pflegeleichte Alternative zu aufwändigen Staudenbeeten.

Der gelblaubige Trompetenbaum (Catalpa bignonioides 'Aurea') ist ein großer Baum, der vor allem wegen seiner üppigen Blätterpracht gepflanzt wird (oben). Doch auch die Blüten sind sehenswert. Das gilt auch für den Roten Perückenstrauch (unten). Er findet auch in kleinen Gärten Platz.

☀ ◑ ○ ⬆ bis 15 m ❀ 🍃

Acer negundo 'Flamingo'
Aceraceae
Eschen-Ahorn

Herkunft: Gärtnerische Kultur
Belaubung: Laubabwerfend · hellgrün, gefiedert
drei- bis fünfblättrig · Herbstfärbung gelb
Wuchsform: Breit rundkronig, mittelgroß, häufig
mehrstämmig · 10–15 m Höhe, 5–10 m Breite
Rinde | Zweige: Graubraun, glatt
Blüte: Unscheinbar, zweihäusig
Standortansprüche: Sonne bis lichter Schatten · anspruchslos und anpassungsfähig, auf allen einigermaßen nährstoffreichen Substraten, bevorzugt mäßig trockene bis nasse und saure bis schwach alkalische Böden
Schnitt: Freiwachsend
Besonderheiten: Dekoratives Solitärgehölz
Geeignet für kleine Gärten: Ja

☀ ◑ ○ ⬆ bis 8 m ❀ 🍃

Catalpa bignonioides 'Aurea'
Bignoniaceae
Gelber Trompetenbaum

Herkunft: Gärtnerische Kultur
Belaubung: Laubabwerfend · im Austrieb goldgelb,
später hellgrün, herzförmig · Herbstfärbung hellgelb
Wuchsform: Rundkronig, mittelgroßer Baum ·
6–8 m Höhe, 5–8 m Breite
Rinde | Zweige: Hellbraun, dünn, längsrissig
Blüte: Rispen, Einzelblüten weiß mit hellgelbem
Schlund · Juni bis Juli · lange bohnenartige Früchte
Standortansprüche: Sonne bis lichter Schatten · benötigt frische bis feuchte
Böden, bevorzugt tiefgründige, nährstoffreiche, lehmige Substrate
Schnitt: Freiwachsend
Besonderheiten: Gelbblättrige Sorte des auffallenden Blütenbaums
Geeignet für kleine Gärten: Ja

☀ ◑ ○ ⬆ bis 3 m ❀ 🍃

Cornus alba 'Elegantissima'
Cornaceae
Weißer Hartriegel

Herkunft: Gärtnerische Kultur
Belaubung: Laubabwerfend, weißrandig und graugrün, eiförmig · Herbstfärbung grün bis orange
Wuchsform: Normalstrauch, aufrechtwachsend,
später breitwüchsig, 2–3 m Höhe, 3–5 m Breite
Rinde | Zweige: Blutrot
Blüte: Unscheinbare, weiße Dolden · Ende Mai
Standortansprüche: Anspruchslos, alle nicht zu armen Substrate · bevorzugt
frische bis feuchte Böden · Sonne bis Halbschatten
Schnitt: Sehr gut schnittverträglich, attraktive Rindenfärbung bei regelmäßigem Rückschnitt
Besonderheiten: Attraktive Rinden- und Blattfärbung
Geeignet für kleine Gärten: Ja

☀ ◑ ○ ⬆ bis 6 m ❀ 🍃

Cornus controversa 'Variegata'
Cornaceae
Pagoden-Hartriegel

Herkunft: Gärtnerische Kultur
Belaubung: Laubabwerfend, dunkelgrün, weiß
gerandet, eiförmig bis breit elliptisch
Wuchsform: Großstrauch bis Kleinbaum, 4–6 m
Höhe und Breite, breit kegelförmig · horizontal
ausgebreitete Äste
Rinde | Zweige: Graubraun
Blüte: Cremeweiße Dolden · Ende Mai bis Anfang Juni
Standortansprüche: Frische bis feuchte Böden, mäßig nährstoffreich,
schwach sauer bis neutral · sonnig bis absonnig, frostempfindlich
Schnitt: Freiwachsend, langsamwachsend
Besonderheiten: Auffallende Laubfärbung, malerischer Wuchs
Geeignet für kleine Gärten: Ja

☀ ◑ ○ ⬆ bis 5 m ❀ 🍃

Cornus kousa 'Goldstar'
Cornaceae
Buntlaubiger Blumen-Hartriegel

Herkunft: Gärtnerische Kultur
Belaubung: Laubabwerfend · smaragdgrün mit
gelber Panaschierung entlang der Mittelrippe
Wuchsform: Ausladend, Großstrauch bis mehrstämmiger kleiner Baum · 5 m Höhe, 3–4 m Breite
Rinde | Zweige: Mittelbraun
Blüte: Mit dem Laubaustrieb, auffällige weiße
Hochblätter, bis 7 cm breit
Standortansprüche: Sonnig bis lichtschattig · gut an geschützten, warmen
Standorten, in der Sonne bessere Laubfärbung
Schnitt: Freiwachsend
Besonderheiten: Schöne Blüten und Blätter
Geeignet für kleine Gärten: Ja

☀ ◑ ○ ⬆ bis 5 m ❀ 🍃

Cotinus coggygria 'Royal Purple'
Anacardiaceae
Roter Perückenstrauch

Herkunft: Gärtnerische Kultur
Belaubung: Laubabwerfend, schwarzrot, rund bis
elliptisch · Herbstfärbung rot bis orangerot
Wuchsform: Strauch, 2–5 m Höhe, hochgewölbt bis
breitrund · langsamwachsend · kann im Alter recht
hoch werden
Rinde | Zweige: Graubraun, glatt
Blüte: Rosa getönte bis silbrige Blütenstände · Juni
Standortansprüche: Durchlässige, trockene bis frische, neutrale bis stark
alkalische Böden · vollsonnig, hitzeverträglich
Schnitt: Sehr gut schnittverträglich
Besonderheiten: Prächtige, wie Watte wirkende Fruchtstände
Geeignet für kleine Gärten: Ja

☀ ◐ ○ | ⬆ bis 2 m | ✿ ◇

ELAEAGNUS PUNGENS 'MACULATA'
Elaegnaceae
Buntlaubige Ölweide

Herkunft: Gärtnerische Kultur
Belaubung: Immergrün · spektakuläre Gelbfärbung, Blattrand grün, elliptisch
Wuchsform: Kleinstrauch, buschig aufrecht, sparrig verzweigt · 1–2 m Höhe, 1 m Breite, langsamwüchsig
Rinde | Zweige: Graubraun, rissig
Blüte: Cremeweiß, röhrenförmig, meist zwischen den Blättern verborgen · nach Vanille duftend
Standortansprüche: Sonnige bis absonnige Standorte, trockene bis feuchte, saure bis schwach alkalische Böden, wenig frosthart
Schnitt: Freiwachsend
Besonderheiten: Spektakuläre Blattfärbung
Geeignet für kleine Gärten: Ja

☀ ◐ ○ | ⬆ bis 12 m | ✿ ◇

GLEDITSIA TRIACANTHOS 'SUNBURST'
Caesalpiniaceae
Gleditschie, Lederhülsenbaum

Herkunft: Gärtnerische Kultur
Belaubung: Laubabwerfend · Austrieb leuchtend-gelb, später gelbgrün, einfach bis doppelt gefiedert · Herbstfärbung gelb
Wuchsform: Locker kegelförmiger Kleinbaum · 8–12 m Höhe, 6–7 m Breite, langsamwüchsig
Rinde | Zweige: Graubraun, schuppig
Blüte: Unscheinbar, hellgrün · Juni bis Juli
Standortansprüche: Sonne · sehr anpassungsfähig, bevorzugt nährstoff-reiche, gleichmäßig feuchte Standorte
Schnitt: Freiwachsend
Besonderheiten: Zweige dornenlos
Geeignet für kleine Gärten: Ja

☀ ◐ ○ | ⬆ bis 2 m | ✿ ◇

PHILADELPHUS CORONARIUS 'VARIEGATUS'
Hydrangeaceae
Jasmin

Herkunft: Gärtnerische Kultur
Belaubung: Laubabwerfend · graugrün mit weißem Blattrand, spitz eiförmig
Wuchsform: Strauch, langsamwüchsig · 1–2 m Höhe, 1 m Breite
Rinde | Zweige: Graubraun, rissig
Blüte: Einfache, rahmweiße Blütentrauben · nach Orangenblüten duftend · Ende Mai bis Juni
Standortansprüche: Bevorzugt sonnige, nicht zu heiße Standorte (gute Blüte und Färbung der Blätter) · anspruchslos, robust, alle Gartenböden
Schnitt: Auslichtungsschnitt nach der Blüte
Besonderheiten: Buntblättriger Falscher Jasmin
Geeignet für kleine Gärten: Ja

☀ ◐ ○ | ⬆ bis 2 m | ✿ ◇

PHYSOCARPUS OPULIFOLIUS 'DIABOLO'
Rosaceae
Blasenspiere

Herkunft: Gärtnerische Kultur
Belaubung: Laubabwerfend · intensiv braunrot, drei- bis fünflappig
Wuchsform: Breitrunder Normalstrauch, Zweige überhängend · 1,5–2 m Höhe und Breite
Rinde | Zweige: Graubraun, in Fetzen abblätternd
Blüte: Zierliche Dolden, weißlichrosa · Juni-Juli
Standortansprüche: Sonne bis Schatten · anspruchslos und anpassungsfähig, alle Gartenböden
Schnitt: Alljährlich starker Rückschnitt fördert die Ausbildung starker, schön ausgebildeter Triebe
Besonderheiten: Intensive Blattfärbung und dekorative Zweige
Geeignet für kleine Gärten: Ja

☀ ◐ ○ | ⬆ bis 7 m | ✿ ◇

PYRUS SALICIFOLIA 'PENDULA'
Rosaceae
Weidenblättrige Birne

Herkunft: Südeuropa bis Westasien
Belaubung: Laubabwerfend · silbrigweißer Austrieb, später graugrün-filzig, lanzettlich
Wuchsform: malerischer Kleinbaum, lockere, überhängende Krone · 4–7 m Höhe, 3–4 m Breite
Rinde | Zweige: Graubraun
Blüte: Weiße Doldentrauben · vor und während des Laubaustriebs, später kleine Birnenfrüchte
Standortansprüche: Sonne · bevorzugt durchlässige, nährstoffreiche, trockene bis feuchte, neutrale bis stark alkalische Böden · wärmeeliebend
Schnitt: Freiwachsend
Besonderheiten: Weidenartig silbriges Laub
Geeignet für kleine Gärten: Ja

☀ ◐ ○ | ⬆ bis 0,7m | ✿ ◇

SPIRAEA JAPONICA 'GOLDMOUND'
Rosaceae
Japanischer Spierstrauch

Herkunft: Gärtnerische Kultur
Belaubung: Laubabwerfend · zitronengelb bis gelb-grün, elliptisch
Wuchsform: Zwergstrauch, breitbuschig bis fast flachwachsend · 0,3–0,7 m Höhe; 0,6–1,2 m Breite, langsamwüchsig
Rinde | Zweige: Graubraun
Blüte: Lilarosa, reichblühend · Juni bis Juli
Standortansprüche: Sonne bis Halbschatten · alle durchlässigen, einigerma-ßen nährstoffreichen Substrate, robust und anspruchslos, hitzeverträglich
Schnitt: Freiwachsend
Besonderheiten: Zwergstrauch mit gelber Blattfärbung und schöner Blüte
Geeignet für kleine Gärten: Ja

Physocarpus opulifolius 'Dart's Gold' und Ligustrum vulgare

n^o

14

Gehölze bieten für alles eine Lösung. Auf nassen oder trockenen Böden, auf Kalk oder im pfeifenden Wind – für fast jeden schwierigen Standort gibt es Bäume und Sträucher. Gut für all jene Gartenbesitzer, die bislang zu verzweifeln drohten: Gegen alles ist ein Baum gewachsen.

FÜR SCHWIERIGE

Was ist eigentlich ein schwieriger Standort? Wir haben in unseren Gärten weder wüstenähnliche Bedingungen, noch müssen wir mit moorigen Böden oder eisiger Kälte und kurzen Sommern wie im Polarkreis zurechtkommen. Und trotzdem gibt es immer ein Plätzchen, wo nichts so recht gedeihen will. Da sind dann die Spezialisten gefragt.

Wobei unter diesem Begriff eigentlich genau das Gegenteil zu verstehen ist: Gehölze für schwierige Standorte bestechen in der Regel weniger durch ihre spezielle Anpassung an besondere Umweltbedingungen, sondern in erster Linie durch ihre Fähigkeit, sich auf ganz unterschiedlichen Plätzen hervorragend zu entwickeln, an denen andere Gartengehölze versagen würden. Im Hausgarten empfehlen sie sich für extrem sandige oder zu Staunässe neigende Böden ebenso wie für heiße oder windexponierte Standorte. Ein Sonderfall kann auch durch künstliche Faktoren entstehen: etwa durch die Wurzelkonkurrenz von großen Bäumen wie Birken (*Betula pendula*) oder Trauerwei-

den (*Salix alba* 'Tristis'), die durch ihr Wurzelsystem viel Wasser abziehen und so einer Unterpflanzung aus Gehölzen oder Stauden das Leben schwer machen.

Solche Problemzonen können aber trotzdem sehr ansprechend bepflanzt werden, wenn man daran denkt, frisch gepflanzte Gehölze – wie immer – in den ersten Monaten bis zum Anwachsen entsprechend mit Wasser zu versorgen. In vielen Gärten sind Ecken mit magerem Boden, der vielleicht bedingt durch Bauarbeiten auch noch einen Schotteruntergrund hat, vorhanden: zum Beispiel in Form von schnell aufgeschütteten Wällen, die als Einfriedung oder Sichtschutz dienen sollen.

So schön und zart können Gehölze sein, die denkbar unempfindlich sind: Die Blüten der Kupfer-Felsenbirne (Amelanchier lamarckii) erscheinen im Frühjahr auch an exponierten Standorten in großer Zahl.

Hier läuft das Regenwasser schnell ab, so dass die Gehölze ein weitreichendes Wurzelsystem entwickeln müssen, um nicht dauerhaft am Rande des Vertrocknens zu stehen. Wenn der Platz in der Sonne liegt, ist es noch härter. Solche Umstände sind aufmerksamen Gartenbesitzern sicher bekannt – von den Böschungen der Autobahnen. Und genau dort kann man sich Inspirationen für den eigenen Garten holen. Auch wenn das etwas seltsam klingt, wachsen dort doch sehr schöne Gehölze, die oft nur nicht zur Geltung kommen, weil sie in der Masse untergehen. Einer der schönsten Großsträucher ist zum Beispiel die Kupfer-Felsenbirne (*Amelanchier lamarckii*), die erst einmal eingewurzelt mit trockeneren Böden gut zurechtkommt. Hier hat sie außerdem eine besonders schöne, leuchtend hellrote Herbstfärbung. Andere Arten wie *Amelanchier ovalis* werden etwas größer, sind in ihrem ausgebreiteten Wuchs aber vergleichbar. Felsenbirnen gedeihen, anders als der deutsche Name vermuten lässt, aber auch auf schwereren Böden. Sie sind eben echte Allround-Talente. Das gilt auch für den Faulbaum (*Rhamnus frangula*). Sein Name rührt von der beim Aufkratzen übel riechenden Rinde. Der Strauch kann bis zu 5 Meter

STANDORTE

hoch werden, und seine unscheinbare Blüte lockt sehr viele Insekten an. Zudem ist er die Futterpflanze für die Raupe des Zitronenfalters. Die fast schwarzen Früchte sind eine schöner Zierde. Faulbäume sind ideal für zugige und stark windgepeitschte Ecken. Hier fühlt sich auch der Liguster *(Ligustrum vulgare)* wohl. Dieser heimische Strauch wird oft als halbimmergrüne Heckenpflanze verwendet, ist aber erstaunlicherweise auch als frei wachsendes Sichtschutzgehölz

Der ganze Strauch hüllt sich in sein Frühlingskleid. Auffallend ist an der Felsenbirne der kupferfarbene Austrieb. Er bietet einen Kontrast zu den Blüten.

brauchbar. Dann kommen seine sehr süß duftenden Blüten im Frühsommer in großer Zahl zur Geltung. Der Duft ist so exotisch, dass man ihn bei einer so anspruchslosen und im Grunde unscheinbaren Pflanze kaum vermutet. Für Wälle ist er wegen des dichten Wurzelsystems gut geeignet. Besser noch ist hier die Ölweide *Elaeagnus commutata*. Besonders die Auslese 'Zempin' dieses stark ausläuferbildenden, dichten Strauches hat hellsilbern glänzende Blätter, die in milden Wintern am Strauch bleiben. Auch seine unscheinbaren Blütchen duften. Er mag steinige Standorte sogar ganz gerne und kann dort mit ähnlich unempfindlichen silberlaubigen Stauden, die Sonne lieben, kombiniert werden. Mit der magentafarben blühenden Vexiernelke *(Lychnis coronaria)* und dem Wollziest *(Stachys byzantina*, noch besser ist die Auslese 'Cotton Boll'*)* lassen sich exklu-

Der Feuer-Ahorn (Acer tataricum ssp. ginnala) stammt aus China und Japan. Er verträgt Trockenheit gut und wächst zu einem großen Strauch oder kleinen Baum heran, der eine schöne Herbstfärbung hat.

sive Gartensituationen schaffen, die bei einer flächigen Pflanzung kaum Pflege benötigen. Akzente könnten die zweijährigen Eselsdisteln *Onopordon* setzen, die über zwei Meter hohe Kandelaber mit weichen und stacheligen Blättern bilden. Ginster ist auch ein exzellenter Strauch für trockene Hänge.

Wer schnell Sichtschutz braucht, ist neben der Felsenbirne mit einem weiteren sozusagen öffentlichen Gehölz bestens beraten: mit dem Feuer-Ahorn *(Acer tataricum ssp. ginnala,* früher *A. ginnala).* Dieser große Strauch oder kleine Baum hat nur schwach gelappte Blätter und wird deshalb selten als Ahorn erkannt, wenn er nicht die typischen zweiflügeligen Früchte trägt. Er gehört zu den Gehölzen, die eine atemberaubende Herbstfärbung haben, die an trockenen Standorten noch intensiver ist. Ein weiterer Vorteil dieser aus China und Japan stammenden Art ist der geringe Anschaffungspreis.

Zwei mittelgroße Bäume für extreme Bodenverhältnisse stammen ebenfalls aus der Gattung *Acer*: der Französische Ahorn *(Acer monspessulanum)* für trockenen Boden und der Eschen-Ahorn *(Acer negundo)* für feuchte bis zeitweilig zu Staunässe neigende Böden. Der Französische Ahorn ähnelt von fern dem Feldahorn *(Acer campestre)*, aber sein etwas derberes Laub hat nur drei Lappen. Einige Vorkommen gibt es auch im Süden Deutschlands, wo er an trockenen Hängen oder Waldrändern wächst. Er kann viel Hitze im Sommer ertragen und muss nur als kleine Pflanze mit Wasser in Notzeiten versorgt werden. *Acer negundo* schließlich ist in erster Linie in seinen verschiedenen buntlaubigen Formen bekannt: 'Flamingo' hat einen rosafarbenen Austrieb und ist später weißbunt panaschiert, 'Aureovariegatum' hat gelb gerandete grüne Blätter und 'Odessanum' schönes gelbes bis gelbgrünes Laub. Der Eschenahorn wächst in seiner amerikanischen Heimat an Flussufern und anderen immer feuchten Standorten und ist ausgesprochen winterhart. In der Jugend wächst er zudem erfreulich schnell – eine Eigenschaft, die bei einem Gehölz für schwierige Standorte vielleicht verwundert. Seine hängenden Blüten, die im Frühjahr vor dem Laubaustrieb erscheinen, sind etwas für Freunde bizarrer Anblicke. Ihm zur Seite könnte man eine Gruppe von Blasenspieren *(Physocarpus opulifolius)* stellen. Diese bereits an anderer Stelle in ihren schönen buntlaubigen

Der Knopfbusch (Cephalanthus occidentalis) ist ein rundlicher kleiner Strauch mit duftenden Blütenköpfchen, die im Spätsommer Scharen von Insekten anlocken. Er kann sogar auf extrem feuchten Böden wachsen.

Sorten beschriebenen kleinen Sträucher wachsen sehr dicht und können sowohl schwere wie auch leichte Böden vertragen, wobei ihnen viel Feuchtigkeit zu großer Üppigkeit verhilft. Blasenspieren wachsen auch im Schatten gut und ihre cremefarbenen Blütenstände sind sehr attraktiv. Mit ihnen kann man schnell eine blickdichte Abgrenzung schaffen oder eine unschöne Stelle im Garten verdecken. Dazu können drei Sträucher auf einen Quadratmeter gepflanzt werden.

Viel Feuchtigkeit sagt auch einem Gehölz zu, das man eigentlich eher zu den Raritäten zählen kann: Den Knopfbusch

Der Französische Ahorn (Acer monspessulanum) ist ein mittelgroßer Baum, der in Deutschland selten vorkommt. Er gedeiht ausgezeichnet auf trockenen Böden. Die dreilappigen Blätter sind graugrün.

(Cephalanthus occidentalis). Dieser dichte und an günstigen Standorten bis zu zwei Meter hoch werdende Strauch trägt im Hochsommer kugelrunde Köpfchen süß duftender weißer Blüten. Er eignet sich sehr gut für all jene Gartenbesitzer, die Insekten etwas bieten wollen: An seinen Blüten finden sich sicher ebenso viele Schmetterlinge wie am bekannteren und Trockenheit liebenden Sommerflieder *(Buddleia davidii).* Dies ist der Beweis: Schwierige Gartenplätze können nicht nur eine echte Herausforderung sein, sondern auch viel Freude machen. Nicht nur uns Menschen …

Die Ölweiden (Elaeagnus) sind wärmebedürftig. Elaeagnus commutata 'Zempin' ist ein ausläufertreibender silberlaubiger Strauch, der Trockenheit und Hitze auf sandigen Böschungen sehr gut verträgt.

☀ ◑ ○　⬆ bis 12 m　✿ ◊

ACER MONSPESSULANUM

Aceraceae
Französischer Ahorn

Herkunft: Mitteleuropa
Belaubung: Laubabwerfend · dunkelgrün, dreilappig · von fester Textur
Wuchsform: Kleiner bis mittelgroßer Baum mit breitrunder Krone im Alter · 5–12 m Höhe, 4–10 m Breite
Rinde | Zweige: Graubraun
Blüte: Unscheinbar, mit dem Blattaustrieb
Standortansprüche: Sehr anpassungsfähig, nahezu alle Standorte auf trockenen Böden, liebt warme Lagen sowie sandige Böden
Schnitt: Nicht erforderlich
Besonderheiten: Einer der schönsten unempfindlichen Bäume
Geeignet für kleine Gärten: Ja

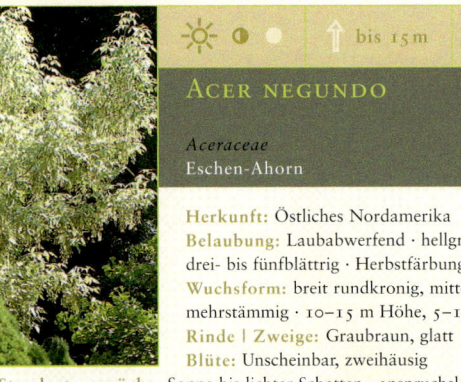

☀ ◑ ○　⬆ bis 15 m　✿ ◊

ACER NEGUNDO

Aceraceae
Eschen-Ahorn

Herkunft: Östliches Nordamerika
Belaubung: Laubabwerfend · hellgrün, gefiedert drei- bis fünfblättrig · Herbstfärbung gelb
Wuchsform: breit rundkronig, mittelgroß, häufig mehrstämmig · 10–15 m Höhe, 5–10 m Breite
Rinde | Zweige: Graubraun, glatt
Blüte: Unscheinbar, zweihäusig
Standortansprüche: Sonne bis lichter Schatten · anspruchslos und anpassungsfähig, auf allen einigermaßen nährstoffreichen Substraten, bevorzugt mäßig trockene bis nasse und saure bis schwach alkalische
Schnitt: Nicht erforderlich
Besonderheiten: Dekorativ, abgebildet ist eine buntlaubige Sorte
Geeignet für kleine Gärten: Ja

☀ ◑ ○　⬆ bis 8 m　✿ ◊

ACER TATARICUM SSP. GINNALA

Aceraceae
Feuer-Ahorn

Herkunft: Ostasien
Belaubung: Laubabwerfend · dunkelgrün, dreilappig · Herbstfärbung orange und rot
Wuchsform: Kleiner Baum oder großer Strauch mit lockerem Aufbau, im Alter sehr breit · 5–8 m Höhe, 4–7 m Breite
Rinde | Zweige: Graubraun
Blüte: Unscheinbar, mit dem Blattaustrieb
Standortansprüche: Sehr anpassungsfähig, nahezu alle Standorte, meidet vollschattige Lagen sowie staunasse Böden
Schnitt: Schnittverträglich
Besonderheiten: Einer der unempfindlichsten kleinen Bäume
Geeignet für kleine Gärten: Ja

☀ ◑ ○　⬆ bis 20 m　✿ ◊

ALNUS GLUTINOSA

Betulaceae
Schwarz-Erle

Herkunft: Mitteleuropa
Belaubung: Laubabwerfend · dunkelgrün, rundlich bis verkehrt eiförmig · keine Herbstfärbung, Laub fällt grün im November
Wuchsform: Großer und schnellwüchsiger Baum, 8–20 m Höhe, 8–10 m Breite · Äste eher waagerecht
Rinde | Zweige: Grau
Blüte: Rötlich braune Kätzchen, vor dem Blattaustrieb
Standortansprüche: Ideales Gehölz für nasse und kalte, windige Standorte · in der Jugend trockenheitsempfindlich
Schnitt: Nicht erforderlich
Besonderheiten: Früchte bleiben lange am Baum
Geeignet für kleine Gärten: Nein

☀ ◑ ○　⬆ bis 12 m　✿ ◊

ALNUS INCANA

Betulaceae
Grau-Erle

Herkunft: Mitteleuropa
Belaubung: Laubabwerfend · mattgrün, zugespitzt eiförmig · keine Herbstfärbung, Laub fällt grün im November
Wuchsform: Mittelgroßer, wüchsiger Baum, 8–12 m Höhe, 3–6 m Breite · Äste eher waagerecht
Rinde | Zweige: Grau
Blüte: Gelbe Kätzchen, vor dem Blattaustrieb
Standortansprüche: Ideales Gehölz für nasse und kalte, windige Standorte · in der Jugend trockenheitsempfindlich · auch auf Kalk
Schnitt: Nicht erforderlich
Besonderheiten: Früchte bleiben lange am Baum
Geeignet für kleine Gärten: Nein

☀ ◑ ○　⬆ bis 8 m　✿ ◊

AMELANCIER LAMARCKII

Rosaceae
Kupfer-Felsenbirne

Herkunft: Nordamerika
Belaubung: Laubabwerfend · mittelgrün, elliptisch · Austrieb kupferfarben · Herbstfärbung orange-rot
Wuchsform: Zunächst strauchförmig kompakt, im Alter ausladender mehrstämmiger kleiner Baum · 5–8 m Höhe, 3–5 m Breite
Rinde | Zweige: Graubraun, glatt
Blüte: Weiß, mit dem Blattaustrieb · leicht würzig duftend
Standortansprüche: Sehr anpassungsfähig, nahezu alle Standorte, meidet vollschattige Lagen sowie nasse, stark saure Böden
Schnitt: Gut schnittverträglich, frei wachsend am schönsten
Besonderheiten: Schön als Hochstamm oder Formgehölz
Geeignet für kleine Gärten: Ja

ARONIA MELANOCARPA

Rosaceae
Schwarze Apfelbeere

Herkunft: Östliches Nordamerika
Belaubung: Laubabwerfend · dunkelgrün, Austrieb purpurrot · Herbstfärbung gelb
Wuchsform: Sehr dichter, aber wenig verzweigter Strauch · Triebe bilden mit der Zeit ein Dickicht · 2 m Höhe, 2,5 m Breite
Rinde | Zweige: Grau
Blüte: weiße Rispen im Mai nach dem Austrieb · streng riechend
Standortansprüche: Anpassungsfähig, nahezu alle feuchten oder trockeneren Standorte, gedeiht in schattigen Lagen sowie in stark verdichteten Böden
Schnitt: Schnittverträglich
Besonderheiten: Früchte essbar
Geeignet für kleine Gärten: Ja

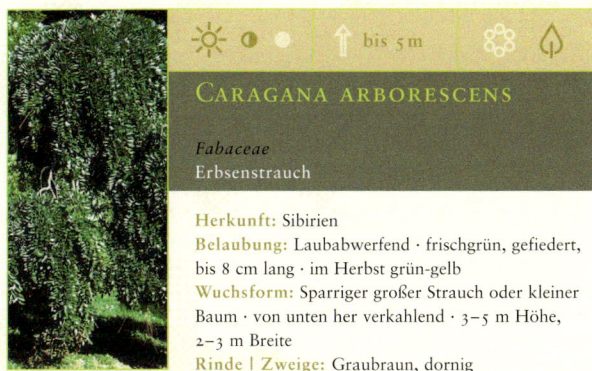

CARAGANA ARBORESCENS

Fabaceae
Erbsenstrauch

Herkunft: Sibirien
Belaubung: Laubabwerfend · frischgrün, gefiedert, bis 8 cm lang · im Herbst grün-gelb
Wuchsform: Sparriger großer Strauch oder kleiner Baum · von unten her verkahlend · 3–5 m Höhe, 2–3 m Breite
Rinde | Zweige: Graubraun, dornig
Blüte: Gelbe kleine Schmetterlingsbüten, mit dem Blattaustrieb
Standortansprüche: Sehr anpassungsfähig, nahezu alle trockenen Standorte · sehr gut für magere und heiße Plätze · winterhart und windresistent
Schnitt: Schnittverträglich
Besonderheiten: Kann als bizarrer kleiner Baum gezogen werden
Geeignet für kleine Gärten: Ja

CEPHALANTHUS OCCIDENTALIS

Rubiaceae
Knopfbusch

Herkunft: Nordamerika
Belaubung: Laubabwerfend · helllgrün, bis 7 cm lang · Herbstfärbung
Wuchsform: Breitbuschig wachsender Strauch, im Alter maximal 2 m Höhe · dichter Wuchs
Rinde | Zweige: Hellbraun
Blüte: Gelblich weiß in kugeligen Blütenköpfchen · süß duftend · im Spätsommer erscheinend
Standortansprüche: Nasse, saure Böden sind ideal für diesen Strauch · gedeiht auch auf nicht trockenen, normalen Böden
Schnitt: Leichter Rückschnitt im Frühjahr fördert reiche Blüte
Besonderheiten: Wichtige Insektenfutterpflanze
Geeignet für kleine Gärten: Ja

ELAEAGNUS COMMUTATA

Elaeagnaceae
Silber-Ölweide

Herkunft: Ostasien
Belaubung: Laubabwerfend · stark silbrig oberseits und unterseits · eiförmig
Wuchsform: Breitbuschiger Strauch, der durch Ausläufer Dickichte bildet, 2–4 m Höhe, 2–4 m Breite
Rinde | Zweige: Graubraun
Blüte: Unscheinbar, mit dem Austrieb · süß duftend
Standortansprüche: Sehr trockenheitsresistent, wenn die Pflanzen eingewurzelt sind · nur in voller Sonne wirklich schönes Laub · ideal für Wälle und Böschungen
Schnitt: Gut schnittverträglich
Besonderheiten: Einmalig hitzefest
Geeignet für kleine Gärten: Ja

LIGUSTRUM VULGARE

Oleaceae
Liguster, Rainweide

Herkunft: Mitteleuropa
Belaubung: Laubabwerfend bis teilweise immergrün· dunkelgrün, im Winter oft purpurfarben
Wuchsform: Beliebig formbarer großer Strauch, der auch frei wachsend einen dichten Wuchs zeigt, 2–5 m Höhe, 2–4 m Breite
Rinde | Zweige: Graubraun
Blüte: Weiß, in kleinen Rispen, nach dem Blattaustrieb · intensiv duftend
Standortansprüche: Sehr anpassungsfähig, nahezu alle Standorte, meidet vollschattige Lagen sowie nasse Böden
Schnitt: Sehr schnittverträglich · erstklassiges Formgehölz
Besonderheiten: Schwarze Beerenfrüchte
Geeignet für kleine Gärten: Ja

RUBUS ODORATUS

Rosaceae
Zimt-Himbeere

Herkunft: Östliches Nordamerika
Belaubung: Laubabwerfend · mittelgrün, handförmig gelappt · bis 20 cm breit und lang
Wuchsform: Bildet durch Ausläufer große Gruppen von bis zu 2 m hohen Trieben, die sich nur wenig verzweigen
Rinde | Zweige: Hellbraun
Blüte: Im Juni bis August · rosa Schalenblüten
Standortansprüche: Sehr anpassungsfähig, nahezu alle Standorte, vollsonnige bis schattige Lagen sowie sehr feuchte Böden · Trockenheit ist ungünstig
Schnitt: Gelegentlich Bestände über dem Boden kappen
Besonderheiten: Ideal für Begrünung großer Flächen
Geeignet für kleine Gärten: Nein

Cercis canadensis 'Appalachian Red'

№ 15

»Willst du was gelten, mach dich selten« — dieser Rat ist nicht nur in gesellschaftlichen Fragen von Nutzen. Was Gehölze betrifft, sind rare Arten seit jeher begehrt. Waren sie früher nocht selten und entsprechend teuer, hat sich das inzwischen erfreulicherweise geändert.

FÜR KENNER UND

Seltene Gehölze haben schon immer eine große Anziehungskraft auf gartenbegeisterte Menschen gehabt. Die Faszination, die von ihnen ausgeht, erinnert an die große Zeit der Pflanzensammler und -entdecker, die vor mehr als 200 Jahren in die Ferne reisten und botanische Schätze mit nach Hause brachten.

Noch heute zahlen viele Menschen für ausgefallene Gehölze oder Neuheiten gerne einen hohen Preis – auch wenn die Summen mit den astronomischen Beträgen von damals nicht zu vergleichen sind. Warum die Jagd nach Neuem und Aufregendem manchen Gartenbesitzern schlaflose Nächte und viel Freude gleichermaßen beschert, ist nicht ganz klar: Manche werden vom Sammlerfieber befallen und widmen sich einzelnen Gattungen. Es gibt Magnolien-Sammler, Eichen-Enthusiasten und Kamelien-Kenner. Andere suchen nur Zwerggehölze,

Nicht nur bei Gehölz-Raritäten lohnt die nähere Betrachtung. Allerdings können hier aufregende Laubformen entdeckt werden: zum Beispiel die tief gelappten jungen Blätter der Eiche Quercus dentata 'Pinnatifida'.

wieder andere interessieren sich für alles, was buntes Laub trägt. Wie auch immer, die Lust an Raritäten sorgt für ständig neuen Gesprächsstoff. Dabei sind die wenigsten Pflanzen, die auf Raritäten-Börsen oder in Gärtnereien angeboten werden, wirklich rar. Sie sind teilweise schon seit Jahrzehnten oder länger bekannt, haben aber aus irgendeinem Grund einen Dornröschenschlaf gehalten und waren nur wenigen Menschen bekannt. Sobald sich eine breitere Öffentlichkeit für solche Gehölze interessiert, werden sie mehrheitsfähig. Der Bedarf steigt und man muss sie einfach haben. In der zweiten Hälfte des 20. Jahrhunderts haben so Korkenzieher-Hasel *(Corylus avellana* 'Contorta'*)*, Scheinbuche *(Nothofagus antarctica)* und Essigbaum *(Rhus typhina)* echte Aufsteiger-Karrieren erlebt.

LIEBHABER

Bizarre Form ist nicht das einzige Merkmal, mit dem die Bitterorange (Poncirus trifoliata) sich für den Garten empfiehlt. Das winterharte Zitrusgewächs wächst ausgezeichnet auf trockeneren Böden.

In diesem Kapitel wollen wir einige Bäume und Sträucher vorstellen, die als Gartenpflanzen großes Potenzial bieten. Dabei haben wir Wert darauf gelegt, nur solche Arten auszuwählen, die keiner aufwändigen Spezialbehandlung bedürfen und darum in vielen Gärten gedeihen werden. Bereits erwähnt haben wir die Gruppe der gelb blühenden Magnolien. Einige Sorten sind bereits in großem Umfang erhältlich und geben hervorragende und unkomplizierte kleine Bäume ab. Kleine Bäume von vollendeter Schönheit sind auch die Schneeglöckchenbäume der Gattung *Halesia*. Es gibt mehrere ausgesprochen schöne Formen dieser zur Familie der Storax-Gewächse (Styracaceae) gehörenden Gehölze aus den USA, die entweder als mehrtriebige große Sträucher oder als kleine Bäume von bis zu acht Metern Höhe gezogen werden können. Sie wachsen in allen nicht trockenen, normalen Gartenböden, mit Ausnahme sehr kalkhaltiger Böden. Das mittelgrüne Laub an den aufstrebenden und später etwas bogigen Zweigen ist zwar nicht ungewöhnlich und erinnert an das Laub des Falschen Jasmins *(Philadelphus)*, aber die Blüte im Mai ist unvergleichlich schön: Weiße kleine Glöckchen hängen wie Perlen an einer Kette in Büscheln an den Zweigen. Die größten Blüten, die leicht fleischrosa überlaufen sind, trägt *Halesia monticola var. vestita*. Sie können manchmal bis zu drei Zentimeter im Durchmesser erreichen. *Halesia monticola* bildet einen ansprechenden Baum und wird größer als die unscheinbarere *Halesia carolina*. Die eleganteste Art ist *Halesia diptera var. magniflora*, mit schlankeren milchweißen Blüten und breiteren Blättern. Schneeglöckchen-Bäume sind sehr winterhart, treiben aber ziemlich spät aus. Wie bei den meisten Storax-Gewächsen ist das Holz auch dickerer Äste sehr brüchig, so dass beim Umpflanzen oder dem Schnitt (sollte er überhaupt nötig sein) große Vorsicht geboten ist.

Vom Wuchs her ähnlich, aber mit bis zu 20 Zentimeter langen Blättern ist der Flügelstorax *(Pterostyrax hispida)* ausgestattet. An seinen hellbraunen Zweigen hängen im Juni lange Trauben weißer duftender Blüten. Dieses Gehölz wird meistens als Strauch kultiviert, lässt sich aber innerhalb weniger Jahre zu einem bis fünf Meter hohen kleinkronigen Baum erziehen, der während der Blüte spektakulär wirkt. Aber auch beim Storax *(Styrax)* selbst gibt es einige Arten zu entdecken, die lohnend im Garten sind. Mit großen rundlichen Blättern ist *Styrax obassia* eine stattliche Erscheinung, während *Styrax japonica* seine ausgebreiteten filigranen Zweige im Mai mit vielen kleinen, hängenden Blüten bedeckt, die an zwei Zentimeter langen Stielen zu schweben scheinen. Ihnen folgen runde Früchte im Herbst. Alle *Styrax*-Arten mögen leicht sauren Boden und sind gute Begleiter für *Rhododendron*-Arten. Aber auch als Solitär inmitten von Blattschmuckstauden machen sie eine gute Figur. Farne und Taubnesseln *(Lamium maculatum* in Sorten) sind eine gute Begleitung, da sie nicht durch starke Farben von den weißen Blüten dieser Gehölze ablenken. Für Farbe im Sommer könnten niedrige Hortensien (Sorten von *Hydrangea serrata*) oder Astilben sorgen. Schneiden

Die Zierformen der Gattung Rubus, zu der auch Himbeeren und Brombeeren gehören, sind vielseitig. Rubus spectabilis bildet lockere Gruppen mit Trieben bis 1,5 Meter Höhe und wächst in Sonne und Schatten.

sollte man Storax-Gewächse nur, um sich kreuzende Triebe zu entfernen und so einen guten Aufbau zu fördern. Sie wachsen in der Jugend manchmal ziemlich locker, aber das kann auch ein Vorteil sein, weil sie als kleine Hausbäume noch genügend Licht durch ihre Kronen lassen, um darunter gesundes Pflanzenwachstum von Stauden und Begleitgehölzen zu ermöglichen. Wie die Schneeglöckchenbäume stammt auch der Judasbaum *Cercis canadensis* aus den Vereinigten Staaten. Er ist winterhärter als *Cercis siliquastrum* und es gibt einige sehr empfehlenswerte Sorten. Wegen der auffallend hellen Blütenfarbe ist die schon anderweitig erwähnte 'Appalachian Red' eine echte Bereicherung. Weiß blühend sind 'Royal White' und 'Texas

Kastanien sind nicht immer riesige Bäume – die klein bleibende Art Aesculus pavia hat recht exotische Blütenstände und die Hüllen der Früchte sind stachellos. Die abgebildete Sorte 'Flavescens' blüht gelb.

White', außerdem gibt es eine sehr schöne Trauerform mit herabhängenden Zweigen: 'Lavender Twist'. Diese Form soll sehr reich blühen. Der Kanadische Judasbaum wächst schnell und kommt bei tiefgründigem Boden auch mit sommerlicher Trockenheit bestens zurecht. Die Schmetterlingsblüten erscheinen vor dem Laubaustrieb direkt am Stamm und den Zweigen, deshalb sollte man die Pflanze zu dieser Zeit – in der Regel Mitte April bis Mitte Mai – am besten auch aus der Nähe betrachten können.

Ein eher stiller Star unter jenen Sträuchern, die kaum zwei Meter Höhe erreichen können, ist der amerikanische Gewürzstrauch (Calycanthus floridus). Er ist bereits 1726 eingeführt worden und gehört schon lange zum festen Sortiment vieler Baumschulen. Aber er wird von den meisten Menschen leicht übersehen, wenn er nicht gerade blüht. Dann trägt er im Sommer rotbraune, bis vier Zentimeter große Blüten, die ausse-

Schon seit über 250 Jahren wird der Gewürzstrauch (Calycanthus floridus) in Europa kultiviert. Dennoch wird der Strauch mit den aromatischen Trieben und Blättern oft übersehen – auch wenn er blüht (rechts).

hen, als seien sie aus Holz geschnitzt. Die Blüten halten recht lange. Seinen Namen trägt der Strauch wegen der stark aromatisch duftenden Rinde. Er hat geringe Ansprüche und wächst selbst im Halbschatten noch gut, blüht dann aber etwas weniger. Wegen der Blütenfarbe ist er schwer zu vergesellschaften; rotlaubige Purpurglöckchen (Heuchera) wären unter den niedrigen Stauden eine gute Wahl, wobei der Farbton ihres Laubes eher braunrot als purpurrot sein sollte.

Viele Gehölze aus Amerika sollten weitere Verbreitung erfahren. Zu ihnen gehören zwei strauchig bleibende Vertreter der Gattung Aesculus. Viel Platz braucht Aesculus parviflora, die mit grazilen Trieben bis zu drei Meter hoch und breit werden kann – sie bildet nämlich mit Ausläufern kleine Gruppen. Innerhalb einer Rasenfläche oder vor Bäumen wirkt sie sehr malerisch, besonders, wenn die cremeweißen, bis 30 Zentime-

Zu den zartesten Blütenereignissen im Frühjahr tragen die Schneeglöck-chenbäume bei. Sie sind außerordentlich robust. Die edelste Erscheinung unter ihnen ist zweifellos Halesia diptera var. magniflora (links).

ter langen Blütenrispen erscheinen, die wie kleine Staubwedel an den Triebenden über dem gefingerten mattgrünen Laub stehen. *Aesculus pavia*, die Rote Rosskastanie, wird bis zu vier Meter hoch, braucht dafür fast zwei Jahrzehnte. Die Blüten sind recht bizarr und die kleinen Kastanien eher unbedeutend. Ziegelrot sind die Blütenstände bei der Sorte 'Atrosanguinea', bei 'Flavescens' schwefelgelb. Sie braucht einen warmen und vollsonnigen Standort mit gutem Boden und entwickelt sich dort zu einem wahren Prachtstück, das mit der Schere nie im Zaum gehalten werden muss.

Manche Storax-Gewächse sind auch nach der Blüte attraktiv : Nach weißen Blüten trägt Styrax japonica kugelige Früchte, die wie kleine Jadeperlen aussehen.

Ein großer Baum hingegen ist das Amerikanische Gelbholz *(Cladrastis lutea)*. Das große, gefiederte Laub erinnert entfernt an das der Esche *(Fraxinus excelsior)* und färbt sich im Herbst leuchtend gelb (siehe auch Kapitel Herbst). Geschätzt wird der anfangs langsam wachsende Baum mit der lockeren, aber breiten Krone wegen der weißen Blüten-rispen. Sie duften intensiv und werden manchmal auch in Deutschland über 20 Zentimeter lang. Das Gelbholz kommt hervorragend mit durchlässigen, lockeren Böden zurecht. Die Rinde an den Zweigen ist schwarzbraun, was einen schönen Kontrast zur Herbstfärbung schafft. Auch wenn diese Art in ihrer Heimat, dem Südosten der USA, zu über 20 Meter hohen Bäumen heranwächst, ist sie hierzulande doch als mittelgroßer Hausbaum hervorragend geeignet, da sie vergleichsweise langsam wächst. Das trifft auch auf die Dreiblättrige Kleeulme

(Ptelea trifoliata) zu. Dieser große Strauch oder kleine, grazile Baum hat im Juni lockere Büschel grünlich weißer Blüten, die ihm den Ruf eingetragen haben, zu den am stärksten duftenden Bäumen gemäßigter Zonen überhaupt zu gehören. Er wächst eigentlich auf jedem Gartenboden, der nicht zu feucht ist, sollte aber volle Sonne bekom-

men, um reich zu blühen und Früchte anzu-setzen. Sie ähneln mit ihrem geflügelten Mantel an Ulmenfrüchte und zieren das Gehölz auch nach dem Laubfall. Besonders schön ist die Sorte 'Aurea', deren Laub im Austrieb gelb ist und im Sommer grüngelb bleibt. Die Kleeulme gehört zur Familie Rutaceae, der auch der einzige winterharte Vertreter der Zitrusgewächse angehört: die

Einige Pflanzengattungen, die im Garten unentbehrlich sind, warten mit
Überraschungen auf. Unter den Rhododendren verführen vor allem Naturformen die Sammler von Pflanzenschätzen: Rhododendron cinnabarinum.

Bitterorange *(Poncirus trifoliata)*. Dieser mit bis zu sieben Zentimeter langen, dicken Dornen bewehrte Strauch wird häufig als Unterlage für andere Zitrus-Sorten verwendet, sollte aber

Im Frühsommer blühende Sträucher wie Weigelien, Kolkwitzien und Falscher Jasmin sind fast jedem Gartenbesitzer bekannt. Aber wer hat schon die aufregenden Blüten von Dipelta ventricosa gesehen?

selbst mehr Beachtung finden. Die Triebe sind glatt und grün, erst im dritten Jahr wird die Rinde bräunlich und gefurcht. Das ledrige Laub ist glänzend dunkelgrün und nimmt im Herbst eine goldgelbe Tönung an. Die bis fünf Zentimeter im Durchmesser großen weißen Blüten haben den typischen Orangenblütenduft. Aus ihnen entwickeln sich kleine gelbliche Orangen, die den ganzen Winter über am Strauch hängen bleiben. Dann kommen auch die Dornen zur Geltung. *Poncirus* ist deutlich winterhärter als bisher angenommen und kann Temperaturen um -18 °C unbeschadet und ohne Winterschutz überstehen. Voraussetzung ist ein durchlässiger Boden mit einem Lehmanteil, den man durch Einbringen von Schotter und etwas Sand erreicht. Ältere Pflanzen sind gegenüber kalten Wintern weniger empfindlich, deshalb ist beim Kauf sehr kleiner Exemplare ein Winterschutz in den ersten Jahren ratsam – oder die Überwinterung in einem eher frostfreien, aber kalten Raum. Es braucht mehrere Jahre, bis die Pflanzen zu blühen beginnen, und sie fruchten auch nur in heißen Sommern reich. Die Schönheit dieser Art rechtfertigt aber alle notwendige Geduld. Außerdem kann man bei anderen Gartenbesitzern mit einer

Die Dreiblättrige Kleeulme (Ptelea trifoliata) gehört zu den am stärksten duftenden Großsträuchern. Sie kann auch sehr gut als kleiner Baum gezogen werden. Im Herbst trägt sie außerdem hübsche Fruchtstände.

winterharten Orange einen nachhaltigen Eindruck hinterlassen. Wer die Bitterorange einmal gesehen hat, muss sie einfach haben. Bei der Platzierung sollte man die Ansprüche bedenken und die Tatsache, dass der sperrige Strauch gut und gerne drei

Von der in Europa heimischen Trauben-Eiche (Quercus petraea) gibt es zahlreiche Zierformen. 'Laciniata' hat variables Laub, das sehr schmal ist. Sie wächst ziemlich langsam.

Die Rot-Eiche (Quercus rubra) ist ein attraktiver und starkwüchsiger Baum. Die Sorte 'Aurea' hat im Austrieb gelbes Laub, das später zu einem frischen Grün wechselt.

Die Kaiser-Eiche (Quercus dentata) ist ein herrliches Gehölz – die stark gelappte Form 'Pinnatifida' ist ein malerischer kleiner Baum, der auch auf kalkhaltigen Böden gedeiht.

Meter Höhe erreichen kann, da ein Verpflanzen meistens nicht sehr gut vertragen wird. Die orangegelben, an kleine Mandarinen erinnernden Früchte bleiben den Winter über am Strauch.

Gehölze, die im Spätsommer blühen, sind immer gefragt. Gerne wird die Zeit von Ende Juli bis Anfang September vergessen, da man bei der Planung eines Gartens eher an die im Frühling und Frühsommer blühenden Bäume und Sträucher denkt. Man möchte Forsythien und Pfeifensträucher, Blauregen und Magnolien haben. Ein bemerkenswerter Strauch, der die blütenarme Zeit bereichert, ist der Herbstjasmin *(Heptacodium miconioides)*. Es handelt sich um einen großen Strauch, der bis zu fünf Meter hoch werden kann, wenn der Standort sonnig und warm ist. Diese wundervolle Art hat viel zu bieten: Das glänzende längliche Laub zeigt deutlich sichtbare Adern und ist wegen seiner Form schon außergewöhnlich im Vergleich zu anderen Gehölzen. Die Rinde ist hellbraun und rollt sich bei älteren Pflanzen pergamentartig ab. An den Triebenden öffnen sich gegen Ende des Sommers die kleinen weißen Blüten, die in dichten Büscheln stehen. Sie duften angenehm und nach dem Verblühen färben sich die Kelchblätter in einem warmen Herbst leuchtend korallenrot.

Um in den Genuss all dieser Vorzüge zu kommen, ist ein Standort nötig, der auch in regnerischen Sommern so viel Sonnenstunden und Wärme wie möglich garantieren kann, etwa an der Südwestseite von Gebäuden oder in einem sonnigen Innenhof, wo die Wärme von den Mauern abgestrahlt und die Entwicklung einer reichen Blüte begünstigt wird. Davon abgesehen ist der Herbstjasmin vollkommen winterhart in den meisten Gegenden Deutschlands. Wie bei vielen Großsträuchern sind eine geschickte Hand und ein gutes Auge gefordert, um den in der Jugend manchmal etwas unordentlichen Wuchs in richtige Bahnen zu lenken und später harmonische Proportionen zu erreichen. Sie wirken raumbildend wesentlich vorteilhafter, wenn die Basis des Gehölzes sichtbar bleibt. Ohnehin werden infolge Lichtmangels durch den Wuchs im oberen Teil des Strauches unten nur wenige Blüten gebildet. Lichtet man es im unteren Drittel aus, wird ein Gehölz transparenter. Im Fall des Herbstjasmins wird dann auch die schöne Rinde besser sichtbar. Er wird höher als breit, weshalb solche geringen Schnitteingriffe das berücksichtigen müssen. Nur bei Kenntnis der charakteristischen Wuchsform ist ein Schnitt sinnvoll. Andernfalls wäre es, als zwänge man eine korpulente Dame in ein Korsett, um sie schlanker erscheinen zu lassen – glücklich werden beide Seiten nicht.

Seltsame Formenspiele in Wuchs und Laub sind bei einer Pflanzengattung zu finden, die man wegen ihrer großen und für die meisten Hausgärten ungeeigneten Vertreter dort kaum erwartet: bei den Eichen *(Quercus)*. Unter den über 500 verschiedenen Arten finden sich immer wieder Einzelexemplare, die dazu neigen, an ihren Trieben plötzliche Mutationen (so genannte Sports) zu entwickeln, bei anderen ist der Variantenreichtum unter den Nachkommen groß. In beiden Fällen kann man diese vegetativ vermehren und schon ist eine neue Sorte geboren. Unter den zahlreichen Formen gibt es auch solche mit abnorm geformten Blättern, die zum Beispiel stark verschmälert sind, oder solche, die eine Trauerform mit abfließenden Zweigen ausbilden.

Eine Rarität ist immer noch die Pontische Eiche *(Quercus pontica)*, ein großer rundlicher Strauch oder kleiner Baum mit derben großen Blättern, die bis zu 25 Zentimeter lang werden und attraktiv geadert sind. Eine Höhe von drei Metern wird nur langsam erreicht, manchmal dauert es bis zu 20 Jahre. *Quercus pontica* wird oft als Zwerggehölz verkauft, was angesichts der großen Verwandtschaft vielleicht gerechtfertigt ist. Sie ist nicht empfindlich und gedeiht auch auf kalkhaltigen Böden. Ein empfehlenswertes Gehölz für strenge Gartengestaltungen, da die Wuchsform sehr regelmäßig ist.

Auf der Jagd nach neuen Gartenschätzen ist also eines wichtig: Die Augen offen halten. Denn oft verbirgt sich hinter einer unscheinbaren kleinen Pflanze eine neue Leidenschaft.

Aesculus flava

Hippocastanaceae
Gelbe Rosskastanie

Herkunft: Nordamerika
Belaubung: Laubabwerfend · mittelgrün, handförmig gefiedert, bis 20 cm lang · Herbstfärbung gelb
Wuchsform: Zunächst großer Strauch, später Baum mit ovaler Krone · in Deutschland nicht so raschwüchsig · 8–10 m Höhe, 4–6 m Breite
Rinde | Zweige: Graubraune Borke
Blüte: Aufrechte Kerzen, mit dem Blattaustrieb · schwefelgelb
Standortansprüche: Sehr anpassungsfähig, schätzt warme Standorte · leichte Kalkböden werden vertragen
Schnitt: Nicht erforderlich
Besonderheiten: Die in stachellosen Hüllen reifenden Kastanien sind giftig
Geeignet für kleine Gärten: Ja

Calycanthus floridus

Calycanthaceae
Gewürzstrauch

Herkunft: Südosten der USA
Belaubung: Laubabwerfend · grün, oberseits leicht glänzend, oval · selten gelbe Herbstfärbung
Wuchsform: Breit wachsender mittelgroßer Strauch mit in der Jugend aufsteigenden Trieben · 2–2,5 m Höhe, 2–2,5 m Breite
Rinde | Zweige: Grau bis hellbeige
Blüte: Im Sommer, mahagonirot mit vielen riemenförmigen Kronblättern
Standortansprüche: Halbschatten bis volle Sonne, wenn der Boden ausreichend feucht ist · wächst am Naturstandort an Flussufern
Schnitt: Nicht erforderlich
Besonderheiten: Blätter duften beim Zerreiben aromatisch
Geeignet für kleine Gärten: Ja

Cercis siliquastrum 'bodnant'

Caesalpiniaceae
Großblütiger Judasbaum

Herkunft: In den Bodnant Gardens, Wales, selektierte Form von Cercis siliquastrum
Belaubung: Laubabwerfend · dunkelgrün, blau bereift, verkehrt herzförmig
Wuchsform: Großer Strauch, selten kleiner Baum · langsam wachsend · 3–5 m Höhe, 2–3 m Breite
Rinde | Zweige: Schwarzgrau
Blüte: Rosa, bis 3 cm lang, vor dem Blattaustrieb · an Zweigen und Stamm
Standortansprüche: Sehr wärmeliebend, verträgt Trockenheit, wenn die Pflanze eingewurzelt ist · ausgezeichnet für Erziehung als Spalier
Schnitt: Erziehungsschnitt nur als Spaliergehölz erforderlich
Besonderheiten: Judasbaum mit den größten und intensiv gefärbten Blüten
Geeignet für kleine Gärten: Ja

Dipelta ventricosa

Caprifoliaceae
Flügelstrauch

Herkunft: China
Belaubung: Laubabwerfend · mittelgrün, oval lanzettlich · spitz zulaufend
Wuchsform: Breit und locker, vergleichbar der Kolkwitzie, aber in allen Teilen kräftiger · 2–3 m Höhe, 2–3 m Breite
Rinde | Zweige: Graubraun, abschilfernd
Blüte: Im Mai mit bis drei Zentimeter langen Glockenblüten, zu mehreren in kurzen Rispen stehend · schwach duftend · exotisch aussehend
Standortansprüche: Nahrhafter Boden in Sonne oder Halbschatten
Schnitt: Gelegentlich überalterte Zweige entfernen
Besonderheiten: Trotz des exotischen Aussehens voll frosthart
Geeignet für kleine Gärten: Ja

Halesia dipelta var. magniflora

Styracaceae
Schneeglöckchenbaum

Herkunft: Südöstliches Nordamerika
Belaubung: Laubabwerfend · mittelgrün, elliptisch bis verkehrt eiförmig · Herbstfärbung gelb
Wuchsform: Aufrecht wachsender großer Strauch oder kleiner Baum · 4–6 m Höhe, 2–4 m Breite
Rinde | Zweige: Graubraun
Blüte: Die schönsten Blüten der Gattung, reinweiß und an Märzenbecher erinnernd · im April bis Mai mit dem Laubaustrieb
Standortansprüche: Frische und feuchte Böden, wächst in der Natur auch an Flussufern · Trockene und sandige Böden meiden
Schnitt: In der Jugend gelegentlich auslichten, um schönen Aufbau zu fördern
Besonderheiten: Das Holz aller Storaxgewächse bricht sehr leicht
Geeignet für kleine Gärten: Ja

Poncirus trifoliata

Rutaceae
Bitterorange

Herkunft: Nordchina und Korea
Belaubung: Laubabwerfend · dunkelgrün, stark glänzend, dreifingrig, bis 5 cm · Herbstfärbung gelb
Wuchsform: Sehr dichter und bizarr wachsender mittelgroßer Strauch · 2–3 m Höhe, 1,5–2,5 m Breite
Rinde | Zweige: Dunkelgrün, später grau · bedornt
Blüte: Bis vier cm breit, reinweiße Zitrusblüten, vor dem Blattaustrieb · nach Orangenblüten duftend
Standortansprüche: Volle Sonne · warme, trockene Lagen bevorzugt, sonst schlechte Blüte und Fruchtansatz · tiefgründiger, lehmiger Boden, geschützt
Schnitt: Nicht erforderlich, im Mittelmeerraum als Heckenpflanze verwendet
Besonderheiten: Kleine mandarinenähnliche Früchte · Dornen bis 7 cm lang
Geeignet für kleine Gärten: Ja

PTELEA TRIFOLIATA

Rutaceae
Kleeulme

☀ ◐ ●   ↑ bis 6m

Herkunft: Nordamerika
Belaubung: Laubabwerfend · frischgrün, dreiteilig gefingert, bis 12 cm lang· Herbstfärbung gelb
Wuchsform: Großer Strauch bis kleiner Baum von lockerem Wuchs, 3–6 m Höhe, 2–4 m Breite
Rinde | Zweige: Dunkelbraun
Blüte: Weißlichgrün in bis 10 cm breiten Schirmrispen im Hochsommer · sehr stark duftend · ulmenähnliche Früchte
Standortansprüche: Wärmeliebend, nur in voller Sonne gut wachsend · gedeiht auf fast allen nassen Gartenböden
Schnitt: Nicht erforderlich
Besonderheiten: Treibt im Frühjahr erst spät aus · 'Aurea' hat gelbes Laub
Geeignet für kleine Gärten: Ja

QUERCUS DENTATA 'PINNATIFIDA'

Fagaceae
Geschlitztblättrige Kaisereiche

☀ ◐ ●   ↑ bis 6m

Herkunft: Japan, China
Belaubung: Laubabwerfend · dunkelgrün, tief gelappt · Austrieb flaumig behaart
Wuchsform: Diese Sorte wächst langsamer als die Art und erreicht in 12 Jahren ungefähr 4–6 m Höhe und 3–4 m Breite
Rinde | Zweige: Dicke Zweige in der Jugend
Blüte: Unscheinbar, mit dem Blattaustrieb · breitrunde Eicheln
Standortansprüche: Schwach saure oder neutrale Böden, in der Heimat auch auf mageren Böden · junge Pflanzen in harten Wintern schützen
Schnitt: Nicht erforderlich
Besonderheiten: Eine außergewöhnlich ornamentale Eiche
Geeignet für kleine Gärten: Ja

QUERCUS RUBRA 'AUREA'

Fagaceae
Gelblaubige Rot-Eiche

☀ ◐ ●   ↑ bis 12m

Herkunft: Gärtnerische Kultur
Belaubung: Laubabwerfend · gelbgrün, gelappt, bis 15 cm lang · Herbstfärbung rotbraun
Wuchsform: zunächst regelmäßige, eher kegelförmige, im Alter breitrunde Krone · 8–12 m Höhe, 4–6 m Breite
Rinde | Zweige: Graubraun
Blüte: Unscheinbar, mit dem Blattaustrieb · rundliche Eicheln
Standortansprüche: Leicht saure bis neutrale Böden, tiefgründig und nahrhaft · gutes Windschutzgehölz
Schnitt: Nicht erforderlich
Besonderheiten: Diese gelblaubige Form wächst schwächer als die Art
Geeignet für kleine Gärten: Ja

RHODODENDRON CINNABARINUM

Ericaceae
Rhododendron

☀ ◐   ↑ bis 4m

Herkunft: Himalaya-Raum bis nördliches Myanmar
Belaubung: Immergrün · dunkelgrün, bis 9 cm lang · nur an den Triebenden
Wuchsform: Zunächst kompakt, später sparriger, kahler Strauch · 2–4 m Höhe, 1–2 m Breite
Rinde | Zweige: Graubraun
Blüte: Röhrenförmige, nickende Blüten an den Triebenden, bis 8 cm · gelborange, in der Farbigkeit individuell variierend
Standortansprüche: Geschützter Standort auf saurem und humusreichem Boden · am schönsten im Verbund mit anderen Moorbeetpflanzen
Schnitt: Nicht erforderlich
Besonderheiten: Eine der schönsten Rhododendron-Naturformen
Geeignet für kleine Gärten: Ja

RUBUS SPECTABILIS

Rosaceae
Zier-Himbeere

☀ ◐ ●   ↑ bis 2m

Herkunft: Westliches Nordamerika
Belaubung: Laubabwerfend · dunkelgrün, wie Himbeerlaub
Wuchsform: Mit kurzen Ausläufern lockere Gruppen bildend, einzelne Triebe bis 2 m Höhe, 1 m Breite · nicht stark wuchernd
Rinde | Zweige: Hellbraun, schwach bedornte und bogig überhängende Zweige
Blüte: Reinrosa, vor und während Blattaustrieb · bis 4 cm breit
Standortansprüche: Sehr anpassungsfähig, wächst auch im Schatten
Schnitt: Überalterte Triebe am Boden abschneiden
Besonderheiten: Ideal für schwierige Plätze unter Bäumen
Geeignet für kleine Gärten: Ja

STYRAX JAPONICA

Styracaceae
Japanischer Storaxbaum

☀ ◐ ●   ↑ bis 6m

Herkunft: Japan, China, Korea
Belaubung: Laubabwerfend · mittelgrün, elliptisch · Herbstfärbung gelb
Wuchsform: Zunächst unregelmäßig wachsender Strauch mit fast waagerechten Zweigen, im Alter trichterförmiger Aufbau · 4–6 m Höhe, 2–4 m Breite
Rinde | Zweige: Graubraun
Blüte: Weiße Glockenblüten, die nach unten hängen · im späten Frühling
Standortansprüche: Ideal sind leicht saure und frische Böden · ältere Pflanzen können bei starkem Wind Schaden nehmen, daher geschützt
Schnitt: Am schönsten frei wachsend
Besonderheiten: Blüten manchmal leicht rosa überhaucht · kugelige Früchte
Geeignet für kleine Gärten: Ja

n°

16

Obstgehölze haben einen ganz besonderen Charme. Alte Apfelbäume und Süsskirschen verleihen einem Garten mit ihren
lichten Kronen eine unvergleichliche Atmosphäre.
Damit nicht genug: Wer sich heute selbst versorgen
will, kann das Nützliche mit dem Schönen ideal verbinden.

FÜR GENIESSER

So schmeckt der Sommer doch am besten: mit knackigen Kirschen, süßen Himbeeren oder fein säuerlichen Johannisbeeren. Wenn man dann im Herbst eigene Äpfel ernten kann, schmecken diese besser als gekauftes Obst.

sich oft untereinander ab und sichern sich auf diese Weise gemeinschaftlich einen guten Ertrag. Selbstfruchtende Sorten von Steinobst (dies sind Pfirsiche, Aprikosen, Pflaumen und Sauer-Kirschen) können befruchtet werden, indem man die Bäume während der Blüte schüttelt. Ansonsten geht es bei Kernobst nur mit Hilfe der Insekten und des Windes. Deshalb ist es wichtig, dass während der Blüte trockenes Wetter herrscht. Niederschläge stehen einer guten Befruchtung ebenso im Wege wie Nachfröste, die die gesamte Blüte vernichten können.

In einem kleinen Garten kann man dennoch einige Obstbäume pflanzen, wenn man Formen wie Fußstamm oder Halbstamm wählt, die auf schwach wachsende Unterlagen veredelt sind. Eine Form der Obstbaum-Kultivierung ist der Form-

Süß-Kirschen sind herrliche Gartengehölze. Während der Blüte erinnern sie an vergangene Zeiten und künden schon von den leckeren Früchten. Eine helle und alte Sorte ist die Weiße Knorpelkirsche.

schnitt. Hier kommt es auf die Erziehung der jungen Gehölze an, die in Fächerform oder als Schnurbaum gezogen werden können. Dazu braucht man aber einige Kenntnisse, die sich in der Fachliteratur über den Obstbau finden. In Deutschland ist diese kunstvolle gärtnerische Leistung leider in den letzten Jahrzehnten immer mehr in Vergessenheit geraten. Durch das wieder auflebende Interesse an historischen Gärten beschäftigen sich aber immer mehr Gartenbesitzer damit – nicht zuletzt, weil es eine ausgesprochen platzsparende Anbaumethode ist. Beim Kauf in der Baumschule ist gute Beratung wichtig. Nicht nur, um den richtigen Baum für die individuellen Platzverhältnisse zu erwerben, sondern auch, um Sorten auszuwählen, die krankheitsresistent sind. Denn einige Krankheiten wie Schorf bei Äpfeln, Gitterrost bei Birnen oder *Monilia* bei Sauerkirschen machen dem Obst das Leben schwer. Die Pflanzenzüchtung entwickelt sich hier beständig weiter, so dass für den Hausgarten neben bewährten alten Sorten hervorragende und sehr wohlschmeckende Neuzüchtungen zur Verfügung stehen.

Wer an Obstbäume denkt, hat vielleicht jene großkronigen alten Bäume im Kopf, die früher an Bauernhöfen oder in den Gärten von Selbstversorgern wuchsen. Diese Hochstämme von Süß-Kirsche, Birne, Apfel oder Pflaume brauchen in der Tat viel Platz. In kleinen Gärten wird man sich hier auf einen Baum beschränken müssen. In diesem Fall ist es wichtig, beim Kauf zu erfragen, ob der Baum selbstfruchtend ist oder auf Bestäuber-Sorten angewiesen ist. In letzterem Fall sollten Sie wissen, welche Obstbäume in der Nachbarschaft wachsen. Ganz clevere Gartenbesitzer in Neubau-Siedlungen sprechen

Für die Gestaltung eines Gartens können alte Obstbäume hervorragend genutzt werden. Wie in diesem Stadtgarten können sie auch eine gute Figur machen, wenn der Garten grundlegend verändert wurde. Es gibt kaum stilistisch anpassungsfähigere Gehölze.

Wer einen kleinen Garten besitzt, sollte neben einem Obstbaum auch einige Beerensträucher pflanzen. Das ist für Kinder eine wunderbare Erfahrung. Einige Obstgehölze wie Himbeeren oder Brombeeren wachsen sehr gut in etwas vernachlässigten Gartenecken, in denen die Kleinen die Früchte ungestört ernten können. Als Nachkommen von Waldrandpflanzen benötigen sie nicht immer volle Sonne und lieben einen nahrhaften, humusreichen Boden. Auch Rote, Weiße und Schwarze Johannisbeeren gedeihen gut im Halbschatten, auch wenn der Ertrag hier etwas geringer ausfällt. Beim Schnitt ist zu beachten, dass Schwarze Johannisbeeren die meisten Früchte an den Trieben des Vorjahres tragen. Dehalb können sie nach der Ernte im Sommer stärker zurückgeschnitten werden, damit sich möglichst viele neue Triebe bilden. Alle anderen Sorten tragen reich an den zwei- bis dreijährigen Trieben.

Beim Kauf sind die meisten Obstgehölze wurzelnackt, haben also keinen Ballen. Diese Form des Verpflanzens hat sich für Obstgehölze ebenso bewährt, wie sie bei Rosen praktiziert wird. Die Pflanzen werden gut anwachsen, wenn man einige wichtige Regeln beachtet. Zunächst werden die Bäume mit nackten Wurzeln einige Stunden gewässert, um den Flüssigkeitsverlust auszugleichen. Vorher werden die Wurzeln frisch angeschnitten und dabei beschädigte oder faulende Stücke entfernt. Das Pflanzloch sollte mindestens 20 Zentimeter mehr im Durchmesser betragen als die vorhandenen Wurzeln des Baumes oder Strauches. Es sollte so tief sein, dass die Veredelungsstelle bei Fußstämmen ungefähr zehn Zentimeter oberhalb der Bodenoberfläche liegt. Die meisten Obstbäume lieben nahrhafte und tiefgründige Lehmböden, aber um den jungen Pflanzen das Anwachsen zu erleichtern, sollte der Boden gründlich mit einer Grabegabel gelockert werden. Gefüllt wird das Pflanzloch nach dem Einsetzen des Baumes und eines entsprechenden Baumpfahles als Halt gegen starke Winde mit einem lockeren Kompost- und Lehmgemisch. Verwenden Sie keine Blumenerde, sie ist meistens zu leicht und torfhaltig. Bei wurzelnackten

Gehölzen wird das eingefüllte Erdreich durch wiederholtes leichtes Rütteln der Pflanze verdichtet. Dann können Sie reichlich wässern. Einige Stunden später wird dann das Pflanzloch vollständig gefüllt, da sich durch das Wässern der Boden gesetzt hat. Mit einem Strick oder Band in Form einer Acht wird der Baum

Apfelbäume gibt es mit geeignetem Schnitt für beengte Situationen. Dort können dann Schnurbäume mit senkrecht gezogenen Trieben sogar an sonnigen Mauern einen reichen Ertrag liefern.

dann angebunden. Beste Pflanzzeit ist der Herbst oder das zeitige Frühjahr. Wichtig ist der Pflanzschnitt: Hier werden die Kronentriebe auf etwa vier kräftige und den längeren Mitteltrieb reduziert und dann um ein Drittel bis die Hälfte eingekürzt. Dabei sollte die unter der Schnittstelle liegende Triebknospe nach außen zeigen. Das sorgt für einen gleichmäßigen Aufbau der Krone. Diese Maßnahme ist nötig, um die Blattmasse nach dem Austrieb im ersten Jahr zu

Ein leckerer Apfel wird sich mit größter Sicherheit nur entwickeln, wenn man neue und schorfresistente Sorten in der Baumschule kauft. Auf diesem Gebiet gibt es ständig neue Entwicklungen und Verbesserungen.

reduzieren. Sie könnte durch die Wurzeln noch nicht versorgt werden. Nicht geschnittene Gehölze wachsen schlechter an und entwickeln sich nur zögerlich. Jetzt muss der Baum groß werden – in zwei bis drei Jahren werden erste Erträge ein leckerer Lohn für diese Mühe sein.

REGISTER

Alles für Ihren Traumgarten

»Eden« – Das Magazin für Gartengestaltung.
Kreative Ideen direkt von den Fachleuten:
Die »Gärtner von Eden«.

Möchten Sie mehr über kreative Gartengestaltung lesen?
Gartentrends, Traumgärten und Gartenkultur passend zu jeder Jahreszeit.
Eden – Das Magazin für Gartengestaltung
gibt es im Abo bequem frei Haus und als Geschenkabonnement.

FOTONACHWEIS

medien*fabrik* Gütersloh, Andreas Kühlken: 11
(o.l., o.r.), 12-17, 20-25, 28 l., 29, 31, 34, 37,
39-47, 50, 55, 56 M., 57 l., 68, 72, 73, 78-83,
85, 87, 89, 90, 94-101, 104, 109, 111, 114, 115,
124, 125-127, 129, 138-149, 155-161, 164-176,
187, 191, 198-202, 206, 213, 215, 218, 223,
226-235, 237, 238 · Jens-Olaf Broksche: 7-9,
26, 38, 53, 86, 88, 185, 190, 214 · Jörg Sänger:
2, 66, 91, 110, 113, 186, 188, 192-195, 236 ·
Thorsten Scherz: Umschlag, 19, 56 (o., u.), 58,
59, 65, 74-77, 107, 108, 112, 118-123, 130-
135, 177, 189, 212, 220-222 · Marion Harke:
52 · Oliver Krato: 69, 70 · Jutta Langheineken:
11 u.M., 54 · Heidi Wiese: 27, 28 r., 71, 179,
203, 209

Lorenz von Ehren: 10, 11 (o.M., u.l., u.r) 18
Oliver Kipp: 57 r., 84, 128, 152, 182, 210, 211
Jürgen Pohl, »Gärtner von Eden«: 62

Wir danken der Baumschule Lorenz von Ehren
GmbH, Maldfeldstraße 4, 21077 Hamburg
und der medien*fabrik* Gütersloh, Carl-Bertels-
mannstraße 33, 33311 Gütersloh für das Bildmaterial der Infoseiten.

Abdruck der Bilder auf den Seiten 12, 13, 34,
43, 45 und 55 mit freundlicher Genehmigung
von Norbert Köhlein.

Abruck der Bilder 14, 15, 16, 58, 59 mit
freundlicher Genehmigung der »Gärtner von
Eden« e.G., Steinhagener Str. 13, 33334
Gütersloh. www.gaertner-von-eden.de

Dank des Autors:

Bedanken möchte ich mich bei allen professio-
nellen Gärtnern, Gärtnern aus Leidenschaft
und Gartengestaltern, die mir in Gesprächen
Anregungen geben konnten. Stellvertretend
nenne ich hier Reiner Wilken, Georg Wilken
Baumschulen in Westerstede/Hüllstede, der mir
durch seine Arbeit mit Raritäten entscheidende
Impulse gab und auch bei der Beschaffung von
Bildmaterial behilflich war.

Einige wertvolle Bilder dieses Buches konnten
wir im *Park der Gärten*, Gartenkulturzentrum
Niedersachsen, Elmendorfer Str. 65, 26160
Bad Zwischenahn aufnehmen. Diese ausge-
zeichnete Mustergartenanlage ist gerade im
Hinblick auf die Pflanzenverwendung einen
Besuch wert (www.parkdergaerten.de).

Schließlich gilt mein persönlicher Dank Karsten
Brakemeier, Löhne. Er hat meinen Umgang
mit Gehölzen entscheidend geprägt. Ich habe
ihm in dieser Hinsicht viel zu verdanken.

IMPRESSUM

medien*fabrik* Gütersloh:

Gestaltung: Tania Schmidt

Lektorat: Volker Koring

Litho: Kerstin Brackmann

Mitarbeit: Martina Löber

Internet: www.medienfabrik-gt.de

Bibliografische Information der Deutschen Bibliothek

Die Deutsche Bibliothek verzeichnet diese
Publikation in der Deutschen Nationalbiblio-
grafie; detaillierte bibliografische Daten sind
im Internet über http://dnb.ddb.de abrufbar.

ISBN-13: 9-783-8001-4894-3

ISBN-10: 3-8001-4894-3

© 2005 Eugen Ulmer KG

Wolfgrasweg 41, 70599 Stuttgart (Hohenheim)

E-Mail: info@ulmer.de

Internet: www.ulmer.de

Herstellung: Jürgen Sprenzel

Druck und Bindung: aprinta, Wemding

Printed in Germany